高等学校电子信息类专业系列教材

程控数字交换技术

(第三版)

刘振霞　马志强　李瑞欣　庄绪春　编著

西安电子科技大学出版社

内 容 简 介

本书重点讲述了程控数字交换机的硬件系统和软件系统。在硬件系统中以交换网络设备、处理机设备和接口设备为重点，介绍了它们的功能和原理。在软件系统中主要讲述了程序、数据的功能和应用。全书共 11 章。第 1 章为概述；第 2 章为模拟信号的数字化处理与多路复用技术；第 3 章为交换网络的结构与原理；第 4 章为程控数字交换机的接口与外设；第 5 章为控制系统的结构与程序管理；第 6 章为呼叫接续与程序控制；第 7 章为电信网规程；第 8 章为电信网信令系统；第 9 章为典型用户交换机介绍；第 10 章为典型局用交换机，第 11 章为交换技术的演变与发展。

本书内容丰富，深入浅出，可作为高等院校相关专业的教材，也可供从事通信等相关专业工作的其他人员参考使用。

★本书配有电子教案，需要者可与出版社联系，免费提供。

图书在版编目(CIP)数据

程控数字交换技术 / 刘振霞等编著. —3 版. —西安：西安电子科技大学出版社，2019.8(2023.4 重印)
ISBN 978-7-5606-5325-9

Ⅰ. ①程… Ⅱ. ①刘… Ⅲ. ①程控交换技术 Ⅳ. ①TN916.428

中国版本图书馆 CIP 数据核字(2019)第 081934 号

责任编辑　王斌　阎彬
出版发行　西安电子科技大学出版社(西安市太白南路 2 号)
电　　话　(029)88202421　88201467　　邮　　编　710071
网　　址　www.xduph.com　　　　　　电子邮箱　xdupfxb001@163.com
经　　销　新华书店
印刷单位　陕西日报社
版　　次　2019 年 8 月第 3 版　　2023 年 4 月第 14 次印刷
开　　本　787 毫米×1092 毫米　1/16　印张　20.5
字　　数　484 千字
印　　数　35 701～37 700 册
定　　价　48.00 元

ISBN 978-7-5606-5325-9 / TN
XDUP　5627003-14

＊＊＊ 如有印装问题可调换 ＊＊＊

前　言

本书自 2007 年出版后，读者反响较好，社会需求量大，先后进行了多次印刷。2013年 11 月出版第二版后又历经了近 6 年，这期间通信技术、交换技术、交换设备都取得了较快的发展，为了适应新的教学要求，作者结合自己的教学经验及读者建议做了第三版修订。

第三版在内容和结构上做了一定的取舍、补充和调整，主要变化体现在以下三个方面：

(1) 将原版本第 9 章"宽带交换技术"中的少部分内容与原版本第 10 章"星上交换技术"合并，形成新版本的第 11 章"交换技术的演变与发展"，作为新版本的最后一章。这是鉴于 ATM 交换机已基本淡出核心通信网，因此不再作为重点讲授内容，但 ATM 面向连接、支持多业务和具有服务保证的技术精髓对研究交换技术的发展仍有意义。该章可作为知识拓展的参考内容，供学生自修。

(2) 对原版本第 12 章"典型局用交换机介绍"进行了内容升级，形成新版本的第 10章，这是因为原版本是以中兴 ZXJ10A(V4.27)型程控数字交换机为例进行介绍的，新版本以中兴 ZXJ10B(V10.0)升级版为例进行介绍，反映了程控交换设备的最新应用。

(3) 在新版本的第 10 章中增加了程控交换设备工程设计方面的内容，使新版本更加注重实际应用。

本书共 11 章。第 1 章为概述，介绍了交换的概念、电信网的构成要素与功能、电话交换机的发展历史、程控数字交换机的基本结构和交换技术的发展趋势。第 2 章为模拟信号的数字化处理与多路复用技术，介绍了 PCM 调制过程、多路复用的概念和意义、时分多路复用原理以及 PCM 帧结构。第 3 章为交换网络的结构与原理，讲述了交换网络的结构、数字交换网络的接续原理和多级交换网络。第 4 章为程控数字交换机的接口与外设，介绍了它们的种类、功能和原理。第 5 章为控制系统的结构与程序管理，讲述了程控数字交换机控制部件的结构和特点，分析了控制系统的呼叫处理能力和可靠性，研究了控制系统的程序管理和实时处理的相关技术。第 6 章为呼叫接续与程序控制，以呼叫处理过程为例，讲述了软件的程序控制和分析处理过程。第 7 章为电信网规程，讲述了电信网组建中应考虑的路由规程、电话号码规程、传输规程、同步规程等问题。第 8 章为电信网信令系统，通过研究电信网信令系统，介绍了中国 1 号信令和国际 No.7 信令的分类、编码和传输方式。第 9 章为典型用户交换机介绍，以 JSQ-31 V5.0 版本数字用户交换机为例，介绍了该交换机的组网功能、自检与自测试功能、话务员功能、分机功能、维护台、硬件电路、系统维护与故障诊断等内容。第 10 章为典型局用交换机，以中兴 ZXJ10B(V10.0)程控数字交换机为例，介绍了该机的系统结构、硬件组成、话务台与分机功能、操作维护系统、数据管理与维护、程控交换设备工程设计等内容。第 11 章为交换技术的演变与发展，主要介绍了交换方式的技术特征、交换技术的演变、ATM 交换技术以及星上信息交换/处理的相关技术。

第三版突出了三个注重：注重知识的归纳与总结；注重教学的实用性；注重吸收新技术。为了配合教学，作者还一起修订了相应的同步练习指导书《程控数字交换原理学习指导与习题解析》，该书已由西安电子科技大学出版社出版。

作　者
2019 年 1 月

第 二 版 前 言

本书自 2007 年出版以来，历经了 6 年多，这期间交换技术发生了不少变化，为了适应新的教学要求，作者结合自己的教学经验及读者反映的意见做了这次修订。

由于交换技术的发展和通信需求的不断增大，交换技术的应用已经渗透到了地球之外的卫星系统上，因此人们开展了星上交换技术的研究。本次修订新增的第 10 章主要介绍了星上交换技术的特点、分类及交换原理，重点介绍了目前应用最多的星上 ATM 交换技术。本次修订还对第一版中的错误之处进行了更正。

全书共 12 章。第 1 章概要地介绍了电信网的作用与要素、电话交换机的发展历史、程控数字交换机的基本结构和交换技术的发展趋势；第 2 章为模拟信号的数字化处理与多路复用技术，介绍了 PCM 调制过程、多路复用的概念和意义、时分多路复用原理以及 PCM 帧结构；第 3 章为交换网络的结构与原理，讲述了交换网络的结构和接续原理；第 4 章为程控数字交换机的接口与外设，介绍了它们的种类、功能和原理；第 5 章为控制系统的结构与程序管理，讲述了程控数字交换机控制部件的结构和特点，分析了控制系统的呼叫处理能力和可靠性，研究了控制系统的程序管理和实时处理的相关技术；第 6 章为呼叫接续与程序控制，以呼叫过程为例讲述了软件程序的控制和处理过程；第 7 章为电信网规程，讲述了电信网规程中应考虑的路由规程、号码规程、传输规程、同步规程等问题；第 8 章为电信网信令系统，通过研究电信网信令系统，介绍了中国 1 号信令和国际 No.7 信令的分类、编码和传输方式；第 9 章为宽带交换技术，介绍了交换技术的演变和 ATM 的相关技术；第 10 章为星上交换技术，介绍星上信息处理的相关技术；第 11 章为典型用户交换机介绍，以 JSQ-31 V5.0 版本程控数字交换机为例介绍了该机的组网功能、话务台与分机功能、维护台操作、交换机硬件电路、系统维护与故障诊断等内容；第 12 章为典型局用交换机介绍，以中兴 ZXJ10 程控数字交换机为例介绍了该机的系统结构、控制方式、话务台与分机功能、操作维护系统、数据管理与维护等内容。

本书在编写中注重实用性和可读性，通过对内容的提炼避免了冗长的理论表述，从而强调了基本概念和基本原理，简明扼要，深入浅出。为便于教学和自学，在每章的章前都有要点提示，章后都有复习思考题，以加强读者对重点内容的学习和巩固。书末附录中给出了通信领域常用英文缩略词，供读者参考使用。

本书由刘振霞、马志强、钱渊、李瑞欣共同编著。

由于作者水平有限，书中难免有疏漏之处，敬请读者批评指正。

作　者
2013 年 7 月

第一版前言

如果说传输系统是电信网络的神经系统，那么交换系统就是各个神经的中枢，它是电信网中终端之间进行信息传递的桥梁。根据终端之间通信信息种类的不同，交换系统主要分为电路交换、报文交换和分组交换系统。电路交换系统目前使用的设备主要是程控数字交换机。本书重点介绍程控数字交换机的基本原理和交换技术，对报文交换和分组交换的原理只作简单介绍。

全书共 11 章。第 1 章概要地介绍了电信网的作用与要素、电话交换机的发展历史、程控数字交换机的基本结构和交换技术的发展趋势；第 2 章为模拟信号的数字化处理与多路复用技术，介绍了 PCM 调制过程、多路复用的概念和意义、时分多路复用原理以及 PCM 帧结构；第 3 章为交换网络的结构与原理，讲述了交换网络的结构和接续原理；第 4 章为程控数字交换机的接口与外设，介绍了它们的种类、功能和原理；第 5 章为控制系统的结构与程序管理，讲述了程控数字交换机控制部件的结构和特点，分析了控制系统的呼叫处理能力和可靠性，研究了控制系统的程序管理和实时处理的相关技术；第 6 章为呼叫接续与程序控制，以呼叫过程为例讲述了软件程序的控制和处理过程；第 7 章为电信网规程，讲述了电信网规程中应考虑的路由规程、号码规程、传输规程、同步规程等问题；第 8 章为电信网信令系统，通过研究电信网信令系统，介绍了中国 1 号信令和国际 No.7 信令的分类、编码和传输方式；第 9 章为宽带交换技术，介绍了交换技术的演变和 ATM 的相关技术；第 10 章为典型用户交换机介绍，以 JSQ-31 V5.0 版本程控数字交换机为例介绍了该机的组网功能、话务台与分机功能、维护操作、交换机硬件电路、系统维护与故障诊断等内容；第 11 章为典型局用交换机介绍，以中兴 ZXJ10 程控数字交换机为例介绍了该机的系统结构、控制方式、话务台与分机功能、操作维护系统、数据管理与维护等内容。

本书在编写中注重实用性和可读性，通过对内容的提炼避免了冗长的理论表述，从而强调了基本概念和基本原理，简明扼要，深入浅出。为便于教学和自学，在每章的章前都有要点提示，章后都有复习思考题，以加强读者对重点内容的学习和巩固。书末附录中给出了通信领域常用英文缩略词，供读者参考使用。

本书可作为高等院校相关专业的教材，也可供从事通信等相关专业的其他人员参考使用。

由于作者水平有限，书中难免有疏漏之处，敬请读者批评指正。

作 者
2007 年 6 月

目　　录

第1章 概　述

要点提示：

　　电信通信就是利用电信系统来进行信息传递的过程，电信系统则是各种设施协调工作的电信装备集合的整体。最简单的电信系统是在两个用户之间建立的专线系统，而较复杂的系统则是由多级交换的电信网提供信道支持来完成一次呼叫的系统。本章简要介绍交换的概念、电信网的构成要素与功能、电话交换机的发展历史、程控数字交换机的基本结构和交换技术的发展趋势。

1.1　电话通信的起源

1. 电话的问世

　　电话通信是我们生活中应用最广泛、使用最频繁的一种通信方式，它于 1876 年由美国科学家贝尔发明。最初的电话通信只能完成一部话机与另一部话机的固定通信，如图 1-1 所示。这种两个终端直连的通信被称为点对点通信。

终端　　　　　　　　　　　传输媒介　　　　　　　　　终端

图 1-1　点对点通信

　　点对点通信存在如下缺点：

　　(1) 任意两个用户之间的通话都需要一条专门的线路直接连接，当存在 N 个终端时，需要的传输线数为 $N(N-1)/2$ 条，传输线的数量随终端数的增加而急剧增加，如图 1-2 所示。

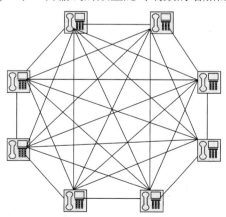

图 1-2　多个终端的点对点通信

(2) 每个终端都有 $N-1$ 条线与其他终端相连接,因而每个终端需要 $N-1$ 个线路接口。

(3) 当增加第 $N+1$ 个终端时,必须增设 N 条线路。

(4) 当终端间相距较远时,线路信号衰耗大。

2. 交换机的诞生

1878 年,美国人 **Almon B.Strowger** 提出了交换的设想,其基本思想是将多个终端与一个转接设备相连,当任何两个终端要传递信息时,该转接设备就把连接这两个用户的有关电路接通,通信完毕再把相应的电路断开。我们称这个转接设备为交换机,这个交换过程被称为有交换机的通信,如图 1-3 所示。

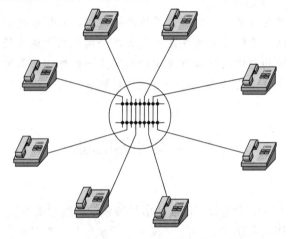

图 1-3　有交换机的通信

交换机的出现不仅减小了线路投资,而且提高了传输线路的利用率。

1.2　交换与通信网

当终端用户分布的地域较广时,可设置多个交换机(如市话分局交换机),每个交换机连接与之较近的终端,并且交换机之间互相连接,如图 1-4 所示。

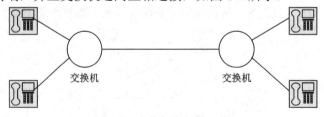

图 1-4　交换机之间的通信

当终端用户分布的地域更广,多个交换设备之间也不便做到个个相连时,就要引入汇接交换设备,构成典型的电信通信网(简称电信网),如图 1-5 所示。

终端设备一般置于用户处,故将终端设备与交换设备之间的连接线叫做用户线,而将交换设备与交换设备的连接线叫做中继线。

用户交换机是由机关、企业等集团单位投资建设的,主要供内部通信使用的交换机。

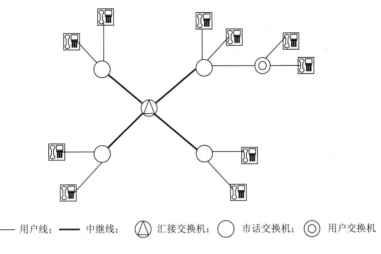

—— 用户线； —— 中继线； ⊿ 汇接交换机； ○ 市话交换机； ◎ 用户交换机

图 1-5 典型的电信通信网

1. 电信网的构成要素及主要功能

基本的电信网由终端设备、传输设备和交换设备三类设备组成。

1）终端设备

终端设备的主要功能是把待传送的信息和在信道上传送的信号进行相互转换。对应不同的电信业务有不同的终端设备，如电话业务的终端设备就是电话机，数据通信的终端设备就是计算机等。

2）传输设备

传输设备是传输媒介的总称，它是电信网中的连接设备，是信息和信号的传输链路。传输链路的实现方式很多，如市内电话网的用户端电缆、局间中继设备和长途传输网的微波系统、卫星系统以及光纤系统等。

3）交换设备

如果说传输设备是电信网络的神经系统，那么交换系统就是各个神经的中枢，它为信源和信宿之间架设了通信的桥梁。其基本功能是根据地址信息进行网内链路的连接，以使电信网中的所有终端能建立信号通路，实现任意通信双方的信号交换。对不同的电信业务，交换系统的性能要求不同，例如，对于电话业务网，交换系统的要求是话音信号的传输时延应尽量小，因此目前电话业务网的交换系统主要采用可以直接通话的电路交换设备。交换系统除电路交换设备外，还有适合于其他业务网用的如报文交换设备和分组交换设备等。

由于交换系统的设备承担了所有终端设备的汇接及转接任务，在通信网中成了关键点，因此在网络的结构图中，常将含交换系统的网点称为节点。

电信网仅有上述设备还不能形成一个完善的通信网，还必须包括信令、协议和各种通信标准。从某种意义上说，信令是实现网内设备协调工作的依据，协议和标准是构成网络运行的规则。因为它们可使用户和网络资源之间，以及各交换设备之间有共同的执行"语言"，通过这些执行"语言"可使网络合理地运行，从而达到全网互通的目的。

2. 电话网的特点

电话网最初的设计目标很简单，就是要支持话音通信，因此话音业务的特点也就决定了电话网的技术特征。话音业务具有如下特点：

(1) 速率恒定且单一。每个用户的话音经过抽样、量化、编码后都形成了 64 kb/s 的速率，电话网中的每路话音通信只有这一种单一的速率。

(2) 话音对丢失信息不敏感。话音通信中允许有一定的信息丢失，因为话音语意的相关性较强，可以通过通信的双方用户来恢复。

(3) 话音对实时性要求较高。在话音通信中，时延应尽量小，用户双方应像面对面一样进行交流。

(4) 话音具有连续性。通话双方一般是在较短的时间内连续地表达自己的通信信息的。

随着通信技术的发展，通信业务将越来越丰富，传统的电话网正在向综合业务数字网(ISDN)发展。

1.3 电话交换机的发展与分类

交换机的发展通常是由于交换技术或控制器技术的发展而引起的。

1. 电话交换机的发展

早期的交换设备有人工交换机、步进制交换机、纵横制交换机、空分式模拟程控交换机等，目前先进的交换机有时分式数字程控交换机、ATM 交换机等。不同阶段的电话交换机简介如表 1.1 所示。

表 1.1   不同阶段的电话交换机简介

名　称	年代	特　点
人工交换机	1878	借助话务员进行电话接续，效率低，容量受限
步进制交换机 (模拟交换)	1892	交换机进入自动接续时代。系统设备全部由电磁器件构成，靠机械动作完成"直接控制"接续。接线器的机械磨损严重，可靠性差，寿命低
纵横制交换机 (模拟交换)	1938	系统设备仍然全部由电磁器件构成，靠机械动作完成"间接控制"接续，接线器的制造工艺有了很大改进，部分地解决了步进制的问题
空分式模拟程控交换机	1965	交换机进入电子计算化时代，靠软件程序控制完成电话接续，所交换的信号是模拟信号，交换网络采用空分技术
时分式数字程控交换机	1970	交换技术从传统的模拟信号交换进入了数字信号交换时代，在交换网络中采用了时分技术

2. 电话交换机的分类

(1) 按交换机的使用对象，电话交换机可分为局用交换机(用于电信部门)和用户交换机(用于企、事业集团)。

(2) 按呼叫接续方式，电话交换机可分为人工接续交换机和自动接续交换机。

(3) 按所交换的信号特征，电话交换机可分为模拟信号交换机和数字信号交换机。

(4) 按接线器的工作方式，电话交换机可分为空分交换机(接线器采用空间开关方式)和时分交换机(接线器采用时间开关方式)。

(5) 按控制电路的结构，电话交换机可分为集中控制交换机、分级控制交换机和全分散控制交换机。

1.4　程控数字交换机简介

1. 程控数字交换机的组成

一台程控数字交换机主要由三部分组成：交换网络、接口电路和控制系统，如图 1-6 所示。

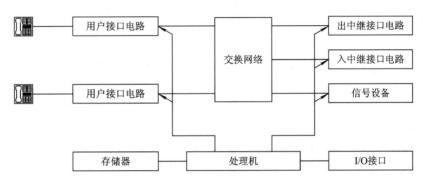

图 1-6　程控数字交换机的组成框图

1) 交换网络

交换网络可看成是一个有 M 条入线和 N 条出线的网络。其基本功能是根据需要使某一入线与某一出线连通，提供用户通信接口之间的连接。此连接可以是物理的，也可以是逻辑的。物理连接是指在通信过程中，不论用户有无信息传送，交换网络始终按预先分配方法，保持其专用的接续通路；逻辑连接即虚连接(Virtual Connection)，只有在用户有信息传送时，才按需提供接续通路。

2) 接口电路

接口电路分为用户接口电路和中继接口电路，其作用是把来自用户线或中继线的消息转换成交换设备可以处理的信号。

3) 控制系统

控制系统是程控数字交换机工作的指挥中心，它由处理机、存储器、I/O 接口等部件组成。控制系统的功能通常分为三级：第一级为外围设备控制级，主要对靠近交换网络侧的端口电路及交换机的其他外围设备进行控制，跟踪监视终端用户、中继线的呼叫占用情况，向外围设备送出控制信息。第二级为呼叫处理控制级，主要对由第一级控制级送来的输入信息进行分析和处理，并控制交换机完成链路的建立或复原。第二级的控制部分有较强的智能性，所以这一级被称为存储程序控制。第三级为维护测试控制级，用于系统的操作维护和测试，定期自动地对交换系统的各个部分进行状态检测或试验，诊断各种可能出现的故障，并及时报告(输出)异常情况等信息。

控制系统三级功能的划分可以是"虚拟"的内在分工，仅说明逻辑控制关系，也可以是"实际"的物理分工，即分别设置专用或通用的处理机来完成不同的功能。

2. 程控数字交换机的外围设备

程控数字交换机除上述三部分外，还有一些外围设备。

1) 信号设备

信号设备负责产生和接收程控数字交换机工作所需要的各种信令。信令处理过程需用规范化的一系列协议来实现。

2) 备份设备

备份设备是指磁带机或磁盘机，用于存储和备份各类数据、话务统计以及计费信息等。

3) 维护终端设备

维护终端设备包括终端计算机及终端打印设备等，是对程控数字交换机进行日常维护和管理的设备。

4) 测试设备

测试设备包括局内测试设备、用户线路测试设备和局间中继线路测试设备等。

5) 时钟

时钟是保证程控数字交换机和数字传输系统协调、同步工作必须配置的设备。

6) 录音通知设备

录音通知设备用于需要话音通知用户的业务，如气象预报、号码查询、空号或更改号码提示等业务。

7) 监视告警设备

监视告警设备用于系统工作状态的告警提示，一般为可视(灯光)信号和可闻(警铃、蜂音)信号。

3. 程控数字交换机的任务

程控数字交换机必须具备能够正确接收与分析从用户线和中继线发来的呼叫信号及地址信号，按目的地址正确地进行选路，控制交换网络连接的建立，按照所收到的释放信号拆除连接等功能，通过本局接续、出局接续、入局接续、转接接续可建立各种呼叫类型。

目前，程控数字交换机的基本任务包括以下内容：

(1) 通过模拟用户线接口完成模拟电话用户间的拨号接续与信息交换。

(2) 通过数字用户线接口完成数字话机或数据终端间的拨号接续及数据信息交换。

(3) 经模拟用户线接口和 Modem(调制解调器)完成数据终端间的数据通信。

(4) 经所配置的硬件和应用软件，提供诸多专门的应用功能。

(5) 借助话务台等设备完成对用户(分机)的呼叫转接、号码查询、故障受理等服务业务。

(6) 借助维护终端等设备完成对程控交换系统或网络的配置，以及对各类参数数据、话务统计、计费系统等的管理与维护。

4. 程控数字交换机的功能

程控数字交换机的功能分为交换机业务功能和用户(分机)功能两类。

1) 交换机业务功能

程控数字交换机应提供的业务功能有以下 8 类：

(1) 控制功能。控制设备应能检测是否存在空闲通路以及被叫的忙闲情况，以控制各种电路的建立。

(2) 交换功能。交换网络应能实现网中任何用户之间的话音信号交换。

(3) 接口功能。交换机应有连接不同种类和性质的终端的接口。

(4) 信令功能。信令设备应能监视并随时发现呼叫的到来和呼叫的结束，应能向主、被叫发送各种用于控制接续的可闻信号，还应能接收并保存主叫发送的被叫号码。

(5) 公共服务功能。交换机应能向用户提供诸如银行业务、股市业务、交通业务等各种公共信息服务。

(6) 运行管理功能。交换机应具有对包括交换网络、处理机等在内的设备的管理功能。

(7) 维护、诊断功能。交换机应具有对交换机定期测试、故障报警、故障分析等功能。

(8) 计费功能。交换机应具有计费数据收集、话费结算和话单输出等计费功能。

2) 用户(分机)功能

程控数字交换机为用户(分机)提供了诸如缩位拨号、热线服务、呼叫转移、禁止呼叫、追查恶意呼叫等 20 多种服务功能。这些服务功能的实现为办公室工作和日常生活提供了许多方便。

5. 程控数字交换机的基本原理

程控数字交换机的基本原理是一种电路交换原理，主要包括以下三个通信阶段：

(1) 电路的建立阶段。通过呼叫信令完成逐个节点的接续，建立起一条端到端的通信电路。

(2) 通信阶段。在已建立的端到端的直通电路上，透明地传送和交换数字化的话音信号信息。

(3) 电路的拆除阶段。当结束一次通信时，拆除电路连接，释放节点和信道资源。

1.5　程控数字交换机的优越性与技术发展

与传统的交换机相比，程控数字交换机采用了存储程序控制(SPC)技术，不仅大大增强了呼叫处理的能力，增添了许多方便用户的业务，而且显著地提高了网络运行、管理和维护(OAM)的自动化程度。

1. 程控数字交换机的优越性

(1) 能提供许多新的用户服务性能。

(2) 维护管理方便，可靠性高。

(3) 灵活性大。

(4) 便于向综合业务数字网(ISDN)方向发展。

(5) 可以采用公共信道信令系统(No.7 信令，也称为七号信令)。

(6) 便于利用电子器件的最新成果，可使系统在技术上的先进性得到发挥。

2. 程控数字交换机技术的发展趋势

(1) 软、硬件进一步模块化，软件设计和数据修改采用数据处理机完成。

(2) 控制部分采用计算机局域网技术，将控制部分设计成开放式系统，为今后适应新的业务和功能奠定基础。

(3) 在交换网络方面进一步提高网络的集成度和容量，制成大容量的专用芯片。

(4) 在接口电路方面进一步提高用户电路的集成度，从而降低整个交换机的成本。

(5) 加强有关智能网、综合业务数字网性能的开发。

(6) 大力开发各种接口，包括各种无线接口和光接口。

(7) 通过专用接口，完成程控数字交换机与局域网(LAN)、公用数据网(PDN)、ISDN、接入网(AN)以及无线移动通信网的互联。

(8) 加强接入网业务的开发，全面实现电信网、有线电视网、计算机网三网合一，从而给人们提供以宽带技术为核心的综合信息服务。

复习思考题

1. 通过了解交换机的发展史，对电话交换机进行分类。

2. 为什么说交换设备是通信网的重要组成部分？

3. 简述交换机系统的任务和功能。

4. 程控数字交换机由哪几部分构成？画出其结构图并说明各部分的作用。

5. 与传统的机电制交换机相比，程控数字交换机在技术方面有哪些优越性？

6. 你是如何理解程控数字交换机的优越性的？程控数字交换机的发展还具有哪些方面的潜力？

第2章 模拟信号的数字化处理与多路复用技术

要点提示：

话音信号的数字化是信号进行数字传输、数字交换的前提和基础，是话音信号进入数字交换网络之前完成的工作。本章介绍 PCM 调制过程、多路复用的概念和意义、时分多路复用的原理以及 PCM 帧的结构。

2.1 模拟信号的数字化处理

通信中的信号大致分为两类：模拟信号和数字信号。模拟信号是一种数值上连续变化的信号，这种信号的某一参量可以取无限多个数值，并且直接与消息相对应，如话音信号、图像信号等都属于模拟信号；数字信号是一种离散信号，它由许多脉冲组成，这种信号的某一参量只能取有限个数值，并且不直接与消息相对应，如电报信号、数据信号等都属于数字信号。

数字信号由于具有抗干扰性强、保密性强、适合纳入 ISDN 等优点而被广泛使用。因此，在实际应用中常将模拟信号转变为数字信号。

2.1.1 数字信号的调制

模拟信号转变为数字信号的过程叫做数字信号的调制。数字信号有多种调制方法，常用的有脉冲编码调制(PCM)和增量调制(ΔM)。图 2-1 所示为脉冲编码调制(PCM)的模型。

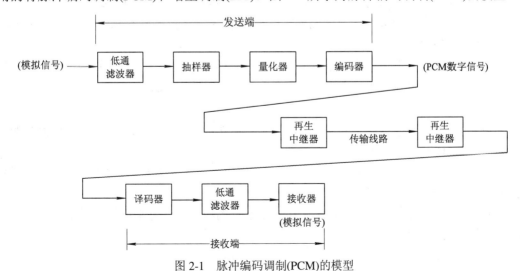

图 2-1 脉冲编码调制(PCM)的模型

2.1.2　脉冲编码调制

脉冲编码调制(PCM)在发送端主要通过抽样、量化和编码工作完成 A→D 转换；在接收端主要通过译码和滤波工作完成 D→A 转换。

1. 抽样

模拟信号变成数字信号的第一步工作就是要对初始信号进行抽样。抽样的目的是使模拟信号在时间上离散化。其原理是通过抽样脉冲按一定周期去控制抽样器的开关电路，取出模拟信号的瞬时电压值，从而将连续的原始话音信号变成间隔相等但幅度不等的离散电压值，如图 2-2 所示。

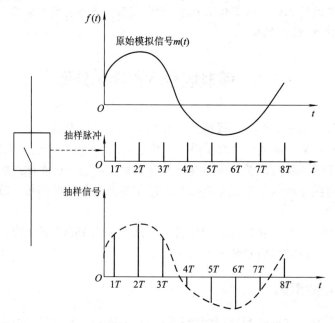

图 2-2　话音信号抽样

所抽取的每个幅度值为样值，显然，该样值可以看做是按幅度调制的脉冲信号，称为脉冲调幅(PAM)信号。PAM 信号的幅度取值是连续的，不能用有限个数字来表示，我们认为它仍然是模拟信号。

为了使抽样信号不失真地还原为原始信号，抽样频率(f_s)应大于话音信号的最高频率的两倍，实际中 f_s 取 8000 Hz，则抽样周期 T 为 1/8000，即 125 μs。

2. 量化

量化的目的是将抽样得到的无数种幅度值用有限个状态来表示，以减少编码的位数。其原理是用有限个电平表示模拟信号的样值。

量化方法大体上有舍去法(即将小于 1 V 的尾数舍去)、补足法(即将小于 1 V 的尾数补足为 1 V)以及四舍五入法三种。

四舍五入法是将每个抽样后的幅值用一个邻近的"整数"值来近似。图 2-3 所示为四舍五入量化方法的示意图。

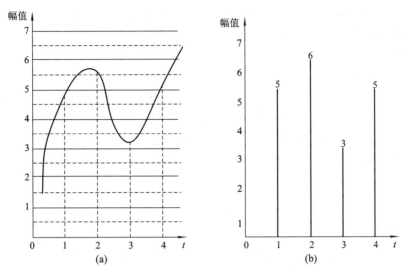

图 2-3　四舍五入量化方法的示意图

(a) 抽样；(b) 量化

图 2-3 把信号归纳为 0～7 级，共 8 级，并规定，小于 0.5 的为 0 级，0.5～1.5 之间为 1 级等。经过这样的量化，连续的样值就被归到了 0～7 级中的某一级。图 2-3(b)就显示了量化后的值。

需要注意的是，把无限多种幅值量化成有限的值必然会产生误差。我们把量化值与信号值之间的差异称为量化误差。量化误差是数字通信中的主要噪声来源之一。减少信号的量化噪声有以下两种方法：

(1) 增加量化级数。增加量化级数可减小量化误差，但量化级数的增加会使编码位数增加，要求存储器容量加大，对编码器的要求也会提高。

(2) 采用非均匀量化的办法。图 2-3 所示为一种均匀量化。在均匀量化时，由于量化分级间隔是均匀的，对大信号和小信号量化阶距相同，因而小信号时的相对误差大，大信号时的相对误差小。非均匀量化是一种在信号动态范围内，量化分级不均匀、量化阶距不相等的量化。例如，若使小信号的量化分级数目多，则量化阶距小；若使大信号的量化分级数目少，则量化阶距大。这样可保证信噪比高于 26 dB。非均匀量化被称为"压缩扩张法"，简称压扩法。其原理框图如图 2-4 所示。

图 2-4　非均匀量化的原理框图

在发送端，首先将输入信号送到压缩器进行压缩，然后再送到均匀量化器量化并编码；在接收端，先将收到的数码序列进行译码，然后再通过与压缩器特性相反的扩张器进行扩张，恢复为原来的信号。

非均匀量化就是非线性量化，其压、扩特性采用的是近似于对数函数的特性。ITU-T(国际电信联盟电信标准化部门)建议采用的压缩律有两种，分别为 A 律和 μ 律。

A 律的压缩系数(A)为 87.6，用 13 折线来近似，欧洲各国、中国的 PCM 设备采用这种压缩律。μ律的压缩系数(μ)为 255，用 15 折线来近似，北美各国的 PCM 设备采用这种压缩律。

关于量化误差的详细解释请参阅有关文献。

3. 编码

编码就是把量化后的幅值分别用代码来表示。代码的种类很多，采用二进制代码在通信技术中较常见。在实际应用中，通常用 8 位二进制代码表示一个量化样值。PCM 信号的组成形式如图 2-5 所示。其中，极性码由高 1 位表示，用以确定样值的极性；幅度码由 2～8 位共 7 位码表示(代表 128 个量化级)，用以确定样值的大小；段落码由高 2～4 位表示，用以确定样值的幅度范围；段内码由低 5～8 位表示，用以确定样值的精确幅度。

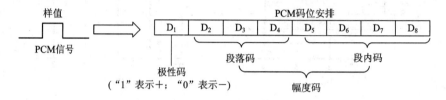

图 2-5　PCM 信号的组成形式

段落码是指将 13 折线分为 16 个不等的段(非均匀量化)，其中，正、负极各 8 段，量化级为 8，由 3 位二进制码表示。

段内码是指将上述 16 个段的每段再平均分为 16 段(均匀量化)，量化级为 16，由 4 位二进制码表示。

经过编码后的信号即为 PCM 信号。

PCM 信号在信道中是以每路一个抽样值为单位传输的，因此单路 PCM 信号的传输速率为 $8 \times 8000 = 64$ kb/s。我们将速率为 64 kb/s 的 PCM 信号称为基带信号。

PCM 常用码型有单极性不归零(NRZ)码、双极性归零(AMI)码、三阶高密度双极性(HDB3)码等。

1) 单极性不归零码

单极性不归零(NRZ)码如图 2-6 所示。

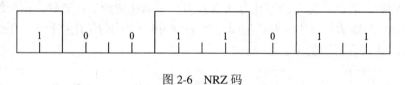

图 2-6　NRZ 码

NRZ 码具有如下特点：

(1) 信号"1"表示有脉冲，信号"0"表示无脉冲。

(2) 信号中有直流分量(即平均分量)，直流信号衰耗大，不利于远距离传输。

(3) 占用频带宽。

因此，NRZ 码一般不用于长途线路，主要用于局内通信。

2) 双极性归零码

双极性归零(AMI)码如图 2-7 所示。

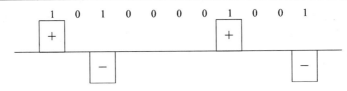

图 2-7　AMI 码

AMI 码具有如下特点：

(1) "1"的极性交替变换，因此不存在直流分量。

(2) 与 NRZ 码相比，码的宽度压缩了一半，可有效利用信道。

在图 2-6 所示的一组信码中，有多个连续"0"出现，这样会使中继器长时间收不到信号而误认为是空号，进而影响定时提取时钟频率的工作。

3) 三阶高密度双极性码

三阶高密度双极性(HDB3)码如图 2-8 所示。

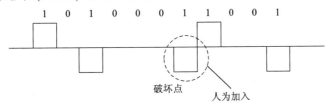

图 2-8　HDB3 码

HDB3 码具有如下特点：一组信码中，连"0"数限制在三个以下，当出现第四个连"0"时，就自动加入一个"1"取代第四个"0"，从而克服了过多连续"0"出现的缺点。被加入的这个"1"是人为加入的，称为破坏点。为了使接收端能够识别并去除破坏点，破坏点"1"应与 AMI 码的极性交替规律相违背。

HDB3 码适合远距离传输，常用于长途线路通信。

4. 解码和重建

在 PCM 通信的接收端，需要把数字信号恢复为模拟信号，这要经过解码和重建两个处理过程。

1) 解码

解码就是把接收到的 PCM 代码转变成与发送端一样的 PAM 信号，其示意图如图 2-9所示。

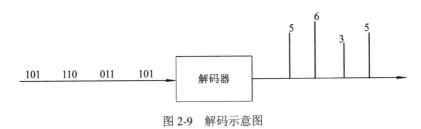

图 2-9　解码示意图

2) 重建

在 PAM 信号中包含原话音信号的频谱，因此可将 PAM 信号通过低通滤波器分离出所需要的话音信号，这一过程即为重建。

PCM 信号在传输中，为了减少由长途线路带来的噪声和失真积累，通常在达到一定传输距离处设置一个再生中继器。再生中继器用来完成输入信码的整形、放大等工作，以使信号恢复到良好状态。

2.2 多路复用技术

2.2.1 多路复用的概念

早期的电话通信是一个硬件资源(如传输信道、接线器、信号设备等)，并且只能被一对用户所占用，通话时间多长，这个硬件资源被占用的时间就有多长。随着通信容量的扩大，硬件资源紧缺的现象就显得尤为严重。为了在较少的硬件资源上实现更多的通信，便提出了多路复用技术。多路复用技术的出现提高了硬件资源的利用率，降低了通信网中硬件资源的成本。目前，有线通信中的多路复用技术主要有频分复用和时分复用。

1. 频分复用

频分复用(FDM)是指把传输信道的总带宽划分成若干个子频段，如图 2-10 所示的信道 1，信道 2，…，信道 n。每个子频段可作为一个独立的传输信道使用，每对用户所占用的仅仅是其中的一个子频段。

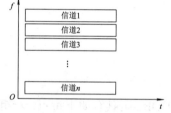

图 2-10 频分复用示意图

2. 时分复用

时分复用(TDM)是指将信道的传输时间划分成若干个时隙，每个被传输的信号独立占用其中的一个时隙，各路信号轮流在自己的时隙内完成传输，如图 2-11 所示的信道 1，信道 2，…，信道 n。

由此可见，频分制是按频率划分信道的，而时分制是按时间划分信道的；频分制同一时间传送多路信息，而时分制同一时间只传送 1 路信息；频分制的多路信息是并行传输的，而时分制的多路信息是串行传输的；实际应用中频分制多用于模拟通信，而时分制多用于数字通信。

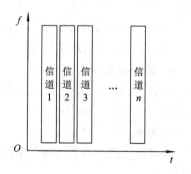

图 2-11 时分复用示意图

目前，程控数字交换机采用的多路复用技术为时分复用。

2.2.2 PCM 信号的时分复用

为了提高信道的利用率，常对基带 PCM 信号进行时分复用的多路调制，如图 2-12 所示。比较图 2-12(b)～(e)我们发现，在 125 μs 抽样周期内，PAM 信道每传送一个抽样值，对应基带 PCM 传送 8 bit，而 TDM PCM 则可传输 $n \times 8$ bit。因此，TDM PCM 信号的码元速率为

$$R_1 = n \times 64 \text{ (kb/s)} \tag{2.1}$$

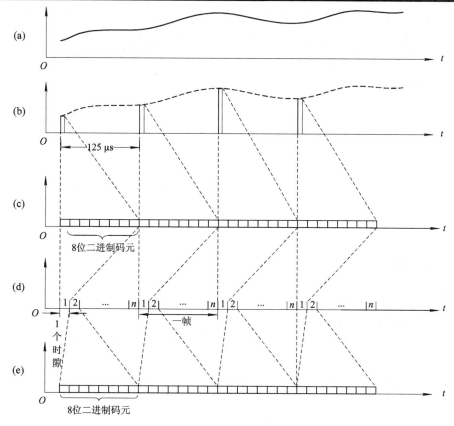

图 2-12　PCM 信号的时分复用

(a) 原始模拟信号；(b) 抽样后形成的 PAM 信号；(c) 基带 PCM 编码信号；

(d) 多路基带 PCM 信号调制后形成的 TDM PCM 信号；(e) 第 2 路基带 PCM 信号

时分多路复用是利用一个高速开关电路(抽样器)来实现的。高速开关电路使各路信号在时间上按一定顺序轮流接通，以保证任一瞬间最多只有一路信号接在公共信道上。具体来说，就是利用时钟脉冲把信道按时间分成均匀的间隔，每一路信号的传输被分配在不同的时间间隔内进行，以达到互相分开的目的，如图 2-13 所示。

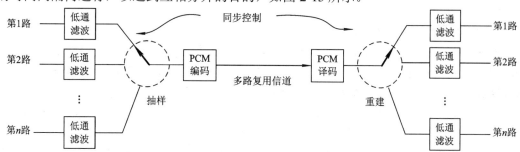

图 2-13　时间分割信道原理

所以，对 PCM 时分制而言，就是把抽样周期 125 μs 分割成多个时间小段，以供各个话路占用。若有 n 条话路，则每路占用的时间小段为 $125/n$。显然，路数越多，时间小段将越小。

我们知道，每路信号经 PCM 调制后，都是以 8 bit 抽样值为一个信号单元传送的，因此，每个 8 bit 所占据的时间称为 1 个"时隙"(TS，Time Slot)，n 个时隙就构成了一个帧。因此，一路基带 PCM 在 TDM PCM 中周期地每帧占有 1 个时隙，如图 2-14 所示。

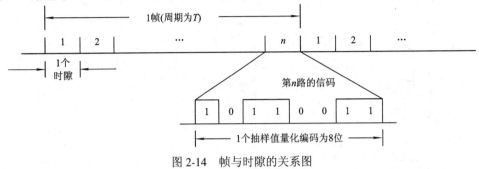

图 2-14　帧与时隙的关系图

2.2.3　PCM 帧结构

目前国际上有两种 PCM 体制：一种是由贝尔(BELL)公司提出，主要在北美各国和日本采用的 24 路 PCM($n = 24$)；另一种是由欧洲邮电管理协会(CEPT)提出，主要在欧洲各国和中国等国家采用的 30/32 路 PCM($n = 32$)。这两种体制均已被 ITU-T 采纳为正式标准。两种 PCM 体制的比较如表 2.1 所示。

表 2.1　BELL 24 路、CEPT 30/32 路 PCM 体制的比较

项　　目	CEPT 30/32 路	BELL 24 路
抽样速率/Hz	8000	8000
比特数/抽样	8	8
时隙/帧	32	24
PCM 话路/帧	30	24
输出比特速率/(kb/s)	2048	1544

本书后面提到的 PCM 帧结构均指 CEPT 系统。在 CEPT 系统中，PCM 一次群信号为 32 路复用。

1. 30/32 路一次群帧结构

30/32 路一次群帧结构如图 2-15 所示。在图 2-15 中，1 帧由 32 个时隙组成，编号为 $TS_0 \sim TS_{31}$。第 $1 \sim 15$ 话路的消息码组依次在 $TS_1 \sim TS_{15}$ 中传送，而第 $16 \sim 30$ 话路的消息依次在 $TS_{17} \sim TS_{31}$ 中传送。16 个帧构成 1 复帧，由 $F_0 \sim F_{15}$ 组成。

TS_0 用来做"帧同步"工作，而 TS_{16} 则用来做"复帧同步"工作或传送各话路的标志信号码(信令码)。

"帧同步"和"复帧同步"的工作意义是控制收、发两端数字设备同步工作。对于偶数帧(F_0，F_2，F_4，…)，TS_0 被固定地设置为 10011011，第 1 位码没有利用，暂定为"1"，后 7 位码"0011011"为帧同步字。帧同步字在偶数帧到来时，由发送端数字设备向接收端数字设备传送。

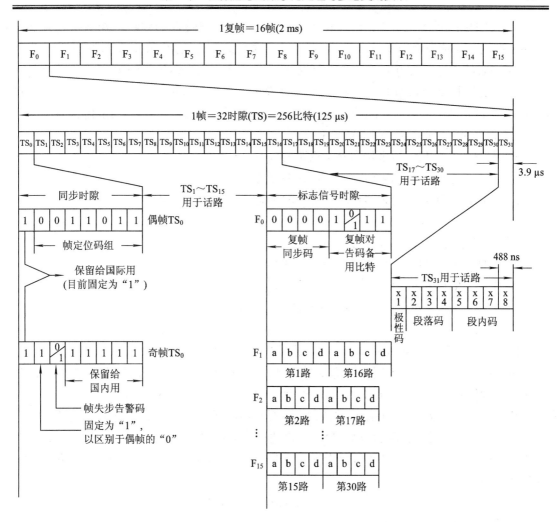

图 2-15　30/32 路一次群帧结构

对于奇数帧(F_1，F_3，F_5，…)，TS_0 的第 3 位码为帧失步告警码。在消息传送过程中，当接收端的帧同步检测电路在预定时刻检测到输入序列中与同步字(0011011)相匹配的信号段时，便认为捕捉到了帧同步字，说明接收信号正常，此时由奇数帧 TS_0 向发送端数字设备传送的第 3 位码为"0"；如果接收端帧同步检测电路不能在预定时刻收到同步字(0011011)，就认为系统失步，由奇数帧 TS_0 向发送端数字设备传送的第 3 位码为"1"，通知对端局，本端接收信号已失步，需处理故障。

为可靠起见，实际工作中，接收端的帧同步检测电路需连续多次在所期望的时刻(即每250 μs)收到同步字，才可确认系统进入了同步状态。这样做的目的是避免把消息中与同步字相同的序列段误认为同步字。

奇数帧 TS_0 的第 1 位码同样没有利用，暂定为"1"。第 2 位码为监视码，固定为"1"，用于区分奇数帧和偶数帧，以便接收端把偶数帧与奇数帧区别开来(偶数帧 TS_0 的第 2 位码固定为"0")。奇数帧 TS_0 的第 4～8 位码用来传送其他信息，在未利用的情况下，暂定为"1"。

在 F_0 的 TS_{16} 的 8 位码中，前 4 位码为复帧同步码，编码为 "0000"。第 6 位码为复帧失步告警码，与帧失步告警码一样，复帧同步工作时这一位码为 "0"，失步时为 "1"。

$F_1 \sim F_{15}$ 的 TS_{16} 用以传送第 1~30 话路的标志信号。由于标志信号的频率成分远没有话音的频率成分丰富，因此用 4 位码传送一个话路的标志信号就足够了。每个 TS_{16} 又分为前 4 bit 和后 4 bit 两部分，前 4 bit 用来传送一个话路的标志信号，后 4 bit 用来传送另一话路的标志信号。具体规定是，在 1 复帧中：

F_1 中 TS_{16} 的前 4 bit 用来传送第 1 话路的标志信号；

F_2 中 TS_{16} 的前 4 bit 用来传送第 2 话路的标志信号；

F_3 中 TS_{16} 的前 4 bit 用来传送第 3 话路的标志信号；

$\vdots$

F_{15} 中 TS_{16} 的前 4 bit 用来传送第 15 话路的标志信号。

F_1 中 TS_{16} 的后 4 bit 用来传送第 16 话路的标志信号；

F_2 中 TS_{16} 的后 4 bit 用来传送第 17 话路的标志信号；

F_3 中 TS_{16} 的后 4 bit 用来传送第 18 话路的标志信号；

$\vdots$

F_{15} 中 TS_{16} 的后 4 bit 用来传送第 30 话路的标志信号。

例如，某用户摘机后占用第 7 条话路，那么，为其传送话音信号的时隙是 TS_7，而为其传送控制信号的时隙则应是 F_7 中 TS_{16} 的前 4 bit。

通过对 30/32 路一次群帧结构的认识，我们不难理解，一路基带 PCM 信号一旦占用了一次群中的某个时隙，它随后所有的 8 位编码抽样都将位于该时隙。因此，对于 64 kb/s 的基带 PCM 源而言，一次群系统等价于提供了 32 条独立的 64 kb/s 信道，故 30/32 路一次群的位速率为

$$B = 32 \times 64\ 000 = 2048\ \text{kb/s}$$

2. 数字复用 PCM 高次群

目前 PCM 通信技术发展很快，应用很广泛，上述 PCM 一次群的容量和速率已远远不能满足通信要求。为了扩大信号传输的速率和交换容量，提高信道利用率，引入了数字复用高次群的概念。

高次群由若干个低次群通过数字复接设备复用而成，如图 2-16 所示。由图 2-16 可知，PCM 系统的二次群由 4 个一次群复用而成，速率为 8.448 Mb/s，话路数为 $4 \times 30 = 120$ 话路；三次群由 4 个二次群复用而成，速率为 34.386 Mb/s，话路数为 $4 \times 120 = 480$ 话路；四次群由 4 个三次群复用而成，速率为 139.264 Mb/s，话路数为 $4 \times 480 = 1920$ 话路；五次群则由 4 个四次群复用而成，速率为 564.992 Mb/s，话路数为 $4 \times 1920 = 7680$ 话路。

在数字复用时，由于要加入同步调整比特，因此高次群的传输码率并不是低次群的四倍，而是要比低次群的四倍高一些，如二次群复用加入正码速调整比特后，速率应为 4×2112(标称值) = 8448 kb/s。

交换机接续常以一次群信号为单位。如果交换机接收到的是其他群次的信号，则必须通过接口电路将它们多路复接(或分接)成一次群，然后进行交换。

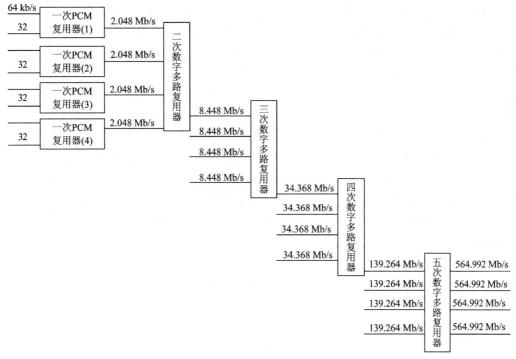

图 2-16　PCM 高次群的形成

2.2.4　PCM 终端设备简介

PCM 多路系统终端设备的功能图如图 2-17 所示。

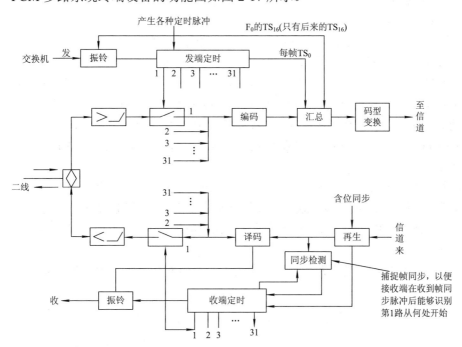

图 2-17　PCM 多路系统终端设备的功能图

图 2-17 中的发端定时设备和收端定时设备用来产生各种定时脉冲，如抽样脉冲，编码、译码用的位脉冲，帧同步脉冲等。定时设备是一个晶体振荡器，它在发送端产生稳定的时钟频率(CP)，用这个时钟频率来控制上述各种脉冲，使它们符合要求。为达到接收端与发送端同步，在接收端的再生电路中提取同步信息(或称提取时钟)，用此同步信息来控制接收端的定时系统。对于帧同步，接收端在 TS_0 识别到同步码(0011011)后才确定第一路从何时开始。

位同步和帧同步是数字信号传输的重要特点，要求十分严格。"位同步"是指收、发双方的传输码率必须完全一致，也就是说，收、发双方每位码的传送时间应完全相同。位同步功能通常在再生中继器中实现，由再生中继器提取位同步信号。"帧同步"是指收、发各路要对齐，为此，发送端在发送一帧信号的时间内还要留一定时隙来发送特定的帧同步脉冲，以便接收端在收到帧同步脉冲后能够识别到第一路从何处开始。帧同步的捕捉由同步检测电路实现。

复习思考题

1. 简述话音信号的数字化过程。

2. 用抽样信号不失真地代替原话音信号必须满足什么样的条件？

3. 在 PCM30/32 编码方案中，如何表示样值的正、负极性和幅度的大小？幅度码有几位(比特)？它可以表示几种不同幅度的样值？

4. 简述时分复用的基本原理。

5. PCM 帧结构在国际上有哪两种制式？试比较这两种制式的特点。

6. 简述 30/32 路 PCM 帧结构的特点。

7. 某用户通话时长为 2 min，则交换机共为其交换多少次信号？

8. 一路模拟电话占据的带宽是多少？一路数字电话占据的带宽是多少？

9. 在 PCM 帧结构中，帧同步码由什么端向什么端发送？每隔多长时间送一次？占用的是什么帧的第几个时隙的第几位比特？帧失步告警码由什么端向什么端发送？每隔多长时间送一次？占用的是什么帧的第几个时隙的第几位码？失步时该位码是多少？

10. 单路 PCM 信号在传输时，其抽样频率是多少？传输码率是多少？30/32 路基群传输码率是多少？

11. 某主叫用户摘机后占用第 17 条话路，为其传送话音信号的时隙是 TS_{17}，请问：

(1) 该话路在每一帧中被接通几次？隔多长时间被接通一次？每次接通的时长是多少？

(2) 为其传送控制信号(信令)的时隙是什么？此控制信号隔多长时间传送一次？每次传送的时长是多少？

12. PCM 高次群有什么意义？四次群可传输多少路话路信号？传输速率是多少？

第 3 章　交换网络的结构与原理

要点提示：

程控数字交换网络的作用是建立主、被叫用户通信的桥梁。通过数字交换网络可在任意两个用户之间建立一条数字话音交换通道。本章主要讲述交换网络的结构、数字交换网络的接续原理和多级交换网络。

3.1　交换网络的结构

从外部看,交换网络相当于一个由若干入线和若干出线构成的交换矩阵,如图 3-1 所示。

在图 3-1 中, 由每条入线和出线构成的交叉接点类似于开关电路,平时是断开的,当选中某条入线和出线时, 对应的交叉接点才闭合。实际中的交换矩阵叫接线器,接线器的入线接主叫用户接口电路, 出线接被叫用户接口电路或各种中继接口电路。

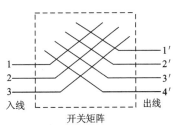

图 3-1　交换网络示意图

3.1.1　交换网络的线束利用度

交换网络的线束利用度分为两种不同的情况：全利用度线束和部分利用度线束。

1. 全利用度线束

任一条入线可以到达任一条出线的情况称为全利用度线束。

2. 部分利用度线束

任一条入线只能到达部分出线的情况称为部分利用度线束。

可见, 与部分利用度线束相比, 全利用度线束的接通率高,但出线的效率低。

3.1.2　交换网络的结构设计

交换网络的结构分单级接线器结构和多级接线器结构。

1. 单级接线器结构

单级接线器结构如图 3-1 所示。其中, 一个 $n \times m$ 的接线器存在 $n \times m$ 个交叉接点。如果交换网络的 n 和 m 数值很大, 则交叉接点数必然变得很大。在数字交换中, 这意味着对存储器的存取速率要求很高。

2. 多级接线器结构

多级接线器结构可以克服单级接线器结构存在的问题。图 3-2 所示为一个 $n \times nm$ 的二级接线器结构。第一级接线器 A 的入线数与出线数相等，是一个 $n \times n$ 的接线器，如果第一级接线器 A 的 n 条出线接至 n 个 $1 \times m$ 的第二级接线器 B 的入线，则第一级的每条入线将有 nm 条出线，于是 $1+n$ 个接线器便构成了一个 $n \times nm$ 的交换网络。

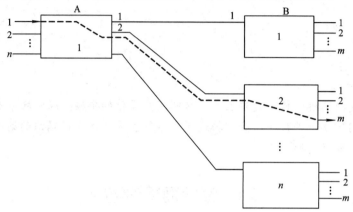

图 3-2 一个 $n \times nm$ 的二级接线器结构

若把第一级接线器 A 增加到 m 个，并把第二级每个接线器的入线数也增加到 m 条，便可得到如图 3-3(a)所示的一个 $nm \times nm$ 的二级交换网络，其简化形式如图 3-3(b)所示。

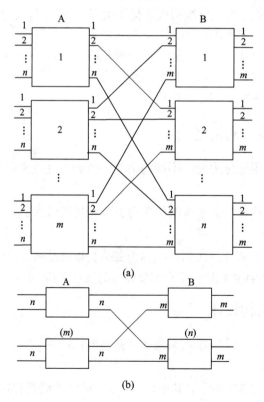

图 3-3 一个 $nm \times nm$ 的二级接线器结构

(a) 连线图；(b) 简化图

在二级接线器结构中，由于第一级的每一个接线器与第二级的每一个接线器之间仅存在一条内部链路，因此任何时刻在一对接线器之间只能有一对出、入线接通。例如，当第一级第 1 个接线器的 1 号入线与第二级第 2 个接线器的 m 号出线接通时，第一级第 1 个接线器的其他入线都无法再与第二级第 2 个接线器的其余出线接通。这种虽然入、出线空闲，但因没有空闲级间链路而无法接续的现象称为交换网络的内部阻塞。

二级接线器结构的每条内部链路被占用的概率可近似为

$$a = \frac{A}{nm} \tag{3.1}$$

式中，A 为整个交换网络的输入话务量。

交换网络的内部阻塞率应等于所需链路被占用的概率，则二级接线器结构的内部阻塞是

$$B_{i2} = a \tag{3.2}$$

当进一步增加网络的输入线数时，可依照相同的方法将二级接线器结构扩展为三级或更多级。图 3-4 所示为一个 $nmk \times nmk$ 的三级接线器结构。

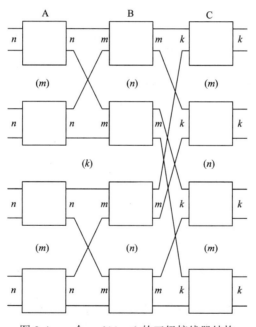

图 3-4　一个 $nmk \times nmk$ 的三级接线器结构

在三级接线器结构中，任何一个第一级接线器与一个第三级接线器之间仍然只存在一条通路，但这条通路却是由两条级间链路级联而成的。因此，当假设每条内部链路被占用的概率是 a 时，每条链路空闲的概率是 $1-a$。两条链路均空闲，则级联链路空闲的概率便为 $(1-a)^2$。因此，三级接线器结构的内部阻塞率为

$$B_{i3} = 1 - (1-a)^2 \tag{3.3}$$

比较式(3.2)和式(3.3)不难发现

$$B_{i3} > B_{i2}$$

可见，增加级数虽然扩大了交换网络可接续的容量，但也增加了网络的内部阻塞率。

3. 减小内部阻塞率的方法

减小内部阻塞率的方法通常有两种：扩大级间链路数和采用混合级交换网络。

1) 扩大级间链路数

扩大级间链路数的方法如图 3-5 所示，即一个 x 重连接的二级交换网络。

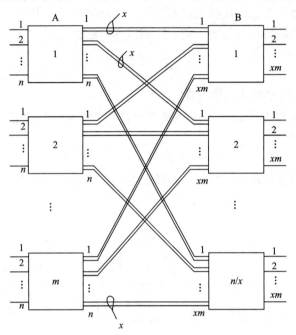

图 3-5　一个 x 重连接的二级交换网络

图 3-5 所示的级间链路扩大到了 x 条，其内部阻塞率将减少为

$$B_{i2} = a^x \tag{3.4}$$

同理，一个 x 重连接的三级交换网络的内部阻塞率为

$$B_{i3} = 1 - (1 - a^x)^2 \tag{3.5}$$

扩大级间链路数可减小网络的内部阻塞率，但这是以增大第二级接线器入、出线数目为代价的，如图 3-5 所示的第二级接线器入、出线数目将相应地增大到 $xm \times xm$。

2) 采用混合级交换网络

图 3-6 给出了一种混合级交换网络。图 3-6 的前两级是如图 3-3 所示的二级网络，但第二级网络的 nm 条出线并未像图 3-4 那样连到 nm 个接线器，而是仅连接了 m 个接线器。不难看出，第一级中任何一个接线器与第三级中的任一接线器之间现在有了 n 条链路，因此网络的内部阻塞率下降为

$$B_{i3} = [1 - (1 - a)^2]^n \tag{3.6}$$

不难想象，当网络的内部链路数(如图 3-6 所示的第二级 n)达到一定的数量时，可以完全消除内部阻塞。下面我们来分析图 3-7 所示的三级无阻塞交换网络。

在图 3-7 中，第一级有 2 个 3×5 接线器，第二级有 5 个 2×2 接线器，第三级有 2 个 5×3 接线器。现假设第一级接线器 A 的一条空闲入线要与第三级接线器 C 的一条空闲出线接通。在最坏的情况下，当接线器 A 的入线希望接通时，它的其余 2 条入线已占用了其 5

条出线中的 2 条，于是这条入线尚有 3 条出线与接线器 C 相通。再假设接线器 C 的其余 2 条出线均已被占用，而它们使用的入线又恰好是 A、C 之间剩余 3 条链路中的 2 条，于是，A、C 之间还存在 1 条通路。这种只要交换网络的出、入线中有空闲线，则必存在内部空闲链路的网络称为无阻塞网络或 Clos 网络。

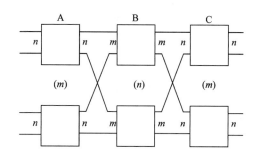

图 3-6　混合级交换网络

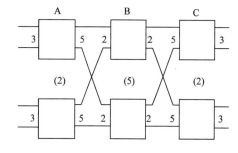

图 3-7　三级无阻塞交换网络

当然，无阻塞网络的实现是以增加设备、提高成本为代价的。设计交换网络结构时要通过核算，考虑如何折中上述各种有利的情况。

3.2　数字交换网络的接续原理

数字交换实质上就是把 PCM 系统有关的时隙内容在时间位置上进行搬移，因此数字交换也叫做时隙交换。当只有一套 PCM 系统连接数字交换网络时，交换仅在这条总线的 30 个话路时隙之间进行。为了扩大数字信号的交换范围，要求数字交换网络还应具有在不同 PCM 总线之间进行交换的功能。具体来说，数字交换网络应具有如下功能：

(1) 在同一条 PCM 总线的不同时隙之间进行交换。

(2) 同一时隙在不同 PCM 总线之间进行交换。

(3) 在不同 PCM 总线的不同时隙之间进行交换。

在数字通信中，由于每一条总线都至少可传送 30 路(PCM 基群)用户的消息，因此我们把连接交换网络的入、出线叫做 PCM 母线或 HW(High Way)线。

由于 PCM 信号是四线传输，即发送和接收是分开的，因此数字交换网络也要收、发分开，进行单向路由的接续。实际中用户消息通过数字交换网络发送与接收的过程如图 3-8 所示。

图 3-8 表明，主叫端的 A 信号由 TS_1 发送，经数字交换网络交换后由 TS_2 接收，而被叫端的 B 信号由 TS_2 发送，经数字交换网络交换后由 TS_1 接收，由此就完成了主、被叫双方消息的交换。

那么，数字交换网络是如何完成消息在不同时隙之间相互交换的呢？这就需要研究数字交换网络的结构和工作原理。

数字交换网络由数字接线器组成。数字接线器有两种形式：时间(T)接线器和空间(S)接线器。它们的基本功能分别是：时间(T)接线器完成时隙的交换；空间(S)接线器则完成母线的交换。

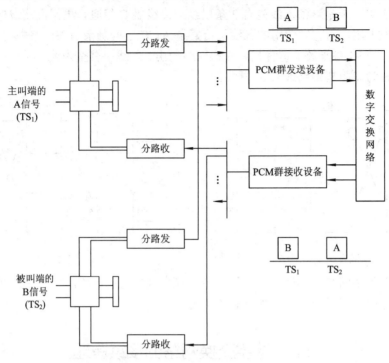

图 3-8　用户消息通过数字交换网络发送与接收的过程

3.2.1　数字交换网络的时间(T)接线器

1. 时间(T)接线器的结构

T 接线器由话音存储器和控制存储器组成。话音存储器和控制存储器都是随机存储器(RAM)。

1) 话音存储器

顾名思义，话音存储器(SM，Speech Memory)用于寄存经过 PCM 编码处理的话音信息，每个单元存放一个时隙的内容，即存放一个 8 bit 的编码信号，故 SM 的单元数等于 PCM 的复用度(PCM 复用线上的时隙总数)。

2) 控制存储器

控制存储器(CM，Control Memory)又称为地址存储器，其作用是寄存话音信息在 SM 中的单元号，例如，某话音信息存放于 SM 的 2 号单元中，那么在 CM 的单元中就应写入"2"。通过在 CM 中存放地址，可控制话音信号的写入或读出。一个 SM 的单元号占用 CM 的一个单元，故 CM 的单元数等于 SM 的单元数。CM 每单元的字长则由 SM 总单元数的二进制编码字长决定。

例如，某 T 接线器的输入端 PCM 复用度为 128，则 SM 的单元数应是 128 个，每单元的字长是 8 bit，CM 的单元数应是 128 个，每单元的字长是 7 bit。

2. 时间(T)接线器的工作方式

如果话音存储器(SM)的写入信号受定时脉冲控制，而读出信号受控制存储器(CM)控制，我们称其为输出控制方式，即 SM 是"顺序写入，控制读出"。反之，如果话音存储器

(SM)的写入信号受控制存储器(CM)控制，而读出信号受定时脉冲控制，我们称其为输入控制方式，即 SM 是"控制写入，顺序读出"。

需要强调的是，上述两种控制方式只针对话音存储器(SM)，对于控制存储器(CM)来说，其工作方式都是"控制写入，顺序读出"，即 CPU 控制写入，定时脉冲控制读出。

例如，某主叫用户的话音信号(A)占用 TS_{10} 发送，通过 T 接线器交换至被叫用户的 TS_{50} 接收。图 3-9(a)、(b)分别给出了两种工作方式的示意图。

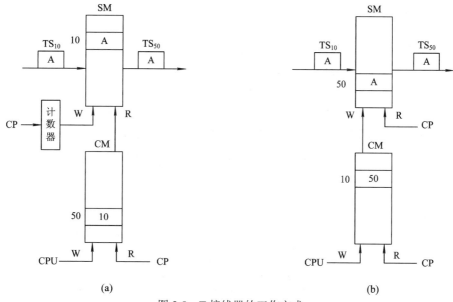

图 3-9　T 接线器的工作方式

(a) 输出控制方式；(b) 输入控制方式

要把 TS_{10} 的内容交换到 TS_{50} 中，只要在 TS_{10} 到来时，把它的内容先寄存到 SM 中，等 TS_{50} 到来时，再把该内容取走即可。通过这样一存一取，即可实现不同时隙内容的交换。

对于输出控制方式来说，其交换过程为：第一步，在定时脉冲 CP 控制下，将 HW 线上的每个输入时隙所携带的话音信息依次写入 SM 的相应单元中(SM 单元号对应主叫用户所占用的时隙号)；第二步，CPU 根据交换要求，在 CM 的相应单元中填写 SM 的读出地址(CM 单元号对应被叫用户所占用的时隙号)；第三步，在 CP 控制下，按顺序在输出时隙(被叫用户所占的时隙)到来时，根据 SM 的读出地址，读出 SM 中的话音信息。

对于输入控制方式来说，其交换过程为：第一步，CPU 根据交换要求，在 CM 单元内写入话音信号在 SM 的地址(CM 单元号对应主叫用户所占用的时隙号)；第二步，在 CM 控制下，将话音信息写入 SM 的相应单元(SM 单元号对应被叫用户所占用的时隙号)；第三步，在 CP 控制下，按顺序读出 SM 中的话音信息。

针对 T 接线器的讨论有以下几点说明：

(1) 不管是哪一种控制方式，话音信息交换的结果是一样的。

(2) T 接线器按时间开关时分方式工作，每个时隙的话音信息都对应着一个 SM 的存储单元，因为不同的存储单元所占用的空间位置不同，所以从这个意义上讲，T 接线器虽是一种时分接线器，但实际上却具有"空分"的含义。

(3) CPU 只需修改 CM 单元内的内容，就可改变信号交换的对象。但对于某一次通话来说，占用 T 接线器的单元是固定的，这个"占用"直至通话结束才释放。

(4) 话音信号在 SM 中存放的时间最短为 3.9 μs，最长为 125 μs。

(5) CM 各单元的数据在每次通话中只需写一次。

(6) 当 CM 第 K 个单元中的值为 j 时，输入的第 j 时隙将被转移到输出的第 k 时隙。由此引起的延时为

$$D = k - j(\text{TS}) \tag{3.7}$$

例如，当 $k = 3$，$j = 1$ 时，信号交换的延时为

$$D = 3 - 1 = 2(\text{TS}) = 7.8 \ \mu s$$

再如，当 $k = 1$，$j = 3$ 时，信号交换的延时为

$$D = (32 - j) + k = (32 - 3) + 1 = 30(\text{TS}) = 117 \ \mu s$$

3. 话音存储器(SM)和控制存储器(CM)的数字电路实现原理

在分析 SM、CM 的数字电路时要用到时钟(CP)、定时脉冲($A_0 \sim A_7$)和位脉冲($TD_0 \sim TD_7$)的有关知识。图 3-10 是由时钟(CP)形成的 8 条 HW 线所需要的定时脉冲($A_0 \sim A_7$)和位脉冲($TD_0 \sim TD_7$)的波形。

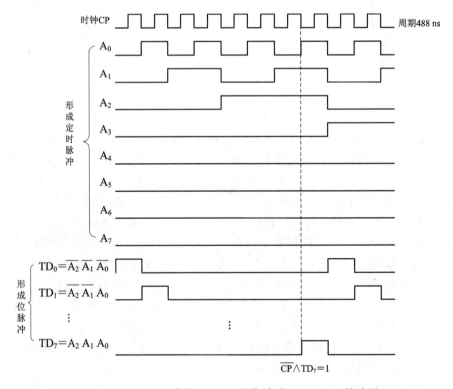

图 3-10　形成定时脉冲($A_0 \sim A_7$)和位脉冲($TD_0 \sim TD_7$)的波形

图 3-10 所示的 CP 具有脉冲和间隔各为 244 ns 的特点，它与 30/32 路 PCM 每时隙的一位码脉冲宽度一致。CP 进行 2 分频后形成了定时脉冲 A_0，而 A_1 由 A_0 进行 2 分频获得，A_2 由 A_1 进行 2 分频获得，以此类推，A_7 由 A_6 进行 2 分频获得。

定时脉冲 $A_0 \sim A_2$ 的不同组合又可形成 $TD_0 \sim TD_7$ 8 个位脉冲。$TD_0 \sim TD_7$ 的周期为 3.9 μs，脉宽为 488 ns，间隔为 488×7 ns，用以控制每一时隙中的每一位码的移动，还可控制 8 条 HW 线的选择。$A_0 \sim A_7$ 组合形成 256 个地址脉冲，用以控制 SM、CM 的 256 个单元的选择。

1) 话音存储器(SM)的数字电路实现原理

SM 的数字电路实现原理如图 3-11 所示。该电路由存储器 SM、写入与门、读出与门、或门、反相器等读/写控制电路组成。该电路是按输出控制方式设计的。

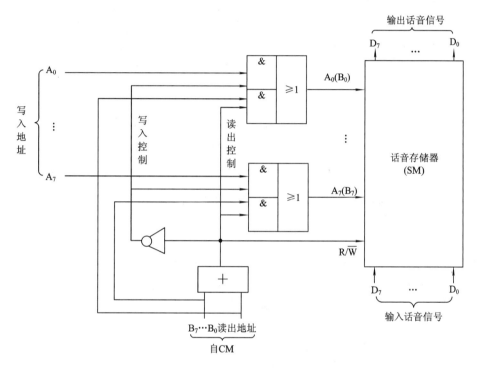

图 3-11　话音存储器的数字电路实现原理

当 CM 无输出时，$B_0 \sim B_7$ 全为"0"，或门输出为 0，此时 SM 的 $R/\overline{W} = 0$，SM 处于写状态。"读出控制"为 0，关闭读出地址 $B_0 \sim B_7$ 的与门；"写入控制"为 1，打开写入地址 $A_0 \sim A_7$ 的与门。根据定时脉冲 $A_0 \sim A_7$ 组合的 256 个地址，可在位脉冲 $TD_0 \sim TD_7$ 控制下按顺序将 $D_0 \sim D_7$ 8 位并行码(话音信号)写入到相应的 SM 单元中。

当 CM 有输出时，$B_0 \sim B_7$ 不全为"0"，此时 SM 的 $R/\overline{W} = 1$，SM 处于读状态。"写入控制"为 0，关闭写入地址 $A_0 \sim A_7$ 的与门；"读出控制"为 1，打开读出地址 $B_0 \sim B_7$ 的与门。按照 CM 提供的 $B_0 \sim B_7$ 组合的 256 个地址，可从相应的 SM 单元读出数据 $D_0 \sim D_7$。

2) 控制存储器(CM)的数字电路实现原理

控制存储器的数字电路实现原理如图 3-12 所示。该电路由控制存储器 CM、比较器、锁存器等组成。

CPU 根据用户要求，通过数据总线(DB)和地址总线(AB)向 CM 发送：① 写入数据 $BW_0 \sim BW_7$(SM 的地址)；② 写入地址 $AW_0 \sim AW_7$(CM 的地址)。

SM 的地址写入 CM 的时机(写入条件)是：① CPU 发出写命令脉冲；② 定时脉冲 $A_0 \sim$

A_7 所指定的地址与 CPU 送来的 $AW_0 \sim AW_7$ 地址一致(同步)；③ CP 的前半周(CP = 1)。

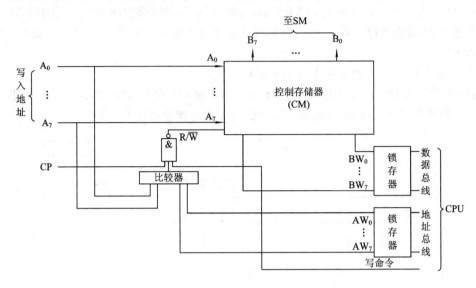

图 3-12　控制存储器的数字电路实现原理

在上述三个条件均成立的情况下，信号经与非门后，R/$\overline{\text{W}}$ = 0，CM 处于写状态。CM 数据读出的时机是 CP 的后半周(CP = 0)，即 R/$\overline{\text{W}}$ = 1 时，CM 处于读出状态。

4. PCM 终端设备和 T 接线器的连接

本书第 2 章中介绍了 PCM 终端设备，下面来讲述 PCM 终端设备和 T 接线器的连接。

1) 单端 PCM 设备和 T 接线器的连接

单端是指一条 HW 线的情况。单端 PCM 设备和 T 接线器的连接电路框图如图 3-13 所示。

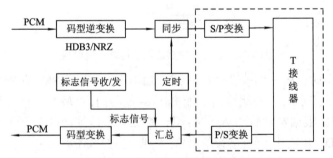

图 3-13　单端 PCM 设备和 T 接线器的连接电路框图

图 3-13 所示的电路包括了码型变换与逆变换电路、标志信号收/发电路、同步电路、定时电路、串/并(S/P)变换电路、汇总电路等。

(1) 码型变换与逆变换电路：进行机内码型与线路码型之间的变换。

(2) 同步电路：取出同步时隙，在定时脉冲控制下做同步检查。

(3) 定时电路：用来产生各种定时脉冲，如抽样时用的抽样脉冲、编码时用的位脉冲和同步时用的帧同步脉冲等。

(4) 标志信号收/发电路：插入或取出 TS_{16} 传输的标志信号(控制信令)。

(5) 汇总电路：将话音信号、同步信号和标志信号汇总在一起，然后通过码型变换电路送至输出端。

(6) 串/并变换电路：在 T 接线器的数据总线上连接了一个输入串/并(S/P)变换电路和一个输出并/串(P/S)变换电路，目的是将传输线上的串行码变换成并行码后存入 T 接线器 RAM 中。为什么要进行串/并变换呢？我们知道，30/32 系统 PCM 一次群的传送码率为 2.048 Mb/s。如果将时隙扩大到 1024 个，仍采用串行码传送，则其码率将为 64 Mb/s 以上。这样高的码率对 T 接线器的工作速率要求很高，技术上较难实现。也就是说，T 接线器容量的增大要受到存储器读/写速度的限制。目前单个 T 接线器的容量不超过 1024 个单元(32 个一次群信号)。因此，为了解决提高复用度的同时，传输码率也提高的问题，就必须把 1 条复用线变成 8 条复用线，使进入话音存储器(SM)的 8 位码以并行方式一次输入，从而降低对 T 接线器 RAM 的读/写速率要求。

例如，当 PCM 的复用度提高到 1024 个时隙时，串行码的码率是 $1024 \times 8 \times 8000 = 65.536$ Mb/s，而并行码的码率仅是 $1024 \times 1 \times 8000 = 8.192$ Mb/s，这一码率是目前 T 接线器 RAM 的读/写速率能够适应的。

2) 多端 PCM 终端设备和 T 接线器的连接

单端 PCM 终端设备接入 T 接线器时只能处理 30 个用户的话音交换。如果将多端 PCM 终端设备(4 端、8 端、16 端、32 端)接入 T 接线器，将会大大扩大 T 接线器所交换的信息容量。因此，多端 PCM 终端设备和 T 接线器连接时其接口除了需串/并、并/串电路外，还需要增加复用和分路电路，实现多端 PCM 复用线的合并。

复用器的作用是将多条 HW 线合并成一条 HW 线；分路器的作用是将一条 HW 线分成多条 HW 线。

图 3-14 所示为 8 条 HW 线(每条 HW 线的复用度为 PCM 一次群)与 T 接线器的连接电路框图。在图 3-14 中，T 接线器的左端是由 8 个串/并变换电路和 1 个 8 并 1 复用器组成的电路，该电路将 8 条 HW 输入线的串行信号变换成 1 条 HW 线的并行信号后输入 T 接线器；T 接线器的右端是由 1 个 1 分 8 的分路器和 8 个并/串变换电路组成的电路，该电路将 T 接线器输出端的 1 条 HW 线的并行信号变换成 8 条 HW 线的串行信号后送至传输线。

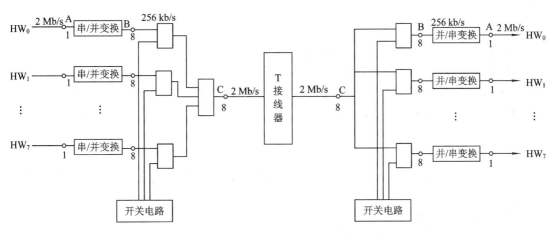

图 3-14　8 条 HW 线与 T 接线器的连接电路框图

图 3-14 对应的信号波形如图 3-15 所示。

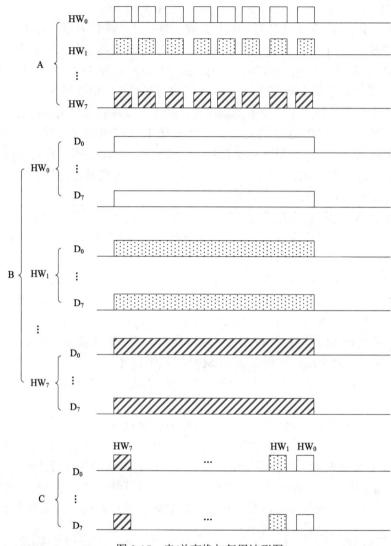

图 3-15　串/并变换与复用波形图

每路信号依次进入话音存储器的顺序如下：

HW_0TS_0，HW_1TS_0，$\cdots$，HW_7TS_0；

HW_0TS_1，HW_1TS_1，$\cdots$，HW_7TS_1；

HW_0TS_2，HW_1TS_2，$\cdots$，HW_7TS_2；

$$\vdots$$

HW_0TS_{31}，HW_1TS_{31}，$\cdots$，HW_7TS_{31}。

对于 N 条 HW 线来说，它们经串/并变换及多路复用后，依次写入话音存储器的顺序如下：

HW_0TS_0，HW_1TS_0，$\cdots$，$HW_{N-1}TS_0$；

HW_0TS_1，HW_1TS_1，$\cdots$，$HW_{N-1}TS_1$；

HW_0TS_2，HW_1TS_2，$\cdots$，$HW_{N-1}TS_2$；

$\vdots$

HW_0TS_{31}，HW_1TS_{31}，…，$HW_{N-1}TS_{31}$。

由此得到 HW_iTS_j 位于话音存储器的单元号为

$$K = N \times j + i \text{ (单元)} \tag{3.8}$$

式中：K——单元号(或经串/并变换及多路复用后的 TS 编号)；

　　　N——HW 线总数；

　　　j——复用前的时隙编号；

　　　i——复用前的 HW 线编号。

【例 3.1】　有 N 路一次群信号经串/并变换及多路复用后进入话音存储器，请问：

(1) 话音存储器的读/写速率为多少？

(2) 话音存储器的容量为多少？

(3) 控制存储器的容量为多少？

(4) 若有 4 条 HW 线，每条 HW 线均为 PCM 一次群，则复用前的 HW_2TS_{10} 在复用后变为 TS_X，X 为多少？

解　(1) 话音存储器的读/写速率为 $N \times 256$ kb/s。

(2) 话音存储器的容量为 $N \times 32 \times 8$ 位。

(3) 控制存储器的容量为 $N \times 32 \times (\text{lb } N + 5)$ 位(其中，N 为 2 的整次幂，lb 表示以 2 为底的对数)。

(4) X 为 $N \times j + i = 4 \times 10 + 2 = 42$。

5. 串/并变换与复用/分路的逻辑电路

下面仍以 8 条 HW 线为例来讲述串/并变换与复用/分路的逻辑电路。

1) 串/并变换与复用

图 3-16 是将串行码变换成并行码并完成复用的数字电路。图 3-16 中包含了 8 个移位寄存器、8 个锁存器和 8 个 8 选 1 电子选择器。

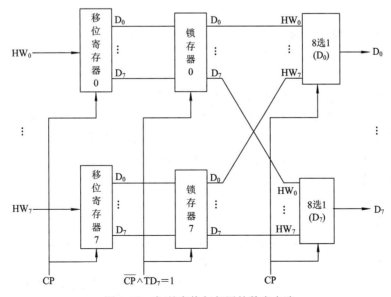

图 3-16　串/并变换与复用的数字电路

(1) 移位寄存器。移位寄存器采用 8 位串行输入并行输出的工作方式，它在位脉冲的控制下，将每个时隙中的 8 位串行码依次移入寄存器。

(2) 锁存器。因为移位寄存器输出端 $D_0 \sim D_7$ 8 位码不是同时出现的，而是在位脉冲($TD_0 \sim TD_7$)控制下一位一位出现的，所以要加一个锁存器，它将移位寄存器中的数据移入并锁存，使 8 位码从锁存器输出的同时并行输出。

8 位并行码送入锁存器的时机为在 8 位码中最后一位码的控制脉冲 TD_7 到来时及 CP 的后半周期。

(3) 8 选 1 电子选择器。8 选 1 电子选择器的功能是把每条 HW 线的 8 位并行码按一定次序进行排列、合并后输出送至话音存储器。

2) 并/串变换与分路

图 3-17 是将并行码变换成串行码并完成分路的数字电路。图中包含了 8 个锁存器和 8 个移位寄存器。

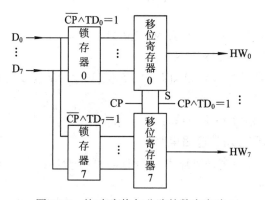

图 3-17　并/串变换与分路的数字电路

(1) 锁存器。8 套锁存器分别在位脉冲 $TD_0 \sim TD_7$ 控制下，接收来自 8 条 HW 线的 $D_0 \sim D_7$ 8 位并行码，例如：

当 $\overline{CP} \wedge TD_0 = 1$ 时，将 HW_0 的 $D_0 \sim D_7$ 写入锁存器 0；

当 $\overline{CP} \wedge TD_1 = 1$ 时，将 HW_1 的 $D_0 \sim D_7$ 写入锁存器 1；

⋮

当 $\overline{CP} \wedge TD_7 = 1$ 时，将 HW_7 的 $D_0 \sim D_7$ 写入锁存器 7。

(2) 移位寄存器。在下一个时隙的位脉冲 TD_0 到来，即 $CP \wedge TD_0 = 1$ 时，8 个移位寄存器的置位端 S 都为"1"，表示可将 8 个锁存器中的 $D_0 \sim D_7$ 8 位并行码同时置入 8 个移位寄存器中。当 $TD_0 \neq 1$ 时，置位端 S 为"0"，使移位寄存器不置位，只移位。8 个移位寄存器便同时在位脉冲的控制下将 8 位码按串行顺序一位一位送出，直到下一时隙 $TD_0 = 1$ 再出现时，移位寄存器再置位一次，即将下一个 8 位并行码置入移位寄存器中。如此循环下去，就完成了 P/S 变换。

通过上述对时间(T)接线器的研究，我们已经知道话音存储器的读/写速率与输入信道数成正比，这使得 T 接线器容量的增大受到了存储器读/写速度的限制。当输入 T 接线器的路数超过单个 T 接线器所能接受的限度时，必须使用多个 T 接线器组成的交换网络。

在多个 T 接线器组成的交换网络中，不同 T 接线器之间的时隙交换则需要通过空间(S)接
线器来完成。

3.2.2　数字交换网络的空间(S)接线器

早期机电制交换机的空分接线器是一个由大量交叉接点构成的空分矩阵，如图 3-18
所示。

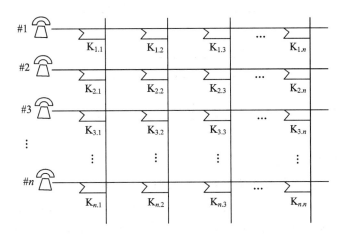

图 3-18　机电制交换机的空分接线器示意图

如果一个交叉接点为一个信息的传输通道，那么交叉接点越多，信息传输的通道就越
多，可以交换的对象也就越多。

此交叉矩阵的概念被用到了程控数字交换机的数字交换网络中，称为空间(S)接线器交
叉接点矩阵。每个正在通信的用户在此矩阵中占据一个交叉接点。

需要注意的是，数字交换网络中的空间(S)接线器与早期机电制交换机的空分接线器有
以下几点不同：

(1) 机电制交换机的空分接线器的交叉接点是金属接点开关，所传输的信号是二线模
拟信号，信道没有采用时分复用技术，因此接点一旦接通(被占用)，便一直闭合，直到通
话结束才断开。

(2) 数字交换网络的空间(S)接线器的交叉接点是电子接点开关，所传输的信号是四线
数字信号，信道采用了时分复用技术，每个接点只在一帧的一个时隙内接通。

(3) 机电制交换机的空分接线器可以单独构成交换网络，而数字交换网络的空间(S)接
线器不能单独构成交换网络，因为它不具备时隙交换功能。

1. 空间(S)接线器的结构

数字交换网络的空间(S)接线器由交叉接点和控制存储器两部分组成，如图 3-19
所示。

图 3-19 所示为一个输入/输出端各有 8 条 HW 线的 S 接线器。其中 8 × 8 开关矩阵由高
速电子开关组成，开关的闭合受 8 个控制存储器(CM)的控制。

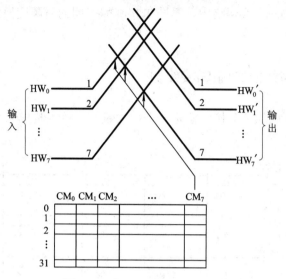

图 3-19　空间(S)接线器的结构

2. S 接线器的工作方式

S 接线器的工作方式也分为输出控制方式和输入控制方式。每一个控制存储器(CM)控制同号输出端的所有交叉接点，称为输出控制；每一个控制存储器(CM)控制同号输入端的所有交叉接点，称为输入控制。表 3.1 给出了两种控制方式的比较。

表 3.1　S 接线器的工作方式

输出控制方式	输入控制方式
CM 的编号对应输出线的线号	CM 的编号对应输入线的线号
CM 的单元号对应输入线上的时隙号	CM 的单元号对应输入线上的时隙号
CM 单元内的内容填写要交换的输入线的线号	CM 单元内的内容填写要交换的输出线的线号

例如，图 3-20(a)、(b)所示分别为 S 接线器按输出控制方式和输入控制方式完成 $HW_0 TS_5$ → $HW_3 TS_5$ 的信号交换示意图。

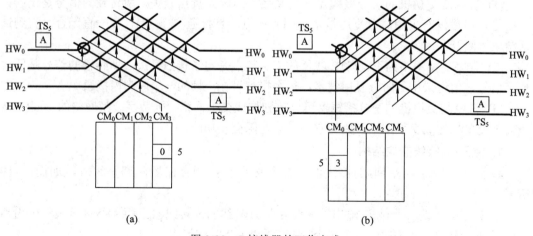

(a)　　　　　　　　　　　　　　(b)

图 3-20　S 接线器的工作方式

(a) 输出控制方式；(b) 输入控制方式

其交换过程分两步进行：第一步，CPU 根据路由选择结果，在 CM 的相应单元内写入输入(出)线序号；第二步，在 CP 控制下，按时隙顺序读出 CM 相应单元的内容，控制输入线与输出线间的交叉接点的闭合。

【例 3.2】　某 S 接线器的 HW 线时隙复用度为 512，交叉矩阵为 32×32，请问：

(1) 有多少个交叉接点信道？ (2) 需要多少个控制存储器？ (3) 每个控制存储器有多少个单元？ (4) 每单元内的字长是几位？

解　(1) 有 1024 个交叉接点信道；(2) 需要 32 个控制存储器；(3) 每个控制存储器有 512 个单元；(4) 每单元内的字长是 5 位。

针对 S 接线器的讨论有以下几点说明：

(1) S 接线器按空间开关时分方式工作，矩阵中的交叉接点状态每时隙更换一次，每次接通的时间是一个 TS，即 3.9 μs。从这个意义上理解，S 接线器虽是一种空分接线器，却具有"时分"的含义。

(2) S 接线器在每一时隙不允许矩阵中一行或一列同时有两个以上交叉接点闭合，否则会造成串话。

(3) 矩阵中的每 8 条并行输入线在任何时刻必须选相同的输出线，因此可由同一个存储单元控制。

(4) 对于一个 HW 线为一次群的 $N \times N$ 空间接线器，其控制存储器的容量应为 $32 \times N \times \text{lb}\,N$ (bit)，其中，N 为 2 的整次幂。

例如，某 S 接线器采用 8×8 矩阵，每条输入 HW 线为二次群复用，则 S 接线器控制存储器的容量应为 $128 \times 8 \times \text{lb}\,8 = 3072$ bit。

3. S 接线器的数字电路实现原理

1) 交叉接点矩阵的逻辑控制电路

S 接线器的交叉接点矩阵由若干电子选择器芯片组成，图 3-21 所示即为一个 8×8 电子交叉接点矩阵。它由 8 片 8 选 1 电子选择器芯片构成。

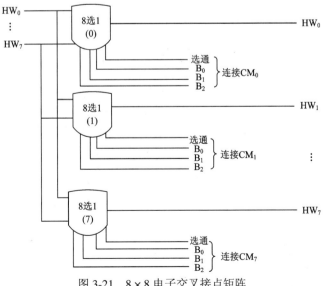

图 3-21　8×8 电子交叉接点矩阵

每个 8 选 1 电子选择器各负责一个输出端，控制存储器通过"选通"信号决定此次接续选的是哪一片 8 选 1 电子选择器，即信号要交换到哪一个输出端。

选择器每片的 8 个输入端按输入编号对应复接，共形成 8 个输入端。由控制存储器控制 $B_0B_1B_2$ 来选择数据，决定是哪一个输入端要和输出端接通。

2) 控制存储器(CM)的数字电路实现原理

S 接线器的控制存储器的数字电路由控制存储器、锁存器、比较器和与非门组成，如图 3-22 所示。

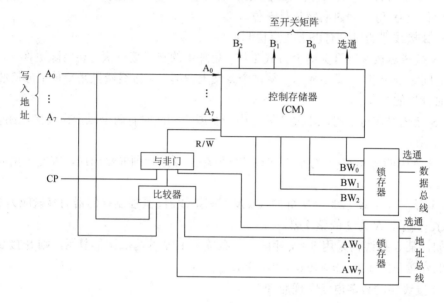

图 3-22　空间接线器的控制存储器的数字电路

空间接线器 CM 的数字电路实现原理和时间接线器 CM 的数字电路实现原理基本相似，读者可自行分析其不同之处。

3.3　多级交换网络

在一些千门左右的小型交换机(如用户交换机)中，常采用仅含有一个时间接线器的单 T 网络，当交换机的容量超过单 T 网络的工作限度时，需将单级时间(T)接线器和单级空间(S)接线器进行组合，形成多级交换网络，以此来扩大交换容量。

T、S 接线器的组合形式有很多，如 T-S、S-T、T-S-T、S-T-S、T-S-S-T 等，常应用的为 T-S-T 交换网络和 S-T-S 交换网络。

3.3.1　T-S-T 交换网络

1. T-S-T 交换网络的结构

图 3-23 所示为一个 4 条 PCM 一次群连接的 T-S-T 交换网络。

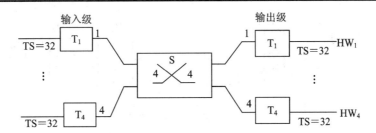

图 3-23　T-S-T 交换网络的结构

2. T-S-T 交换网络的控制原则

输入级 T 接线器与输出级 T 接线器的控制方式不同，而 S 级接线器可用任一种工作方式，因此 T-S-T 网络共有四种控制方式：出-入-入、出-出-入、入-出-出、入-入-出。

在图 3-8 中，PCM 信号是四线传输，即信号的发送和接收是分开的，因此 T-S-T 交换网络也要收、发分开，进行单向路由的接续。那么，中间 S 级接线器两个方向的内部时隙应该是不一样的。从原理上讲，这两个内部时隙都可由 CPU 任意选定，但在实际中，为方便 CPU 管理和控制，在设计 T-S-T 交换网络时，将两个方向的内部时隙(ITS 反向和 ITS 正向)设计成一对相差半帧的时隙，即

$$\text{ITS}_{反向} = \text{ITS}_{正向} \pm 半帧信号 \quad (1 \text{帧为交换网络的内部时隙总数}) \tag{3.9}$$

例如，在一个 T-S-T 交换网络中，内部时隙总数为 128，已知 CPU 选定的正向内部时隙为 30，则反向内部时隙为

$$\text{ITS}_{反向} = 30 + \frac{128}{2} = 94$$

若上例中 CPU 选定的正向内部时隙为 94，则反向内部时隙为

$$\text{ITS}_{反向} = 94 - \frac{128}{2} = 30$$

我们把这样确定内部时隙的方法称为反相法。采用反相法避免了 CPU 的二次路由选择，从而减轻了 CPU 的负担。

3. T-S-T 交换网络的信号交换过程

下面我们通过一个例子来说明信号经 T-S-T 网络完成交换的过程。

【例 3.3】　有一个 T-S-T 交换网络，输入、输出均有两条 HW 线，网络的内部时隙总数为 32。根据交换要求完成下列信号的双向交换，即

$$\text{HW}_1\text{TS}_2(\text{A}) \longleftrightarrow \text{HW}_2\text{TS}_9(\text{B})$$

要求：

(1) 输入级 T 接线器采用输出控制方式，S 接线器采用输出控制方式，输出级 T 接线器采用输入控制方式；

(2) CPU 选定的内部正向时隙为 5；

(3) 画出 T-S-T 交换网络图并在相关存储器中填写数据。

解　T-S-T 交换网络的结构以及信号输送举例如图 3-24 所示。已知 $\text{ITS}_{正向} = 5$，则

$$\text{ITS}_{反向} = 5 + \frac{32}{2} = 21。$$

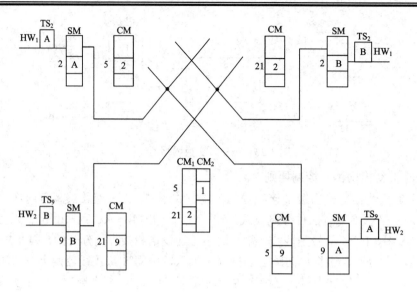

图 3-24 T–S–T 交换网络的结构以及信号输送举例

3.3.2 S–T–S 交换网络

在 S–T–S 交换网络中，各级的分工如下：

(1) 输入级 S 接线器负责输入母线之间的空间交换。

(2) 中间 T 接线器负责内部时隙交换。

(3) 输出级 S 接线器负责输出母线之间的空间交换。

图 3-25 是一个输入、输出都为 2 条 HW 线的 S–T–S 交换网络。其中，输入级 S 接线器采用输出控制方式，中间 T 接线器采用输出控制方式，输出级 S 接线器采用输入控制方式。A 信号占 HW_1 的 TS_3，B 信号占 HW_2 的 TS_6。

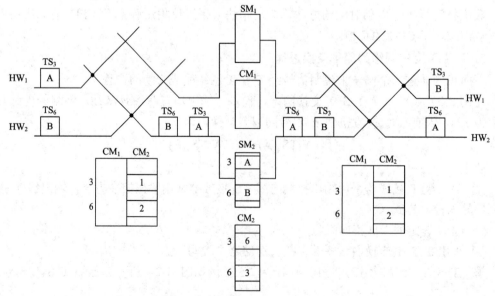

图 3-25 S–T–S 交换网络及信号输送举例

复习思考题

1. 设计一个三级无阻塞网络,要求第一级为 3 个 5×7 的接线器,第三级为 5 个 7×3 的接线器,画出该网络的完全连线图和简化图。

2. 数字交换网络的基本功能是什么?

3. 时间(T)接线器和空间(S)接线器有什么不同?

4. 某 HW 线上的主叫用户占用 TS_{10},被叫用户占用 TS_{20},请通过 T 接线器完成彼此的信号交换(分别按输出和输入控制方式)。

5. 分别按输出、输入控制方式完成 $HW_1TS_3 \rightarrow HW_4TS_3$ 的信号交换。

6. 在一个 T–S–T 网络中,S 接线器的内部时隙数为 128,已知 A→B 的方向占用的内部时隙为 90,则 B→A 方向的内部时隙是多少?

7. 设某程控数字交换机的容量为 10 000 门,若用户与 TS 的集线比是 4∶1,那么最多有多少用户同时摘机时不会出现阻塞现象? 至少有多少用户同时摘机就会出现阻塞现象?

8. 简述复用器和分路器的作用。

9. 某 T 接线器的输入/输出端各有 8 条 HW 线,每条 HW 线的复用度为 32。经串/并变换电路和 4 选 1、2 选 1 复用器完成时隙复用。试在图 3-26 的空格处填入适当的数字,并说明串/并变换电路在该图中的意义。

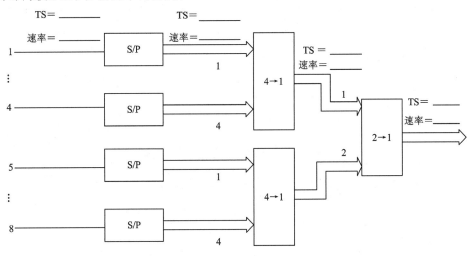

图 3-26　第 9 题图

10. 两台交换机距离为 20 km,中继线是双绞线,时延为 10 μs/km,传输信号是 PCM 基群,则回路传输时延为多少?

11. 已知一个单路 T 接线器的控制存储器在第三个单元中存储的值是 5,在第五个单元中存储的值是 3,则:

(1) 当计数器输出为 00011(二进制数)时,写入话音存储器的内容是什么? 写入到哪个单元? 读出的又是话音存储器的第几个单元? 是输入信号的第几个时隙?

(2) 如果希望将输入 TS_5 交换至输出 TS_2,应如何处理? 接线器所引起的时延是多少?

12. 已知一个 4 路 T 接线器的每路输入均是 PCM 基群信号,经多路复用后:

(1) 求话音存储器的读/写速率以及话音存储器、控制存储器的容量;

(2) 为使输入端 HW_2TS_5 交换至输出端 HW_0TS_8,话音存储器和控制存储器应如何填写?

13. 一个 S 接线器有 4 条入线和 4 条出线,编号为 0~3,每条线上有 32 个时隙,要求:

(1) 画出 S 接线器的框图;

(2) 如果要求在 TS_{10} 时接通入线 0 和出线 3,在 TS_{22} 时接通入线 2 和出线 1,请在 S 接线器框图中的正确位置上写出正确内容。(分别按输出控制方式与输入控制方式完成)

14. 有一个 T-S-T 网络,输入、输出均有三条 HW 线,S 接线器的内部时隙数为 120,根据交换要求画图并完成下列信号的双向交换:

$$HW_1TS_{50}(A) \longleftrightarrow HW_3TS_{100}(B)$$

要求: T-S-T 交换网络为"入-出-出"控制方式; CPU 选定的内部时隙为 TS_{12}。

第 4 章　程控数字交换机的接口与外设

要点提示：

　　如果把数字交换网络看成是程控数字交换机的核心，那么交换网络连接用户线和各种中继线的电路就可以看成是交换网络的接口电路。通过接口电路可实现传输系统的传输信号与交换机内工作信号之间的变换和匹配。外设是维护人员用来管理和维护交换机的外部设备，维护人员可通过外部设备实现对交换机数据的修改、存储、打印等。本章将介绍程控数字交换机的接口与外设的种类、功能和原理。

4.1　程控数字交换机的接口

　　由于存在传输信号与交换信号的匹配问题，因此用户线以及中继线的信号一般不能直接进入数字交换网络，它们必须经过相应的接口进行变换。根据程控数字交换机所连接的设备，其接口可分为用户线侧接口(简称用户接口)和中继线侧接口(简称中继接口)两大类，二者又有模拟和数字之分。一台程控数字交换机可能配备的接口种类如图 4-1 所示。

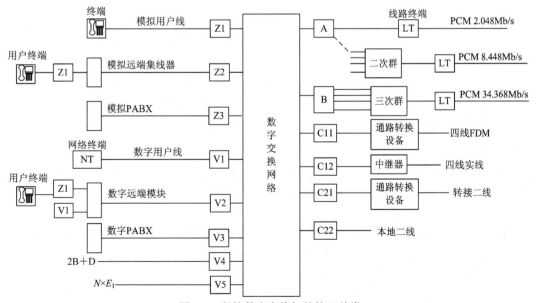

图 4-1　程控数字交换机的接口种类

4.1.1　模拟用户接口

在程控数字交换机中，模拟用户接口又称为 Z 接口，包括 Z1、Z2、Z3 接口。其中，Z1 接口用于连接单个用户的用户线；Z2、Z3 接口用于连接模拟远端集线器和模拟 PABX(用户交换机)。

1. 模拟用户接口的功能

交换机接口电路的设计不仅要考虑与它所直接连接的传输系统的特性，还应考虑传输系统另一端所连接的通信设备的特性。模拟用户接口的设计与它所连接的话机以及连接话机的传输线的性能有关。ITU-T 为模拟用户接口规定了 7 项功能，这 7 项功能用英文名称的缩写表示为 BORSCHT，它们的含义如下：

- B(Battery Feed)——馈电；
- O(Over-voltage)——过压保护；
- R(Ring)——振铃；
- S(Supervision)——监视；
- C(CODEC)——编/译码；
- H(Hybrid)——混合；
- T(Test)——测试。

BORSCHT 功能的关系如图 4-2 所示。

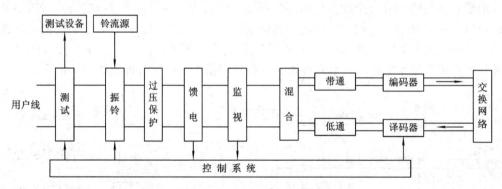

图 4-2　模拟用户接口的 BORSCHT 功能

2. 模拟用户接口的电路设计

1) 馈电(B)电路

程控交换机通过用户接口的馈电电路向电话机提供通话用的 −48 V 馈电电压。用户接口的馈电电路如图 4-3 所示。话机所需的电流通过限流电阻 R_1 和 R_2 提供。

2) 过压保护(O)电路

过压保护电路是为保护交换机的内部电路不受外界雷击、工业高压的损害而设置的。由于外线进入交换机前，配线架已做了一次保护，因此用户接口中的过压保护电路又叫做二次保护电路。

用户接口的过压保护电路如图 4-4 所示。

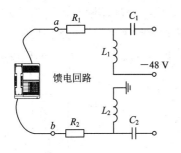

图 4-3　用户接口的馈电电路

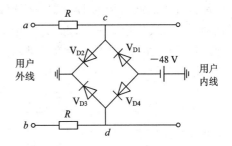

图 4-4　用户接口的过压保护电路

过压保护电路采用的是钳位法原理，钳位电桥将用户内线侧 c、d 两端的正向高电压钳位到 0 V，将负向高电压钳位到 −48 V。因压敏电阻 R 的阻值随温度的升高而降低，故它起过压限流作用。

3) 振铃(R)电路

程控交换机的信号发生器通过用户接口的振铃开关电路向电话机馈送振铃电流。用户接口的振铃电路如图 4-5 所示。

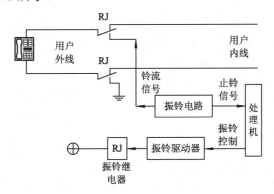

图 4-5　用户接口的振铃电路

由信号发生器输出的振铃信号一般为 25 Hz，70 V～110 V，这么高的电压用电子器件发送比较困难，因此采用振铃继电器，由继电器的接点转换来控制铃流信号的发送。另外，铃流信号送到用户线时，考虑到较高的振铃电压，必须采用隔离措施，以免损坏内线电路，所以应将振铃电路设计在二次过压保护电路之前。

4) 监视(S)电路

用户接口的监视电路用来监测环路直流电流的变化，以判断用户摘/挂机状态和拨号脉冲信号，并向控制系统输出相应的信息。

用户接口的监视电路如图 4-6 所示。可通过测量和比较电阻 R 内、外两端引出信号的压降来获得信息。如果两路信号一样，说明回路是通的；如果不一样，说明回路是断的。

5) 编/译码(C)电路

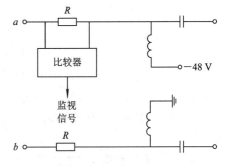

图 4-6　用户接口的监视电路

编/译码电路完成模拟话音信号以及模拟信令信号的 PCM 编码和译码。在每个用户接口电路内都设计了滤波器和编/译码器,模拟话音信号首先经滤波器限频,消除带外干扰,再进行抽样量化,最后用编码器编码并暂存,待指定的时隙到来时以 64 kb/s 的基带速率输出。由交换网络返回的 PCM 基带信号进入译码器,完成模拟话音的恢复。用户接口的编/译码电路如图 4-7 所示。

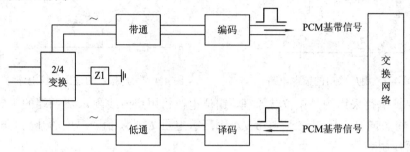

图 4-7　用户接口的编/译码电路

目前,该功能几乎全部由 PCM 编/译码器专用集成电路来实现。

6) 混合(H)电路

由于连接模拟用户话机的环线是 2 线,而连接数字交换网络的是 4 线,因此信号在编码前和译码后一定要进行 2/4 线变换。2/4 线变换由用户接口的混合电路来实现。用户接口的混合电路如图 4-8 所示。目前,该功能一般由专用集成电路来实现。

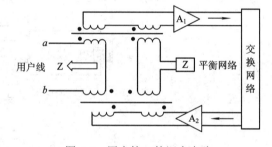

图 4-8　用户接口的混合电路

7) 测试(T)电路

通过用户接口的测试电路可实现对用户线、中继线和局内设备各个环节的测试,及时检测出混线、断线、接地等问题。用户接口的测试电路如图 4-9 所示。

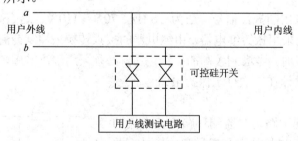

图 4-9　用户接口的测试电路

在计算机软件控制下,由可控硅开关将用户线接至测试电路。

随着 VLSI 技术的发展,目前许多程控交换机的模拟用户电路将 BRSH 功能集成在一块芯片中(如 MC3419),而编/译码功能采用专用集成芯片 MC145503 来实现,如图 4-10 所示。

除了上述七个基本功能之外,有的程控交换机还设计了极性倒换、衰减控制、收费脉冲发送等功能。

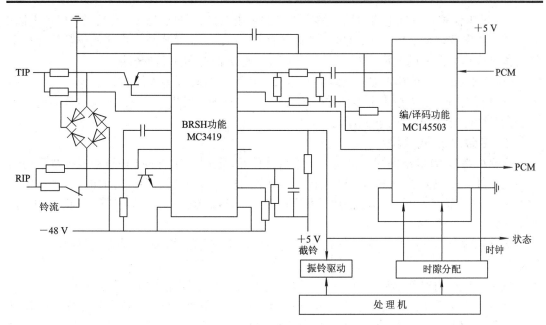

图 4-10　采用 VLSI 技术的模拟用户接口电路

4.1.2　数字用户接口

数字用户接口是数字用户终端与交换网络之间的接口，包括数字电话接口、数字数据接口、数字传真接口、结合话音与图像通信的可视电话接口、结合话音与数据传输的 2B + D 接口等。数字用户接口又称为 V 接口，具体分为 V1、V2、V3、V4、V5 接口。其中：

V1 接口连接用户终端。

V2 接口连接数字远端模块(远端集线器)。

V3 接口连接 PABX 的 30B + D 接口。

V4 接口接多个 2B + D 的终端，支持 ISDN 接入。

V5 接口支持 $n \times E_1 (n \times 2048 \text{ kb/s})$ 的接入网。V5 接口包括 V5.1 接口和 V5.2 接口。对于 V5.1 接口来说，$n = 1$；对于 V5.2 接口来说，$1 \leqslant n \leqslant 16$。

1. 数字用户接口的功能

数字用户接口的功能框图如图 4-11 所示。

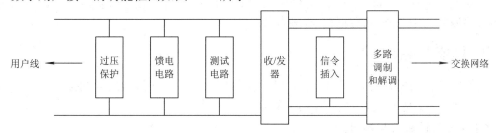

图 4-11　数字用户接口的功能框图

(1) 馈电电路。当数字用户终端本身不具有工作电源(如数字电话接口)时，数字用户接口的馈电与模拟用户接口类似。当数字用户终端本身具有工作电源(如计算机数据接口)时，数字用户接口可免去馈电电路。

(2) 过压保护和测试电路。数字用户接口的过压保护、测试电路与模拟用户接口类似。

(3) 收/发器。数字用户接口的收/发器有两个作用:一个是实现用户环线传输信号与交换机内工作信号之间的变换和匹配;另一个是实现数字信号的双向传输。

(4) 信令插入。在呼叫建立阶段和消息传输阶段,往往需要发送各种信令。信令的插入一般是利用时分复用技术在专门的信道(TS_{16})中进行的。因此,信令的插入与分离便是信令和消息的时分复接与分接的过程。

(5) 多路调制和解调。

交换网络以 64 kb/s 的数字信道为一个接续单元,而用户环线的传输速率根据数字终端的不同可能高于或低于 64 kb/s,这就要求在数字用户接口与交换网络之间插入一个速率匹配电路,将环线速率高于 64 kb/s 的信号分离成若干个 64 kb/s 的信道,或将若干路低于 64 kb/s 的信号复用成一个 64 kb/s 的信道。

数字用户接口除应具有图 4-11 所示的功能外,还应有回波消除、均衡、扰码和去扰码等功能。

数字电话机内通常都装有电子铃发生器,因此,数字用户接口不设计振铃电路。

此外,由于数字用户终端和数字交换网络运行的都是数字信号,因此数字用户接口不需要进行模/数转换,同样免去了编/译码电路。数字用户接口电路通常还应考虑:

(1) 回波消除。回波消除是实现二线数字传输的一种有效方法。数字用户的数字信息虽然也可以像数字中继一样采用四线方式进行传输,但是不能有效利用现有的普通二线用户线路。为了在普通的一对用户线上进行数字双向传输,就需要采用一些特殊的技术处理,如回波消除法。

(2) 扰码和去扰码。在数字信号传输中,常常要利用扰码来实现信号加密。具体来说,就是在发送序列中加入一个伪随机序列,以破坏传送数据中可能出现的全 1、全 0 或某种周期重复的数据,在接收端使用去扰码器去除伪随机序列,恢复提取用户原来发送的实际数据。

(3) 均衡。实际的传输信道不可能具有理想的频率特性,可能会引起传输信号的码间干扰,从而影响信号的正确接收。为此,需要对信道的频率特性进行补偿,其补偿的方法称为均衡。均衡的实现可利用自适应判决反馈均衡器来完成。

2. 2B + D 接口

用户环线系统的标准数字传输速率为 144 kb/s。为了满足综合业务数字网(ISDN)对用户环线数字化的传输要求,根据 ITU-T 的建议,将 144 kb/s 划分成两个用于传输话音或数据的传输速率为 64 kb/s 的基本信道(分别记为 B1 和 B2)与一个用于传输信令和其他低速数据的传输速率为 16 kb/s 的数据信道(记为 D)。

4.1.3　模拟中继接口

模拟中继接口又称为 C 接口,它是数字交换网络与模拟中继线之间的接口电路,包括 C1、C2、C11、C12、C21、C22 接口。其中:

C1 接口接四线音频接口;

C2 接口接二线音频接口;

C11 接口接四线 FDM 的载波设备;

C12 接口接四线模拟实线电路;

C21 接口接数字转接局的二线模拟接口；

C22 接口接数字本地局的二线模拟接口。

模拟中继接口电路类似于模拟用户接口电路，但二者有一定的区别。与模拟用户接口电路比较，模拟中继接口电路少了振铃控制和对用户馈电的功能，但多了一个中继线忙/闲指示功能，同时把对用户线状态的监视变为了对中继线路信号的监视。还需要注意的一点是，对于用户接口只需要单向检测话机的直流通断状态，而中继接口除了需要检测来自对端的监视信号外，还必须将本端的监视信令插入到传输信道中以供对端检测。这一点对于二线中继传输的情况有一定难度。因此，常把中继接口设计成仅能从一端呼叫的单向中继接口，这就是我们经常说的出中继接口(仅能作为主叫端的中继接口)和入中继接口(仅能作被叫端的中继接口)。

模拟中继接口的功能框图如图 4-12 所示。

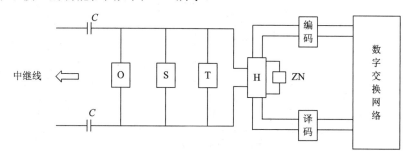

图 4-12　模拟中继接口的功能框图

4.1.4　数字中继接口

数字中继接口电路是数字中继线与交换网络之间的接口电路。数字中继接口包括 A 接口和 B 接口。其中，A 接口是速率为 2048 kb/s 的接口，它的帧结构和传输特性符合 32 路 PCM 要求；B 接口是 PCM 二次群接口，其接口速率为 8448 kb/s。

数字中继接口由收/发电路、同步电路、信令的插入(提取)电路和报警控制电路四部分组成，其功能框图如图 4-13 所示。

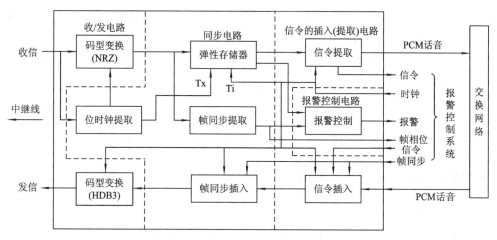

图 4-13　数字中继接口的功能框图

1) 收/发电路

收/发电路主要完成 PCM 线路码(HDB3 码)和机内码(NRZ 码)的变换。

2) 同步电路

同步电路主要包括帧同步信号的提取和帧同步信号的插入。我们已经知道，在 PCM 信号的传输过程中，帧位置是通过 TS_0 中的帧同步字来确定的。帧同步字的检测原理如图 4-14 所示。

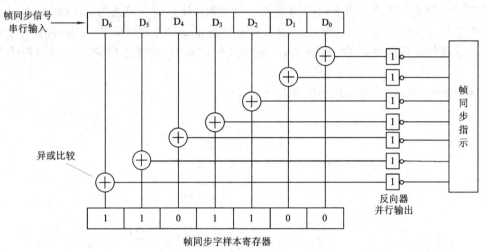

图 4-14 帧同步字的检测原理

传输系统中的数字信号序列以串行码的格式进入移位寄存器的输入端，再以并行码的格式输出，然后将该并行码与同步字存储器中事先存储的帧同步字样本进行比较。每当接收序列中出现一个 0011011 序列段时，帧同步指示端将输出一个高电位，指示同步字的出现。因此，只要收/发两端的时钟频率在正常同步中，那么每 250 μs 就会检测到一个同步字。

实际工作中，收/发两端的时钟频率不可避免地存在一定的偏差。当 $f_发 > f_收$ 时，将产生码元丢失；反之，当 $f_收 > f_发$ 时，将产生码元重读。这两种现象都表示发生了"滑码"，即失步。滑码会造成网中信息流的传输发生畸变，从而使接收端不能正确地接收来自发送端的信号。克服滑码的办法是强制输入时钟和本地时钟的频率偏移为零，这种强制由弹性存储器来实现。

3) 信令的插入(提取)电路

信令是不进入数字交换网络进行交换的，因此数字中继接口应在 TS_{16} 时完成信令的提取与插入。

4) 报警控制电路

报警控制电路接收来自帧同步字检测电路的信号，对滑码的次数进行计数。当滑码的次数超过一定限度时，报警电路应向控制系统发出"失步"的告警信号。

4.1.5 用户模块与远端用户模块

1. 用户模块

在一般情况下，用户的平均话务量非常低，如果每个用户都在交换网中占一条信道，势必造成网络资源的浪费。若把用户的话务量按 2∶1(两个用户的话务量共享一条交换网络信道)、4∶1 或 8∶1 集中处理，便可以达到提高交换网络利用率的效果，如图 4-15 所示。

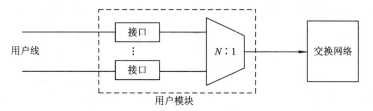

图 4-15　用户与交换网络的关系

用户模块除了实现用户接口功能之外，还包含一个 $N∶1$ 的集线器，可用来实现话务量的集中。

话务集中可由时间(T)接线器来实现。图 4-16 通过 4 个 T 接线器实现了 4∶1 的话务集中。

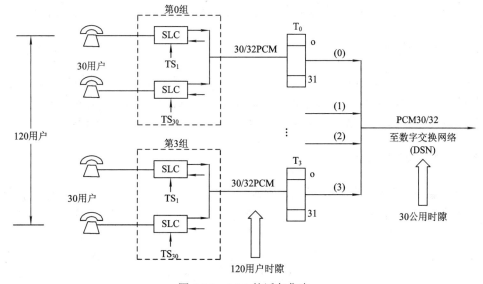

图 4-16　4∶1 的话务集中

设一用户模块外接 120 个用户。将此 120 个用户分为四组，每组 30 个用户，分别专用一条 30/32 PCM，每个用户各有一个专用 TS，我们称这个专用 TS 为用户时隙。

30/32 PCM 各连接一个 T 接线器，每个 T 接线器各完成 30/32 个 $TS_入$→30/32 个 $TS_出$ 的时隙交换。

30/32 $TS_出$ 是一条公用的一次群母线，此公用的 TS 便是进入数字交换网络的输入 TS，我们将其称为公用时隙。

用户时隙为每个用户专用，不论用户打电话与否，该时隙不被其他用户所占用。公用时隙则不然，它被 120 个用户所共用，即当 120 个用户中有一个用户摘机呼叫时，处理机便在 30 个公用时隙中寻找一个空闲时隙，并给相应 T 接线器的 CM 填写控制字，使该用户时隙与被选中的公用时隙交换信息。一旦通话完毕，被选用的公用时隙又恢复空闲状态，以便其他用户选用。

当然，一旦公用时隙全忙，呼叫必然受损，受损是由于话务量过大引起的。因此，用户模块的集线比不宜过大。

2. 远端用户模块

当一个程控数字交换机的服务范围很广时，为了缩短用户环线的距离，常常在远端用户的密集之处设置一个远端用户模块，以实现用户级的远程化。

远端用户模块与前面叙述的用户模块的本质是一样的，只是它们与母局之间的连接距离不一样。用户模块放置在母局，不需要中继线连接，其主要功能是提高数字交换网络的利用率；远端用户模块放置在远端，与母局之间的连接需经过适当的接口和中继线传输系统，它的主要功能是提高数字交换网络和线路的利用率。

4.2　程控数字交换机的外设

程控数字交换机的外部设备包括外置存储器、维护与操作终端和计费系统等。

4.2.1　外置存储器

外置存储器指磁盘或磁带机，主要用于加载和转存数据。为节省内存空间，程控数字交换机的一些不常使用的程序(如脱机维护诊断程序、语言翻译程序、连接装配程序、系统生成程序以及交换局管理程序)可存储在外置存储器中，仅在需要时读入内存。

4.2.2　维护与操作终端

维护与操作终端简称维护台或维护终端，它与交换机的关系是"后台"与"前台"的关系。"后台"指与维护操作系统相关的软件或设备，而"前台"则是与交换机相关的软件或设备。

维护与操作终端一般采用 PC，通过 RS-232 接口与程控交换机的维护 I/O 接口连接。程控交换机的维护 I/O 接口提供了维护人员访问系统软件的入口。

维护与操作终端具有 OAM(运行、管理、维护)和话务服务等功能。OAM 功能的主要目的是为维护人员提供一个有效的运行、管理和维护交换机系统的平台。维护人员通过这个平台对相关软件可进行增删或修改等日常维护。

1. 运行(O)

运行(O)是程控数字交换机控制系统提供给维护人员访问交换机软件，进行人机对话的命令方式。

人机对话分两个步骤进行：登录和命令操作。

1) 登录

登录由维护人员启动终端(开机)和键入"回车"符实现，交换系统给出相应提示作为响应。同时，交换系统还应给出维护人员"输入通行字"的提示符。

通行字(Password)是进入维护终端的密码。为了防止非维护人员未经许可进入维护终端，造成系统管理混乱甚至故障，交换系统在接受维护人员进入系统执行命令操作之前，常要求输入正确的通行字或口令。口令可划分为若干个权限等级，每个等级规定了一个不同的通行字。拥有较低权限等级口令的维护人员在进入系统后仅运行有限的命令，而具有最高权限等级口令的维护人员则可运行系统提供的所有命令。

2) 命令操作

维护人员在与维护终端进行人机对话(信息交换)时输入的命令由命令解释程序分析执行。命令解释程序的原理如图 4-17 所示。

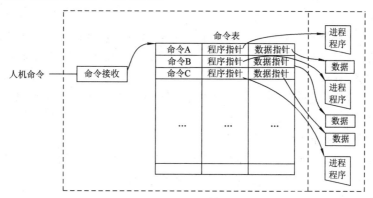

图 4-17   命令解释程序的原理

命令解释程序接收到用户输入的人机命令后，首先与命令表相比较。当发现输入命令与表中的某条命令一致时，便可得到相应命令的运行程序和数据。如果输入命令超出命令表定义的范围，命令解释程序将会给出错误提示。

2. 管理(A)

维护与操作终端的管理工作主要是针对系统资源的管理，包括以下内容。

1) 系统配置管理

程控数字交换机的硬件是根据用户容量配置的，可随配置做相应变动。系统维护人员通过改变软件来实现硬件配置。

2) 硬件的逻辑地址或地址管理

用户和中继接口等硬件的物理地址(如电路板位置)与逻辑地址(如电话号码)通常是相互独立的。维护人员可建立二者的关系表，为操作、维护提供便利。

3) 用户接口管理

系统维护人员可方便地增减用户线，关闭或开启某个用户接口，规定或改变接口所对应的电话号码和拨号方式(脉冲或双音拨号)等。

4) 用户业务等级管理

由于资源受限，因此维护人员可将用户权限划分为若干个等级，然后为每级用户规定一组业务权限，对享有某种业务权限的用户总数加以限制。

5) 用户中继权限管理

系统维护人员可定义和改变中继权限等级，定义每个等级允许使用的中继群或路由。

6) 中继接口管理

维护人员同样可开启或关闭某个中继接口，设置或改变中继接口的方向(出中继、入中继或双向中继)，设置信令方式，设置中继传输系统的信号类型(模拟或数字)等。

7) 中继路由管理

每个路由方向可包括一个或多个中继群，维护人员通过维护与操作终端能规定并更改各路由所包括的中继群的数量和所用的线号，规定传输的信号方式和选线方式。

8) 话务量管理

话务量管理是指对中继线或中继群的占用情况进行自动监测和记录，并输出详尽的话务量统计数据。

9) 计费管理

计费管理是对计费方式、费率计算、话单打印的管理，输出每次呼叫的详细数据，包括主、被叫话机的号码，呼叫开始的时间，通话时长，所用中继线号和群号，业务种类等，以供外部计费系统计费。

在程控数字交换机的数据库中，对应每一用户端口都有一个说明其属性的数据区，如图 4-18 所示。

数据区中各项数据的含义如下：

- 物理地址——设置用户接口的硬件电路在交换机机架中所处的物理位置。
- 电话号码——给接口所接的话机分配电话号码。
- 接口类型——用于区分话音、数据或其他业务接口。
- 拨号方式——设置接口所连话机使用的拨号方式，如脉冲或双音多频(简称双音频)拨号。
- 业务等级——设置该用户可被服务的业务等级，如重要用户的等级最高。
- 中继权限等级——设置该用户可占用的中继线权限等级。

对于中继端口，同样有一个属性的数据区，如图 4-19 所示。

物理地址
电话号码
接口类型
拨号方式
业务等级
中继权限等级

物理地址
中继线序号
接口类型
中继线类型
所属中继群号
信令类型
呼叫方向
呼叫方式

图 4-18　说明用户端口属性的数据区　　　　图 4-19　说明中继端口属性的数据区

数据区中各项数据的含义如下：

- 物理地址——设置中继接口的硬件电路在交换机机架中所处的物理位置。
- 中继线序号——设置每一中继线编排的序号。
- 接口类型——设置接口是二线接口还是四线接口等。
- 中继线类型——设置中继传输系统的类型，如模拟或数字。
- 所属中继群号——设置中继线属于哪一个中继群。
- 信令类型——设置中继线采用的信令方式或信令系统，如中国 1 号信令系统或 No.7 信令系统。
- 呼叫方向——设置该中继线是一条出中继、入中继，还是双向中继线。
- 呼叫方式——设置中继线来话是全自动接续(直接接至被叫话机)，还是半自动接续(接至话务台，由话务员转接)。

3. 维护(M)

对程控数字交换机维护的意义是及时发现并在不停机的情况下排除偶然出现的个别故障，防止故障积累造成系统服务等级的下降或系统停运。

维护包括系统测试与故障处理两个方面。

1) 系统测试

系统测试包括系统硬件测试和系统软件测试。

(1) 系统硬件测试。一般的硬件测试有中继环路测试、大话务量呼叫测试、告警测试等。

(2) 系统软件测试。一般的软件测试有：检查用户数据的完整性，并根据用户要求对用户数据进行更新；模拟用户进行全网呼叫，检查入局数据是否准确全面；根据厂家提供的技术手册，逐项进行其他项目的测试。

2) 故障处理

故障处理包括故障监视、故障定位和故障排除三个步骤。其分述如下：

(1) 故障监视。维护人员通过测试或模拟用户的呼叫，监视某话路接续中连续失败的次数、进程运行的时间等。当某话路在一段时间内连续不通的次数达到某个门限值时，或一个进程在规定的最长时间内仍不能结束时，便可初步判定运行出现了异常。

(2) 故障定位。当发生故障时，CPU 中止当前的工作，启动故障查询程序，以判断故障来源，并将故障查询的结果显示在维护终端的界面上，提醒维护人员注意。

(3) 故障排除。故障部位可能在硬件也可能在软件。对于硬件故障，需由维护人员根据诊断结果报告查阅相应的故障诊断手册，找到具体的故障插件并换上备用的插件。如果只能指出可疑插件范围，则进行逐一排除。若可疑插件都被替换后，故障仍然存在，则先将故障部位隔离或闭锁(防止被无效占用)，再做进一步查找。

对于软件故障，必须在逻辑上将故障单元从运行系统中隔离出来，并对剩余的单元重新组合(再配置)，使之成为一个封闭、完备的软件系统，然后输出故障报告。

软件故障偶尔还可能造成程序或数据区数据的丢失或误改动。这些问题可通过维护人员重新安装软件来解决。

程控数字交换机应在故障部件被隔离后仍能有效地工作。如果某部件的隔离会造成全机瘫痪，则要求这类部件具有热备份功能。

4. 话务服务

维护与操作终端还具有电话转接、号码查询、故障受理和其他非话业务服务的功能。

4.2.3　计费系统

通信设备的投资需要通过收取一定的服务费用得到补偿，因此计费系统就成了通信系统中不可或缺的组成部分。一个合理可靠的计费系统是保证通信设备的投资得到适时回收，系统得以正常维护和良好运行的重要条件。

1. 投资与回收阶段的划分

通信设备的投资与回收阶段的划分可用图 4-20 来说明。

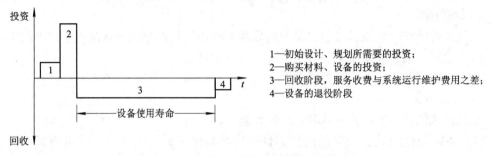

1—初始设计、规划所需要的投资；
2—购买材料、设备的投资；
3—回收阶段，服务收费与系统运行维护费用之差；
4—设备的退役阶段

图 4-20　通信设备的投资与回收阶段的划分

系统正常情况下 3、4 阶段的回收金额应大于 1、2 阶段的投资金额。

2. 通信设备费用的划分与计算

1) 通信设备费用的划分

通信设备的费用分为两种：一种分配给每个用户独立占用的设备，包括电话机、用户线和用户接口，这类费用叫做月租费，无论用户是否通话，每月都要为这些专用设备交纳一定数额的租用费；另一种分配给共享设备，包括信号设备、处理机、交换网络、中继接口和中继线等，这类费用叫做通话费，由于用户只在通话时才占用这类设备，通话结束后便不再占用，因此共享设备只按通话的占用时间收费。

通信系统中专用设备与共享设备的划分如图 4-21 所示。

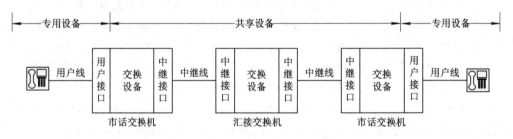

图 4-21　专用设备与共享设备的划分

2) 通信设备费用的计算

月租金可按式(4.1)计算，即

$$C_r = C_i + d_1 \times C_1 \tag{4.1}$$

式中：C_i——每话机所用用户接口的租金；

　　　d_1——用户线长度(单位为 km)；

　　　C_1——每千米用户线租金。

通话费可按式(4.2)计算，即

$$C_e = (C_x + C_t + C_k \times d_t)T \tag{4.2}$$

式中：C_x——交换设备每单位时间的使用费；

　　　C_t——中继接口每单位时间的使用费；

　　　C_k——每千米中继系统每单位时间的使用费；

　　　d_t——中继系统的传输距离(单位为 km)；

　　　T——通话时长。

收取用户的服务费应根据用户所占用的设备情况来决定。

【例 4.1】 某市话网如图 4-22 所示。已知话机所用用户接口的租金每年为 165 元/话机，每千米用户线租金每年为 5 元/(km・线)，交换设备每单位时间的使用费为 0.1 元/min，中继接口每单位时间的使用费为 0.005 元/(min・线)，中继接口每单位时间的使用费为 0.004 元/(min・km)。试求：

(1) 话机 A 和话机 C 的月租费；

(2) 计算 A、B 之间，A、C 之间以及 A、D 之间的通话费。

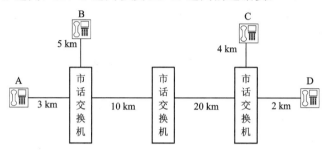

图 4-22　市话网话费计算举例

解　(1) 话机 A 的月租费为
$$C_r = C_i + d_l \times C_l = (165 + 3 \times 5)/12 = 15 \text{ 元}$$

话机 C 的月租费为
$$C_r = C_i + d_l \times C_l = (165 + 4 \times 5)/12 = 15.4 \text{ 元}$$

(2) 因为 1 个交换设备每单位时间的使用费 $C_x = 0.1$ 元/min，所以 A、B 之间的通话费为
$$C_e = C_x = 0.1 \text{ 元/min}$$

又因为 3 个交换设备每单位时间的使用费 $C_x = 3 \times 0.1 = 0.3$ 元/min，4 个中继接口每单位时间的使用费 $C_t = 4 \times 0.005 = 0.02$ 元/min，中继设备每单位时间的使用费 $C_k = 0.004$ 元/(min・km)，A、C 之间中继系统的传输距离 $d_t = 10 + 20 = 30$ km，所以 A、C 之间的通话费为
$$C_e = (C_x + C_t + C_k \times d_t)T = 0.3 + 0.02 + 0.004 \times 30 = 0.44 \text{ 元/min}$$

A、D 之间的通话费与 A、C 之间的通话费相等。

3. 计费方式

计费方式的发展经历了包月制、单式计费制和复式计费制三种。

1) 包月制

在包月制中，每个月只对每台话机收取固定的费用，对通话的次数以及每次通话的时长不作考虑。

2) 单式计费制

在单式计费制中，除固定收取每台话机的月租费外，还对每次通话收取固定的通话费，但对每次通话的时长不予以考虑。

3) 复式计费制

在复式计费制中，除收取每台话机的月租费外，还根据每次通话的距离、时长收取通话费。复式计费制是相对合理的应用最广的一种计费方式。

复式计费制又分为脉冲计数计费法和可变费率计费法两种。

(1) 脉冲计数计费法。利用脉冲电路原理，在计费系统中配置一个脉冲源，发出的每个脉冲代表一个费价单位，系统可根据收到的脉冲个数确定本次通话所需的费用。脉冲的速率可根据通话距离决定，距离越远，脉冲周期越短，单位时间的通话费也就越高。

脉冲计数计费系统虽能较迅速、准确地给出通话费用，但一般无法给出每次通话的详细数据，如通话时间、被叫号码等。

(2) 可变费率计费法。可变费率计费法也叫计算机计费法，它是程控数字交换机与计算机相结合实现的一种理想的计费方法。在可变费率计费法中，计算机将双方号码、通话开始和结束时间、服务类型等数据存储在存储器中，据此计算出各次通话所需的费用。

4. 计算机计费系统的组成

计算机计费系统按对计费数据的处理可分为前台计费系统和后台脱机计费系统两大部分，如图 4-23 所示。

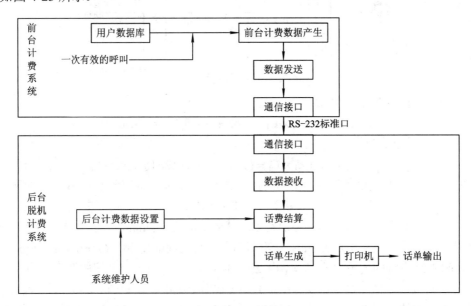

图 4-23　计算机计费系统的组成

前台计费系统存在于交换机的控制系统中，是一切原始通话记录数据的来源；后台脱机计费系统存在于维护终端中，计费数据的接收通过相应的通信接口及支持软件完成。后台脱机计费系统既是话费结算的地方，又是系统维护人员控制"前台"的途径。所谓"脱机"，主要是指可以与交换机相对独立，只要有原始的通话记录数据，脱机计费系统即可正常运算，与当前交换机的运行状态无关。

图 4-23 所示的计费处理主要包括前台计费数据产生、后台计费数据设置、话费结算和话单生成四个部分。

1) 前台计费数据产生

交换机的处理机针对每次有效呼叫的主、被叫号码，所用中继线，呼叫类型，呼叫开始时间，通话保持时间，呼叫截止时间等信息，可按要求产生相应的计费原始数据。这些数据以帧的格式通过通信口向后台脱机计费系统发送。数据帧的格式如图 4-24 所示。

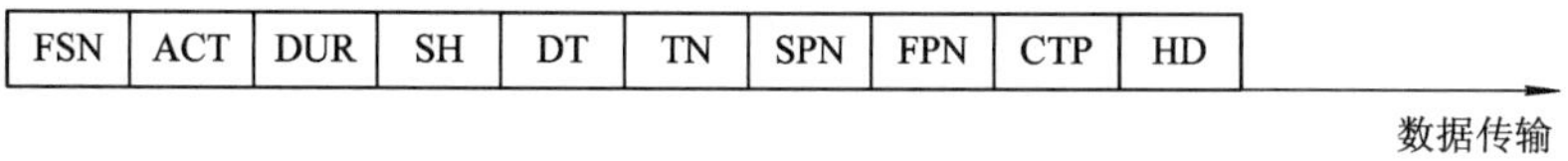

| FSN | ACT | DUR | SH | DT | TN | SPN | FPN | CTP | HD |

数据传输

HD—帧首，标志一帧的开始；　　　　　　　　　DT—通话日期；
CTP—呼叫类型，标志此次呼叫是本局、出局还是特种业务；　SH—呼叫开始时间；
FPN—主叫电话号码；　　　　　　　　　　　　　DUR—通话保持时间(min)；
SPN—被叫电话号码；　　　　　　　　　　　　　ACT—账号；
TN—标志所用中继线号；　　　　　　　　　　　FSN—帧序号，检测数据丢失

图 4-24　前台计费数据帧的格式

2) 后台计费数据设置

后台计费数据设置包括费率设置、计费等级设置、附加费计费方法设置、每个电话号码所对应的用户姓名和所在单位等内容的设置。

后台计费系统可方便地实现和修改 N 秒免费、按费率折价、按时长折价、按浮率折价、按节假日减价、设置复式计费的单元时长和预付费、对欠费用户限制其呼出等功能。

3) 话费结算

话费结算一般采用脱机结算的方法，即后台维护终端将前台传送出来的二进制计费原始数据转换成 ASCII 文字消息，再按率表的要求计算出此次通话的费用金额。简单的话费可按式(4.3)计算，即

$$C = \frac{R \times T}{T_u} \tag{4.3}$$

式中：R——费率(与通话发生的时间及通话距离有关)；

T——通话时长；

T_u——单位计价时间(由系统维护员设置，如 1 min 为一个计价单位)。

4) 话单生成

话单生成是指根据后台计费数据设置确定本次计费对象的信息，然后按照"话单格式"在显示器或打印机上输出结果。

话单格式有汇总话单和明细话单两种：汇总话单仅作为收费依据，提供的信息较为简单，一般只有主叫姓名(或主叫单位)、主叫号码、通话的起止日期、业务类别、通话费、附加费等内容；明细话单的信息较为全面，除了有汇总话单的全部信息外，还提供了通话次数，每次通话的日期，每次通话的开始时间、结束时间、通话时长、计费级别等信息，供用户查询之用。

5. 计费方式中的相关参数

对用户进行话费汇总时，要根据不同的呼叫考虑不同的参数，如费率、费率索引值、业务类别、计费级别等参数。

1) 费率

费率由系统维护人员以表的形式定义，设费率表号为 1 的费率表如表 4.1 所示。

表4.1　费　率　表

费率表号：1	呼叫类型：国内长途		起价时间：60 s
时间	周一至周五	周六至周日	节假日
07:00	0.60	0.30	0.30
21:00	0.30	0.30	0.30

每个费率表定义一个计费区的费率(长途区号相同的区为一个计费区)，但可以为不同的时日规定不同的费率。表 4.1 中，每周一至周五 7:00～21:00 的通话费率为 0.60 元/min，每天 21:00～7:00 和周六、周日、节假日费率都为 0.30 元/min。系统维护人员为每个被叫区号规定了应使用的费率表，计费程序可根据被叫号码中的区号查到相应的费率表，然后按通话时间读出费率表相应栏目内的费率值。

【例 4.2】　某用户在星期六上午 10:30 打了一次国内长途电话，前台计费数据产生的通话时长是 10 分钟，则应收该用户的通话费用为多少？

解　由表 4.1 可查得通话费率为 0.30 元/min，则通话应收的费用为

$$10 \times 0.30 = 3(元)$$

2) 费率索引值(CHX)

任何一次呼叫都由对应的费率索引值(CHX)来决定此次呼叫的计费方式等相关参数。

每个索引值(CHX)都包括对八种不同日期的计费说明，每种日期的设置可以不同。八种日期是指周一至周日及节假日。对于每种日期，CHX 又包含计费方式(SYS)、日期变更索引值(TID)和格式变更索引值(RID)。索引值(CHX)的取值范围在 0～63 之间。例如，CHX 为 0 时缺省值为免费方式；CHX 为 10 时缺省值为 3 分钟一次的复式计费。索引值(CHX)所对应的含义可根据实际情况由系统维护人员在维护终端(后台脱机计费系统)灵活定义。

3) 业务类别(CAT)

业务类别的作用是指明呼叫的种类，如本局、本地、长途或特服等。业务类别是确定计费方式的重要参数。业务类别的取值范围为 0～15。一定含义的业务类别对应一个费率索引值表，如表 4.2 所示。

表 4.2　业务类别与 CHX 值的对应关系

CAT 值	含　义	对应费率索引值表
0	空号	备用费率表
1	本局呼叫	本地网费率表
2	本地呼叫	本地网费率表
3	本网呼叫	本地网费率表
4	国内呼叫	国内长途费率表
5	国际呼叫	国际长途费率表
6	特种业务呼叫	本地网费率表
7	新业务	本地网费率表
8	备用业务	备用费率表
9	二次拨号	备用费率表
10	Centrex 群内呼叫	备用费率表
11	用户呼叫话务台	备用费率表
12	出群二次呼叫	备用费率表
13	13(备用)	备用费率表
14	14(备用)	备用费率表
15	15(备用)	备用费率表

业务类别(CAT)与费率索引值(CHX)的不同组合可以得到多种计费方式。也就是说,即使 CHX 值相同,不同的呼叫类别对应的费率索引值表中的 CHX 也是不同的,所以可以分别设置,这给前台计费设置带来了很大的灵活性。当业务类别为本局呼叫时,费率索引值 10 缺省为 3 分钟一次的复式计费;当业务类别为 Centrex 群内呼叫时,我们可以定义费率索引值 10 为不计费或其他计费方式。

4) 计费级别

我国的收费情况比较复杂,同一个局的用户可能有多种计费方式,如公用电话、商用电话、住宅电话、IC 卡电话作为主叫时有不同的费率设置。为了区分不同类别主叫用户的费率设置,通常将用户进行分级管理,级别的取值范围一般为 1～7 级。具有相同计费费率的用户分在同一级,计费比较特殊的用户其级别较高。

5) 计费分组

脱机计费系统中,将许多具有相同费率要求的局码分配到同一个组,配以一个计费分组号。这样不同主、被叫之间的呼叫就可以描述为不同计费分组之间的呼叫。相应的费率是源计费组至目的计费组之间的费率。

6) 免费

通过前台计费设置与后台费率设置配合,可以对不同级别的用户实现多种类别的免费功能。

(1) 设置不产生任何计费数据的完全免费用户。

(2) 设置正常产生计费数据的完全免费用户。

(3) 设置用户对某些业务类别的呼叫免费。

(4) 设置用户对某些局向免费。

(5) 设置延时计费。

① 设置前 N 秒免费:指通话前 N 秒不计费,即将通话时长(秒计)减去 N。例如,设置了前 10 s 免费,如果通话时长为 5 s,则不计费;如果通话时长为 12 s,则计 2 s。

② 设置≤N 秒免费:指通话时长在 N 秒内不计费,而超出 N 秒后,按实际通话时长计费。例如,设置了≤10 s 免费,如果通话时长为 5 s,则不计费;如果通话时长为 15 s,则计 15 s。

③ 设置前 N 次免费:指前 N 次通话不计费,即将通话次数减去 N。例如,设置了前 10 次免费,如果通话次数为 5,则不计费;如果通话次数为 11,则计 1 次。

④ 设置≤N 次免费:指通话次数在 N 次内不计费,超出 N 次后,按实际通话次数计费。例如,设置了≤50 次免费,如果通话次数为 25,则不计费;如果通话次数为 55,则计 55 次。

7) 折价计费

折价计费的设置由后台脱机计费系统完成。折价类型分为 0～9,分别用来指定话单在不同日期或时间段的折价率。例如,设置 10 月 1 日对国内半价计费,对国际长途七折计费,则可以通过在费率设置中选用不同的折价日期类型来实现。

8) 立即计费

立即计费主要用于营业厅、旅馆等特殊场所。计费的方法一般采用脉冲计数法,它是在用户终端处设置一个高频计次表(频率通常为 16 kHz),通话开始后由电话局计费设备向高频计次表送计费脉冲，脉冲间隔由费率决定。后台脱机计费系统还应将这些用户设置为立即计费用户，才可实现立即计费。

复习思考题

1. 试说明程控数字交换机的接口分类。

2. 用户接口电路应具有怎样的基本功能？

3. 模拟中继接口和数字中继接口有什么不同？

4. 什么是远端用户模块？远端用户模块有什么作用？

5. 什么是 2B + D 接口？2B + D 接口有什么作用？

6. 维护与操作终端有什么作用？它与交换机有什么关系？

7. 维护与操作终端的管理工作主要包括哪些内容？

8. 用户端口的数据区和中继端口的数据区分别包含哪些属性？

9. 某市话网如图 4-25 所示。已知话机所用用户接口的租金每年为 96 元/话机，每千米用户线租金为 6 元/(km·线)，交换设备每单位时间的使用费为 0.05 元/min，中继接口每单位时间的使用费为 0.002 元/(min·线)，中继接口每单位时间的使用费为 0.008 元/(min·km)。试求：

(1) 话机 A 和话机 C 的月租费；

(2) A、B 之间，A、C 之间以及 A、D 之间的通话费。

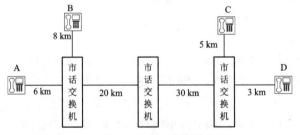

图 4-25　第 9 题图

10. 计费方式经历了哪几种？说明每一种方式的特点。

11. 什么是复式计费制？

12. 说明脉冲计数计费法的原理。

13. 设某主叫用户摘机、挂机的时刻分别为 10:20:00、10:35:12，被叫摘机、挂机的时刻分别为 10:21:05、10:35:20，计费时间应是多少？

14. 试说明计算机计费系统的组成。

15. 前台计费数据产生的计费原始数据包含哪些内容？

16. 前台计费系统和后台脱机计费系统有什么关系？

17. 后台计费数据设置包括哪些内容的设置？

18. 明细话单一般包括哪些信息？

19. 什么是费率索引值(CHX)？什么是业务类别(CAT)？

20. 设某用户在计算机计费系统中，三次国内长途通话的原始数据记录如表 4.3 所示。

试依据表 4.1 比较三次通话的费用。

表 4.3　三次国内长途通话的原始数据记录

通话/次	日　期	时　间	持续时长/min
1	星期二	08:00	4
2	星期五	22:00	8
3	星期日	09:00	10

第5章　控制系统的结构与程序管理

要点提示：✍

　　现代程控数字交换机的控制系统充分应用了计算机技术的最新成果，具有解读程序指令及数据，进行运算处理和编辑命令的功能。本章通过讲述程控数字交换机控制部件的结构和特点，分析控制系统的呼叫处理能力和可靠性，研究控制系统的程序管理和实时处理的相关技术。

5.1　控制系统的组成

　　程控数字交换机的控制系统主要由处理机(CPU)、内存储器(RAM)和各种输入/输出(I/O)设备组成。控制系统与交换网络、接口设备的关系如图 5-1 所示。

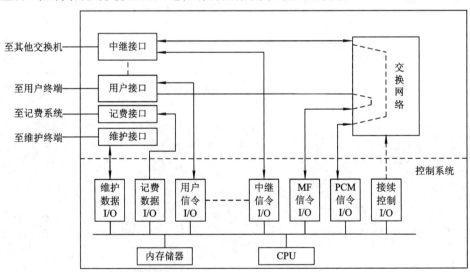

图 5-1　控制系统与交换网络、接口设备的关系

1. 处理机

处理机(CPU)主要用于收集输入信息、分析数据和输出控制命令。

2. 内存储器

内存储器(RAM)分数据存储器和程序存储器两种。数据存储器又分为两类：一类用来存储永久性和半永久性的工作数据，如系统硬件配置、电话号码、路由设置等；另一类用于存储实时变化的动态数据,例如线路忙闲状态、呼叫进行情况等。

3. 输入/输出设备

输入/输出(I/O)设备类似于计算机的输入/输出设备,用以提供外围环境和交换机内部设备之间的接口。

5.2　控制系统的工作模式

控制系统的工作过程具有以下标准模式。

1. 输入信息处理过程

输入信息处理过程用来接收外部设备送来的信息,如终端设备、线路设备的状态变化,请求服务的信令等。

2. 信息分析处理过程

信息分析处理过程用来分析并处理相关信息。

3. 输出信息处理过程

输出信息处理过程用来输出处理结果,指导外部设备做相应动作。

控制系统工作过程的模式结构如图 5-2 所示。

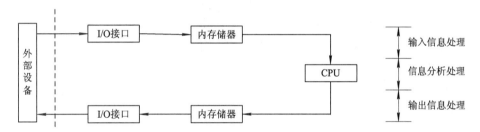

图 5-2　控制系统工作过程的模式结构

CPU 在软件程序的引导下,从输入存储器中读出外部设备的输入信息(数据),再结合当前的过程状态、变量值等工作数据对之进行分析处理,然后将处理结果写入输出存储器中,供驱动外部设备工作时调用。

5.3　控制系统的控制方式和特点

控制系统的控制方式经历了集中控制方式、分级控制方式和全分散控制方式的发展过程。

1. 集中控制方式

早期的程控数字交换机中只配备一个处理机,交换机的全部控制工作都由这个处理机来承担。在这种控制方式下,处理机可独立支配系统的全部资源,有完整的进程处理能力。但存在着处理机软件规模过大,操作系统复杂,特别是一旦出现故障,可能引起全局瘫痪的缺点。

因此，考虑到系统的可靠性，在集中控制方式中，处理机都采用双机主、备用冗余配置方式。主、备用冗余配置方式有冷备用方式和热备用方式两种。

1) 冷备用方式

在冷备用方式中，平时备用机不接收电话外设送来的输入数据，不做任何处理，当收到主机发来的倒换请求信号后，才开始接收数据，进行处理。冷备用方式如图 5-3 所示。

冷备用方式的缺点是：在主、备倒换的过程中，新的主用机需要重新启动，重新初始化，这会使数据全部丢失，一切正在进行的通话全部中断。

2) 热备用方式

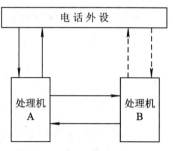

图 5-3　冷备用方式

在热备用方式中，主、备用机共用一个存储器，它们平时都接收并保留电话外设送来的输入数据，但备用机不做处理工作。当备用机收到主用机的倒换请求时，备用机进入处理状态。

热备用方式的优点是：呼叫处理的暂时数据基本不丢失，原来处于通话状态的用户不中断。图 5-4 所示的热备用方式还具有及时发现故障的优点。

在图 5-4 中，两台处理机同时接收输入信息，执行相同的程序，并比较其一致性，一致就继续执行下一条指令，不一致说明系统出现了异常，应立即调用故障诊断程序。

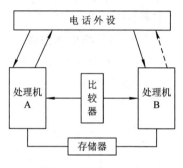

图 5-4　热备用方式

2. 分级控制方式

随着微处理机的发展，程控数字交换机中可配备若干个微处理机分别完成不同的工作，这样使程控数字交换机在处理机的配置上形成了二级或二级以上的结构。图 5-5 为三级处理机控制系统。

在图 5-5 所示的三级处理机控制系统中，外围处理机用于控制电话外设，完成诸如监视用户摘、挂机状态等简单而重复的工作，以减轻呼叫处理机的负担；呼叫处理机完成呼叫的建立；运行维护处理机完成系统维护测试工作。

分级控制方式的优点是：处理机按功能分工，控制简单，有利于软件设计。其缺点是：系统在运行过程中，每一级的处理机都不能出现问题，否则同样会造成全局瘫痪。所以，从某种意义上来说，分级控制方式有类似于集中控制方式的缺点。

为了解决这个问题，每一功能级可配备若干个处理机构成分级多机系统，如图 5-6 所示。

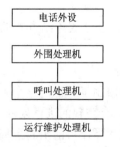

图 5-5　三级处理机控制系统

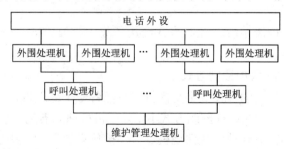

图 5-6　分级多机系统

在分级多机系统中，每一级功能相同的处理机均采用负荷分担方式。负荷分担是指同级处理机都具有完全的呼叫处理能力，正常情况下它们均匀分担话务量，共享存储器，并由同一操作系统控制。当一台处理机发生故障后，仅会造成其余处理机负荷增加，总体处理速度下降，而不会引起整个系统停运。

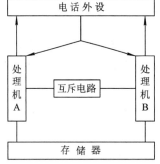

负荷分担方式的优点是过负荷能力强，并可以防止由于软件的差错而引起的系统阻断。但负荷分担有可能出现处理机同抢一个呼叫的现象，为避免这种现象的发生，在处理机间的通信电路中一般要设置一个互斥电路，如图 5-7 所示。

分级多机系统是当前国内外大型程控数字交换机普遍使用的一种控制方式。

图 5-7　互斥电路

3. 全分散控制方式

全分散控制方式即产生了全分散控制系统，其也称为单级多机系统，如图 5-8 所示。

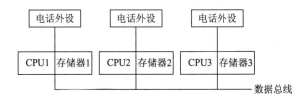

图 5-8　全分散控制系统

在如图 5-8 所示的全分散控制系统中，每个 CPU 各自构成了独立的控制子系统，每个子系统完成一定负荷容量的话务接续，子系统之间的通信则通过总线完成。

全分散控制方式的优点是：系统的可靠性高，不管是哪一个处理机出现问题，都只影响局部用户的通信；有助于整个系统硬件、软件的模块化，方便系统扩充容量，能适应未来通信业务发展的需要。因此，全分散控制系统代表了交换系统的发展方向。

一直以来，计算机的处理机被人们认为是判断问题、分析问题和解决问题的“大脑”，对于交换机的存储程序控制系统来说也是如此。为了实现通信所希望的功能并满足要求，电信网对程控数字交换机控制设备的结构方式、处理方式都有要求。

5.4　程控数字交换机对控制设备的要求

程控数字交换机的控制系统与一般计算机的控制系统相比具有接口种类多、输入数据量大、信号处理实时性强等特点，因此对控制设备的要求应包含对呼叫处理能力的要求、对可靠性的要求和对控制设备灵活性及适用性的要求等。

(1) 对呼叫处理能力的要求。呼叫处理能力用 BHCA(Busy Hour Call Attempts)来衡量，其意义是忙时呼叫次数，表示处理机在最忙的 1 h 内能处理的最大呼叫次数。

(2) 对可靠性的要求。电话通信应具有不间断的特点，这就要求交换机控制设备的故障率应尽可能低一些。一旦出现故障，要求处理故障的时间尽可能短一些。

(3) 对控制设备灵活性及适用性的要求。要求控制系统能适应新的服务要求和技术发展。

下面我们重点讨论控制系统的呼叫处理能力和可靠性。

5.4.1　控制系统的呼叫处理能力(BHCA)

BHCA 值是考评交换机系统的设计水平和服务能力的一个主要指标。该参数的大小与控制部件的结构有关，也与处理机的处理过程有关。

1. BHCA 值的计算

实际中考查控制部件的处理能力往往很难。原因是 BHCA 值受很多因素的影响，如呼叫类型、被叫状态、接口数量、话务量、处理机结构、软件设计等。不同类型的呼叫其处理的繁简程度是不一样的。另外，呼叫的成功或者失败，使处理机的开销也不一样，因此要获得最终的 BHCA 值是不容易的。研究人员一般用一个线性模型来估算控制部件的呼叫处理能力。根据这个模型，忙时处理机用于呼叫处理的时间开销为

$$t = a + bN \tag{5.1}$$

式中：t——忙时处理机用于呼叫处理的时间开销。

　　　　a——系统固有开销，与呼叫处理无关的系统开销，如非呼叫状态下的各种扫描监视开销。该值与系统结构、系统容量、接口数量、软件的设计水平等参数有关。

　　　　b——非固有开销，与呼叫处理有关的系统开销，即处理一个呼叫的平均开销时间。由于不同的呼叫所执行的指令数是不同的，因此该值与呼叫类别、呼叫的不同处理结果等参数有关。

　　　　N——忙时所处理的呼叫总数，即估算的 BHCA 值。

【例 5.1】　某处理机忙时用于呼叫处理的时间开销为 60%，系统固有开销为 20%，处理一个呼叫的平均时间开销为 30 ms。求该处理机忙时所处理的呼叫总数。

　　解　已知 $t = 0.6$，$a = 0.2$，$b = 30$，根据 $t = a + bN$ 可得

$$0.6 = 0.2 + \frac{30 \times 10^{-3}}{3600} N$$

$$N = 48\,000$$

故 BHCA 值为 48 000 次/小时。

在控制系统的设计中，往往假设处理占用时间不超过 CPU 全部运行时间的 95%，以保留一定的富余量，所以式(5.1)又可表示为

$$a + bN \leqslant 0.95 \tag{5.2}$$

则　　　　　　　　　　　$$\text{BHCA} = N \leqslant \frac{0.95 - a}{b}$$

2. 测试 BHCA 的方法

由例 5.1 我们了解到，要获得实际的 BHCA 值，必须首先给出各种开销所占的百分比和处理一个呼叫平均开销所需的时间，但在实际中这些参数是随机的、不准确的。下面我们介绍一种工程上测试 BHCA 的方法。

工程上测试 BHCA 一般采用模拟呼叫器，通过大话务量的测试得到测量值。BHCA 值

的测试公式为

$$\text{BHCA} = \frac{\text{用户话务量} \times \text{用户数}}{\text{每次呼叫平均占用时长}} + \frac{\text{入中继线话务量} \times \text{入中继线数}}{\text{每次呼叫平均占用时长}} \tag{5.3}$$

对式(5.3)有以下几点规定:

(1) 一个试呼处理是指一次完整的呼叫接续,对不成功的呼叫不予考虑。

(2) 话务量取最大值计算。我国规定用户话务量最大为 0.1 Erl/用户,中继话务量最大为 0.70 Erl/中继线(有关话务量的概念将在第 7 章介绍)。

(3) 每次呼叫平均占用时长对用户规定为 60 s,对中继线规定为 90 s。

根据式(5.3)可得到对于一个用户的 BHCA 值为

$$\text{BHCA} = \frac{0.1}{60/3600} = 6 \quad (\text{次/小时})$$

对于一条中继线的 BHCA 值为

$$\text{BHCA} = \frac{0.7}{90/3600} = 28 \quad (\text{次/小时})$$

上述结果是在规定了一些前提条件下而得到的测量值,与实际值是有差距的。为了接近实际值,应综合考虑下述情况:

(1) 要考虑实际中存在一定百分比的未成功试呼,这使得平均一次呼叫占用时长降低(如 50 s),因此实际的 BHCA 值要比测试值略高一些。

(2) 还要考虑测量时取的是最大话务量,实际中会小一些,这使得实际 BHCA 值要比测试值小一些。

5.4.2　控制系统的可靠性

可靠性是指程控数字交换机在规定的时间内和规定的条件下完成规定功能的能力。

1. 与可靠性指标有关的名词及定义

1) 失效率和平均故障间隔时间

(1) 失效率(λ)。失效率是指控制设备在单位时间内出现的失效次数,即故障率,单位为 1/h(或记为 h^{-1})。

失效率是时间的函数,但对于电子设备来说,经过一段时间的老化以后,失效率则是一个常数。

(2) 平均故障间隔时间(MTBF)。MTBF(Mean Time Between Failure)是一个针对技术性能的指标,该指标依赖于系统中各元器件正常工作的概率。

失效率(λ)和平均故障间隔时间(MTBF)互为倒数,即

$$\text{MTBF} = \frac{1}{\lambda} \tag{5.4}$$

2) 修复率和平均故障修复时间

(1) 修复率(μ)。单位时间内修复的故障数称为修复率,单位为 h^{-1}。

(2) 平均故障修复时间(MTTR,Mean Time To Repair)。MTTR 是一个针对系统维修性能的指标。

修复率和平均故障修复时间互为倒数，即

$$MTTR = \frac{1}{\mu} \tag{5.5}$$

3) 可用度和不可用度

(1) 可用度(A)。可用度指程控数字交换机在规定的时间内和规定的条件下完成规定功能的成功概率。可用度是一个定量指标，在系统稳定运行时，失效率(λ)和修复率(μ)都接近于一个常数值，这时可用度为

$$A = \frac{\mu}{\mu + \lambda} = \frac{MTBF}{MTBF + MTTR} \tag{5.6}$$

可见，可用度(A)是一个综合了技术性能和维修性能的指标。

(2) 不可用度(U)。系统丧失规定功能的概率叫做不可用度，它和可用度(A)相对应。

因为 $U + A = 1$，故

$$U = 1 - A = 1 - \frac{\mu}{\mu + \lambda} = \frac{\lambda}{\mu + \lambda} = \frac{MTTR}{MTBF + MTTR}$$

相比平均故障间隔时间 MTBF 来说，平均故障修复时间 MTTR 非常小，可忽略不计，因此

$$U \approx \frac{MTTR}{MTBF} \tag{5.7}$$

2. 可靠性指标的计算

设计人员常用系统中断的概率，即在若干年(或一年)时间内平均系统中断的时间不超过若干小时(或分钟)来评价程控数字交换机系统的可靠性。这个指标就是对可维修系统进行可靠性计算时的不可用度(U)。

1) 计算系统在单处理机时的不可用度

系统在单处理机时的可用度可按式(5.6)计算，即

$$A_单 = \frac{MTBF}{MTBF + MTTR}$$

那么，系统在单处理机时的不可用度可按式(5.7)计算，即

$$U_单 = 1 - A \approx \frac{MTTR}{MTBF}$$

2) 计算系统在双处理机时的不可用度

系统在双处理机时的不可用度的概率分以下两种情况：

(1) 处理机 A 先坏，处理机 B 再坏的概率。

(2) 处理机 B 先坏，处理机 A 再坏的概率。

所以

$$U_双 = \frac{2MTTR^2}{MTBF^2}$$

【例 5.2】 某处理机平均故障间隔时间为 3000 小时，平均故障修复时间为 4 小时。

(1) 试求单、双机预期的不可用度；

(2) 5 年中单、双机分别有多少小时因故障停机？

(3) 根据 5 年中双机的不可用度，求系统中断 4 小时需多少年？

解　(1) 单、双机预期的不可用度分别为

$$U_{单} = \frac{MTTR}{MTBF} = \frac{4}{3000} = 1.3 \times 10^{-3}$$

$$U_{双} = \frac{2MTTR^2}{MTBF^2} = \frac{2 \times 4^2}{3000^2} = 3.56 \times 10^{-6}$$

(2) 5 年中的 $U_{单} = 5 \times 365 \times 24 \times 1.3 \times 10^{-3} = 57$(小时)；

　　5 年中的 $U_{双} = 5 \times 365 \times 24 \times 3.56 \times 10^{-6} = 0.16$(小时)。

(3) 设系统中断 4 小时需 x 年，则

$$x : 4 = 5 : 0.16$$

计算得

$$x = 125 \text{ (年)}$$

即系统中断 4 小时需 125 年。

　　由以上例题可证明双处理机系统比单处理机系统的可靠性要高得多，所以，为了提高控制系统的可靠性，除采用高质量的元器件和优良的软件编程外，还应采用双机备份系统。

5.5　程控数字交换机软件

5.5.1　程控数字交换机软件的结构

　　程控数字交换机软件的结构如图 5-9 所示。

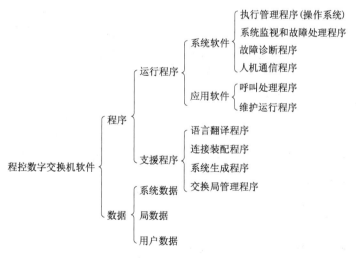

图 5-9　程控数字交换机软件的结构

1. 运行程序

运行程序是维持交换机系统正常运行所必需的程序。运行程序又叫联机程序。

(1) 执行管理程序。执行管理程序是一个多任务、多处理机的实时操作系统，用以管理系统资源和控制程序的执行。该程序具有任务调度、I/O 设备管理和控制、处理机间通信

控制和管理、系统进程管理、存储器管理、文件管理等功能。

(2) 系统监视和故障处理程序。其任务是不间断地对交换机设备进行监视,当交换机中某部件发生故障时,及时识别并切除故障部件(如主/备倒换),重新组织系统,恢复系统正常运行并启动诊断程序和通知维护人员。

(3) 故障诊断程序。该程序用于对发生故障的部件进行故障诊断,以确定故障部位(定位到插件板一级),然后由维护人员处理,如更换插件板。

(4) 人机通信程序。该程序用于控制人机通信,对系统维护人员键入的控制命令进行编辑和执行。

(5) 呼叫处理程序。该程序用于管理用户的各类呼叫接续,指导外设运行,主要有用户状态管理、交换路由管理、呼叫业务管理和话务负荷控制等。

(6) 维护运行程序。该程序用于提供人机界面,由维护人员通过维护终端输入命令,完成修改局数据和用户数据、统计话务量、打印计费话单等维护任务,对用户线和中继线定期进行例行维护测试、业务质量检查、业务变更处理等。

2. 支援程序

支援程序是开发、开通、调试及维修交换机软件的工具。支援程序又叫脱机程序,它主要由以下几部分组成。

(1) 语言翻译程序:包括汇编和编译程序,用于将源程序翻译为目标程序。

(2) 连接装配程序:把分开生成的程序模块连接装配成一个完整的程序。

(3) 系统生成程序:如局数据或用户数据生成程序。

(4) 交换局管理程序:包括交换机运行资料的收集、编辑和输出程序等。

3. 程控数字交换机数据

(1) 系统数据。系统数据是交换机系统共有的数据,它通用于所有交换局,不随交换局的安装环境而改变,如控制部件的结构方式、交换网络的控制方式、电源的供电方式等数据。

(2) 局数据。局数据是描述电话局的类型、容量、状态和具体配置的数据,它专用于某一个电话局,随交换局而定,如局号码、中继群号、中继电路数量、路由方向等数据。

(3) 用户数据。用户数据是反映用户属性的数据,它专用于某一个用户,如电话号码、用户类别、话机类型、接口安装位置或物理地址、服务功能等数据。

系统数据也叫做通用数据,局数据和用户数据也叫做专用数据。为了系统的安全,对于一般级别的维护人员,只有定义和修改局数据、用户数据的权力。系统数据是由研制交换机的厂家设计人员定义的。

5.5.2　软件工具语言

程控数字交换机的软件语言采用高级语言和汇编语言。ITU-T 建议了三种语言用于程控数字交换机,它们分别是 SDL 语言、CHILL 语言和 MML 语言。这三种语言是从高级语言经过改造后派生出来的专用语言。

1. SDL 语言

SDL(Specification and Description Language)是规格与描述语言。它以一种框图和流程图的形式,描述了用户要求、交换机性能指标和设计结果,适用于系统设计和程序设计初期,可概括说明整个系统的功能要求和技术规范。

图 5-10 所示为应用 SDL 语言描述某系统。

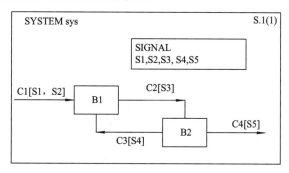

图 5-10　应用 SDL 语言描述某系统

图 5-10 左上角的 SYSTEM sys 表示这是一个系统，系统的名称为 sys。系统由两个模块 B1 和 B2 组成。B1 通过信道 C1 与外设联系。C1 信道中的传输信号是 S1 和 S2。同理，B2 通过信道 C4，利用信号 S5 与另一设备交换信息。B1 与 B2 之间存在着两条信道 C2 和 C3，分别用于传输两模块之间的内部通信信号 S3 和 S4。方框右上角给出了该 SDL 图的页号，括号中的数字表示该图共有 1 页。

2. CHILL 语言

CHILL(CCITT High-Level Language)是 CCITT 高级语言，用于运行软件和支援软件的设计、编程和调试。该语言具有目标代码生成效率高、检错能力强、软件可靠性好、程序易读等特点。

一个 CHILL 程序包括三个基本部分：以"数据语句"描述的数据项，以操作语句描述的对数据项的操作，以程序结构语句描述的程序结构。

3. MML 语言

MML(Man-Machine Language)是一种人机语言，用于程控数字交换机的维护终端操作。下面举两个 MML 语言的例子。

(1) F-150 程控数字交换机中的一条 MML 命令为

　　CHA SUB：DNCH，DN = 3583，NDN = 3585

这条 MML 命令表示将电话号码 3583 改为 3585。

各符号的含义：CHA 表示修改；SUB 表示用户数据；DNCH 表示电话号码修改；DN 表示原号码；NDN 表示新号码。

(2) ISDX 程控数字交换机中的一条 MML 命令为

　　UNPUBLISHED　　COPYRIGHT　　PLESSEY　　CO.PLC.

　　ISDX　　XJUNET002　　01004. 01

　　3.4.101　　0000000　　UK　　12/03/2006　　A　C　　005

　　10/05/2006　　09:20:10

　　LC：F

　　OSL　　PLEASE

　　?

各符号的含义：UNPUBLISHED COPYRIGHT PLESSEY CO. PLC. 表示生产厂名及版

权说明；ISDX 表示交换机型号；XJUNET002 01004.01 表示安装单位的名称、编号及标志代码；3.4.101 表示软件版本号；UK 表示信号音标准为英国标准；12/03/2006 表示 2006 年 3 月 12 日出厂；A 表示当前处理机 A 处于工作状态；C 表示人机命令由用户终端口输入(ISDX 提供了三个 OAM 命令 I/O 口：用户终端口、维护终端口和话务台)；005 表示交换机已运行过 5 次软件备份操作；10/05/2006　09:20:10 表示终端联机时的日期和时间；LC:F 表示系统装入工具为软盘驱动器；OSL PLEASE 表示请开机并输入通行字；？表示输入命令提示符。

在接收到系统提示后，系统维护员输入的开机命令及通行字如下：

　　？　OSL　0100123456789012

其中，OSL 表示开机命令；01 表示权限级(有 00～15 共 16 级，00 级具有最高权限，仅供厂家安装人员使用，01～15 级供交换机操作和管理人员使用)；00 表示维护人员级，每一权限级内又分为 16 个用户级，00 级具有最高权力，可查阅并更改各级的通行字及允许执行的命令集；123456789012 表示通行字，必须是一个 12 位数字，为利于保密，输入的通行字不在终端上显示。

SDL、CHILL 和 MML 三种语言在不同阶段中的应用如图 5-11 所示。

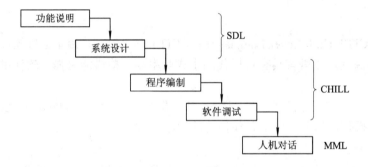

图 5-11　三种语言在不同阶段中的应用

5.6　程序的执行管理

程序的执行管理实际上就是处理机的资源管理，即当许多并发的处理要求等待同一部处理机处理时，应该将处理机分配给哪一项处理要求。

5.6.1　程控数字交换机对操作系统的要求

程控数字交换机要求操作系统应具有实时处理、多重处理和高可靠性的特点。其分述如下：

(1) 实时处理。实时处理指处理机对随时发生的事件做出及时响应，即要求处理机在处理工作的各个阶段都不能让用户等太长的时间，各种操作的处理必须在限定的时间内完成。

(2) 多重处理。多重处理也叫多道程序并发运行。处理机对同时出现的数十、数百甚至数千个呼叫都应尽量满足实时处理，此外还需要处理维护接口输入的各种指令和数据，并执行相应的操作，因此要求处理机能同时执行多个任务。

(3) 高可靠性。高可靠性指处理机连续工作的稳定性。电话通信的性质决定了程控数字交换机一旦开通就不能中断。任何工作(如维护、管理、测试、故障处理或增加新业务)都不能影响呼叫处理的正常进行。

5.6.2　多道程序并发运行的可行性

下面我们对多道程序并发运行的可行性进行论证：

(1) 微观上一台处理机一次只能处理一项工作，处理机对各种任务应该是一个一个分时执行的。"同时"处理是从宏观上讲的，因为处理机的运行速度极快(微秒级)，而被处理机指导工作的外部设备的工作速度一般都较慢。因此，处理机在完成一个处理后，并不等待外设响应，而是立即去处理另一个正在等待的任务。所以，在外设缓慢响应的时候，处理机已"同时"处理了多个作业。

(2) 在一次完整的通话接续中，并非时刻都要处理机处理。一次通话可以持续数分钟乃至数十分钟，但其间所需的处理机处理时间仅在毫秒数量级，处理机在大多数时间处于等待状态，如用户空闲时、交换机等待用户拨号时、交换机收号过程中、向被叫用户振铃过程中、通话过程中以及用户听忙音时，处理机并不工作。

(3) 为每一个呼叫源编写一段接续程序是不现实的，事实上也是不必要的。因为所有电话呼叫的处理过程是相同的，即它们需要的程序代码完全相同，差别仅在于它们的用户数据(如主、被叫电话号码，接口地址，业务权限等)不同。因此，不同用户接口启动的呼叫处理可使用同一程序，这种处理叫群处理。

除了上述三个论证外，操作系统还可将各种程序按其重要性和紧急执行程度分为不同的优先级，使得在多个任务出现竞争时，优先级高的先执行，优先级低的后执行。

5.6.3　程序分级

程序分级是按照任务的实时性要求来划分的，实时性要求越严格，级别越高。根据任务的性质，控制系统中的程序一般划分为故障级程序、周期级程序和基本级程序三个级别。

1. 故障级程序

故障级程序的实时性要求最高，优先级别也最高，要求立即执行。故障级程序正常情况下不参与运行，当出现异常情况时，它由产生故障后的故障中断启动。故障级程序可以中断其他任何程序。

视故障的严重程度，故障级程序可分为以下三种：

(1) FH(故障高级)程序：处理影响全机的最大故障，如电源中断等。

(2) FM(故障中级)程序：处理 CPU、交换网络等故障。

(3) FL(故障低级)程序：处理接口等局部故障。

2. 周期级程序

周期级程序的实时性要求次之，级别也次之，它们有固定的执行周期，每隔一定时间就由时钟中断启动。周期级程序可以中断基本级程序。

视执行周期的严格程度，周期级程序可分为以下两级：

(1) H 级程序：对执行周期要求很严格，在规定的周期时间里必须及时启动的程序，如号码识别程序等。

(2) L 级程序：对执行周期的实时要求不太严格的程序，如用户线的扫描监视程序等。

3. 基本级程序

基本级程序的实时性要求最低，级别也最低，可以延迟等待和插空执行，如内部分析程序、系统常规自检试验程序等。控制系统中 60% 的程序都属于基本级程序，基本级程序占用了每个周期级程序运行完毕后剩余的全部时间。

基本级程序按其重要性及影响面的大小，一般分为 BIQ_1、BIQ_2 和 BIQ_3 三级。基本级程序由队列启动，即由访问任务队列来调用相应的程序。

故障级、周期级和基本级三种程序的执行顺序如图 5-12 所示。

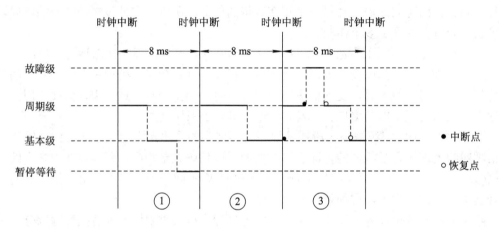

图 5-12　故障级、周期级和基本级三种程序的执行顺序

在图 5-12 中：

① 在第一个 8 ms 周期中，处理机按周期级、基本级顺序执行完两级程序，下一个时钟中断还未到来之前暂停等待；

② 在第二个 8 ms 周期中，基本级程序未执行完，8 ms 中断已到，则基本级程序被迫中断执行，处理机转向执行周期级程序；

③ 在第三个 8 ms 周期中，发生了故障，中断正在执行的周期级程序，先执行故障级程序，执行完故障级程序后，相继恢复执行被中断的周期级程序和基本级程序。

5.6.4　程序调度

故障级程序由故障中断法调度执行；周期级程序由时钟中断法调度执行；基本级程序由队列法调度执行。

1. 周期级程序的调度原理

周期级程序的调度可用如图 5-13 所示的时间表完成。时间表由时间计数器、屏蔽表、调度表、功能程序入口地址表四部分组成。

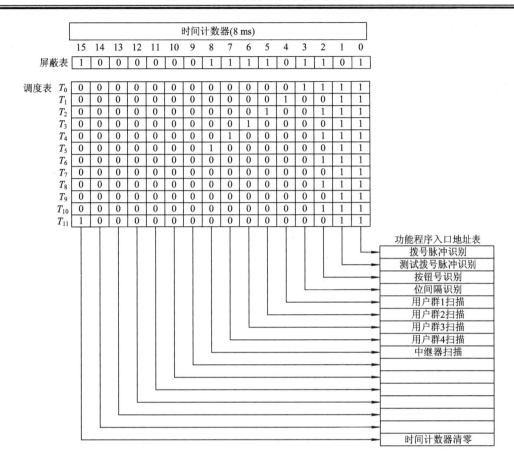

图 5-13　时间表的结构

1) 时间计数器

时间计数器的计数受时钟中断控制，两个时钟中断之间的时间间隔称做时钟周期。图 5-13 所示的时间表的时钟中断周期是 8 ms，则时间计数器每 8 ms 计 1 次数。所计的值对应调度表的某单元，比如时间计数器记录的值为 0010，则对应的调度表为第 2 号单元(T_2)。如果调度表有 12 个单元，那么计数器就应该是 4 位二进制码，即由 0 开始累加到 11 后再回到 0。由此可见，时间计数器实际上是调度表单元地址的索引，可通过计数器的值来控制执行调度表的各个单元的任务。

2) 调度表

调度表每一单元(T)由若干比特组成(图 5-13 所示的调度表为 16 位)，每 1 位比特对应功能程序入口地址表中的 1 条程序。比特为“1”时，对应的程序执行，为“0”时不执行。图 5-13 所示的调度表的每一单元(T)最多可以调度的程序有 16 个。

3) 屏蔽表

屏蔽表又称有效位。其中，每 1 位对应 1 条程序，而该条程序执行的条件是：屏蔽表∧调度表＝1。屏蔽表不受时钟中断控制，而是由 CPU 激活。当系统有异常情况发生需中止周期级程序、调度故障级程序时，CPU 将正在执行的周期级程序所对应的屏蔽位置“0”。

4) 功能程序入口地址表

功能程序入口地址表是存放周期级程序的地址索引。功能程序入口地址表的行数对应于调度表的位数，即以调度表位数为指针，查找功能程序入口地址表，可得到要执行程序的首地址，从而去调度执行。时间表的控制流程图如图 5-14 所示。

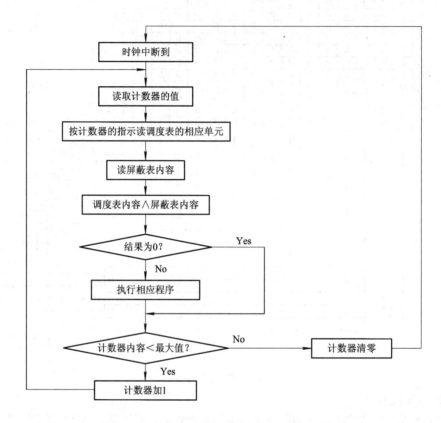

图 5-14　时间表的控制流程图

【例 5.3】　某时间表的调度表共 12 个单元，字长 8 位，计数器的基本周期为 4 ms。

(1) 可实现多少个程序的调度？

(2) 可实现多少种调度周期？各为多少？

(3) 拨号脉冲的识别程序周期为 8 ms，在此表内如何安排？

解　(1) 可实现 8 个程序的调度。

(2) 可实现 6 种调度周期，分别为 4 ms、8 ms、12 ms、16 ms、24 ms 和 48 ms。

(3) 8 ms 调度周期在调度表中的安排为隔一个单元设置一个 1。

从例 5.3 中我们看出，处理机对不同性质的程序其执行周期是不一样的，这是由于各种任务的实时性要求不同而导致的。例如，号码识别程序的实时性要求较高，所以执行周期应短，而 OAM 处理程序的实时性要求不高，所以执行周期可长一些。因此处理机不宜采用均匀时分处理的方法，否则会导致某些输入信息丢失或呼叫处理速度过慢。由此可见，时间表其实就是一种分配周期级任务处理时间的方案表。

【例 5.4】　设程序 A、B、C 的实时性要求分别为 10 ms、20 ms 和 30 ms。

(1) 求调度表的最大执行周期;

(2) 求调度表的最小单元数;

(3) 画出该调度表。

解　(1) 因调度表执行周期应短于所有任务中的最小执行间隔要求,故调度表的执行周期是 10 ms(10、20、30 的最大公约数)。

(2) 调度表行数为 $1 \times 2 \times 3 = 6$。

(3) 调度表如图 5-15 所示。

	A	B	C
0	1	1	0
1	1	0	1
2	1	1	0
3	1	0	0
4	1	1	1
5	1	0	0

图 5-15　调度表

2. 基本级程序的调度原理

基本级程序的调度采用计算机原理中的队列法。队列是删除操作在一端进行,而插入操作在另一端进行的线性表。

1) 队列的结构与特点

队列由一张张任务表链接而成。队列中包含以下要素:

(1) 队首指针(HP, Head Pointer):用以指示队首的地址,便于调度程序取出任务,也称取出口。

(2) 任务表:主要用于存放与基本级任务有关的数据信息。

(3) 队尾指针(TP, Tail Pointer):用以指示队尾的地址,便于把任务编入队列,也称编入口。

基本级程序队列的操作采用先进先出(FIFO)原则,即程序入队时应加入到队尾,程序出队时应从队首删除。

2) 链形队列的类型

链形队列的类型有单链结构、单循环链结构和双循环链结构。

(1) 单链结构(如图 5-16 所示)。在单链结构中,每个任务表都包含一个后继指针。

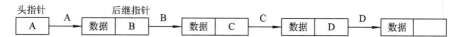

图 5-16　单链结构

(2) 单循环链结构(如图 5-17 所示)。

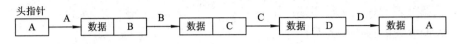

图 5-17　单循环链结构

(3) 双循环链结构(如图 5-18 所示)。双循环链结构的每个任务表中既含后继指针又含前驱指针。

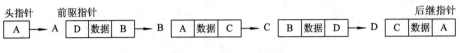

图 5-18　双循环链结构

3) 基本级程序的典型队列结构

在控制系统中，对应每一个用户接口都有一个数据块，每个数据块又分为三个数据区：一个用来存储接口的静态数据；另一个用来存储呼叫进程中的动态数据；还有一个用来存储维护管理过程中的挥发性数据。一个区就相当于一个任务单元。所有数据块按线性队列排队，数据块的操作通过指针对相应的数据区进行。当进程更迭时，只需装入相应进程的数据区指针和程序指针即可，如图 5-19 所示。

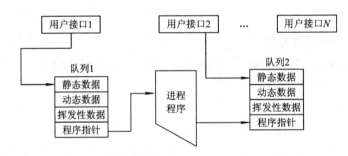

图 5-19　基本级程序的典型队列结构

图 5-20 所示为执行号码分析的基本级程序。设被叫号码为 8420。

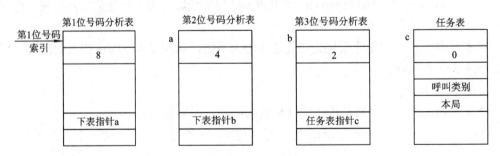

图 5-20　执行号码分析的基本级程序

通过基本级程序对号码 8420 分析可知，该用户为本局用户。

队列调度基本级任务流程图如图 5-21 所示。每次执行时从队列的队首取出一张任务表，按照任务表的要求完成一项程序的执行，然后返回调度程序，判断是否还有任务，如果还有便重复上述过程，如果没有便开始执行下一队列。

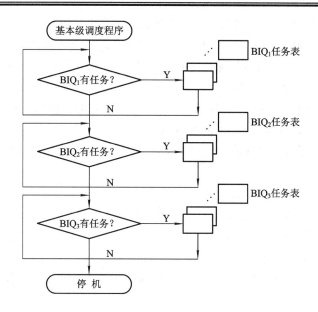

图 5-21　队列调度基本级任务流程图

3. 故障级程序的调度原理

若交换设备出现了故障，则采用中断的方式中断正在执行的周期级或基本级程序，优先执行故障处理程序。

(1) 故障级程序的类型。故障级程序有识别故障设备程序、主/备用设备切换程序和重新组织中断程序三种。

(2) 中断方式的操作原理。处理机以 5.4 μs 为一个周期向所控制的设备发出信息，若被控设备收到此信息后可在 1.8～4 μs 内向处理机回送一个证实信号(又称为证实信令)，则表示一切正常。如果处理机在这个规定的时限内收不到证实信号，就认为该设备有故障，即应调度识别故障设备程序进行中断处理。

复习思考题

1. 程控数字交换机的控制系统与一般计算机的控制系统相比具有什么特点？对程控数字交换机的控制系统有什么要求？

2. 程控数字交换机的控制系统由哪几部分组成？具有怎样的工作模式？

3. 处理机的控制方式有哪三种？先进的程控数字交换机应采用哪种控制方式？为什么？

4. 处理机为什么要采用主/备用配置方式？什么是冷备用方式？什么是热备用方式？两种备用方式哪一种好？为什么？

5. 在多处理机程控数字交换机中，处理机之间是怎样完成通信的？

6. 什么是 BHCA？影响 BHCA 的因素有哪些？

7. BHCA 的测试方法和假定前提是怎样规定的？

8. 评价程控数字交换机处理能力的基本参数是什么?

9. 什么是失效率和平均故障间隔时间? 二者具有怎样的关系?

10. 什么是修复率和平均故障维修时间? 二者具有怎样的关系?

11. 在公式 $t = a + bN$ 中, 参数 a 表示什么?

12. 某处理机忙时用于呼叫处理的时间开销平均为 0.95, 固有开销为 0.25, 处理一个呼叫的平均时间开销为 30 ms, 试求其 BHCA 值。

13. 设有一台处理机的平均故障间隔时间为 2000 小时, 而平均故障修复时间为 3 小时。请问:

(1) 单、双机预期的不可用度是多少?

(2) 40 年中单、双机分别有多少小时因故障停机?

(3) 根据 40 年中双机的不可用度, 求若修复故障为 3 小时, 则需多少年?

14. 试描述程控数字交换机的软件结构。

15. ITU-T 建议哪三种语言为程控数字交换机的软件设计语言? 这三种语言各有什么特点?

16. 程控数字交换机对操作系统有怎样的要求?

17. 控制系统为什么要对程序划分等级? 如何划分? 不同级别的程序在启动方式上有什么不同?

18. 某时间表的调度表共 24 个单元, 字长为 10, 基本周期为 8 ms。请问:

(1) 可实现多少任务的调度?

(2) 可实现多少种调度周期? 各为多少?

(3) 按钮号码的识别程序周期为 16 ms, 在此表内如何安排?

(4) 若在该时间表中加上一个执行周期为 384 ms 的程序, 不扩展时间表容量, 如何才能做到?

19. 设计一个比特表进行进程调度, 该表中四项进程的周期为 40 ms, 三项进程的周期为 60 ms, 一项进程的周期为 100 ms。请问:

(1) 该比特表最大执行周期(时隙间隔)是多少?

(2) 各项进程在比特表中如何安排?

(3) 该比特表最少应为多少行?

(4) 比特表最少应为多少列?

(5) 设计出这个比特表。

20. 设有任务表 $T_1 \sim T_3$, 其入口地址(十进制)分别为 $a_1 = 1000$, $a_2 = 1018$, $a_3 = 1006$。则:

(1) 试绘出该任务的单循环链队列图;

(2) 设有新任务 T_4 需编入, 地址 $a_4 = 1012$, 试绘出编入后的队列图;

(3) 如果 T_1 任务已被提取处理, 试绘出提取后的队列图;

(4) 若 T_1 任务取出后又要插入队列中间, 试绘出插入后的队列图;

(5) 试绘出该任务队列的双循环链结构图。

第 6 章　呼叫接续与程序控制

要点提示：

程控数字交换机由于采用了存储程序控制(SPC)技术，因此系统只需变动或增减软件就能达到改变功能的目的，这样可大大提高呼叫接续的灵活性和可操作性。本章以呼叫处理过程为例，讲述了软件的程序控制过程和分析处理过程。

6.1　呼叫处理过程

局内一个普通呼叫过程包括 5 个阶段。

➤ 第一阶段：从主叫用户摘机到听到拨号音。第一阶段涉及的设备如图 6-1 所示。

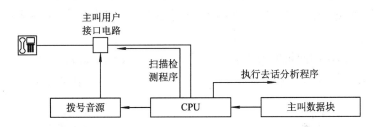

图 6-1　从主叫用户摘机到听到拨号音阶段

(1) 处理机按一定的周期执行用户线扫描程序，对用户线进行扫描检测，如检测到摘机用户，便确定呼出用户的设备号(主叫物理端口号)。

(2) 处理机根据主叫用户设备号调用主叫的数据存储器，执行去话分析程序。

(3) 将拨号音源与该接口间的接续链路接通，送出拨号音。

➤ 第二阶段：收号和号码分析。第二阶段涉及的设备如图 6-2 所示。

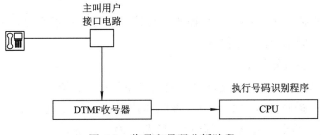

图 6-2　收号和号码分析阶段

(1) 处理机执行号码识别程序，如果主叫用户使用的是 DTMF 收号器，则将一空闲的 DTMF 收号器连接至主叫。

(2) 收号器收到第一位号码后停送拨号音。

(3) 处理机对首位号进行分析，确定此次呼叫类别(本局、出局、长途、特服)。

(4) 处理机对完整号码进行分析，然后根据号码-路由翻译表查得被叫设备号(被叫物理端口号)。

➤ 第三阶段：来话分析至被叫振铃。第三阶段涉及的设备如图 6-3 所示。

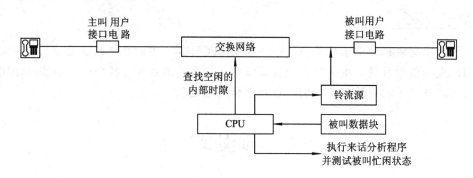

图 6-3　来话分析至被叫振铃阶段

(1) 根据被叫设备号调用被叫数据块执行来话分析程序，并测试被叫忙闲状态。

(2) 处理机查找一个空闲的交换网络内部时隙，建立交换网络的桥接链路，以便把主叫和被叫连接起来。

(3) 若被叫空闲，则向被叫发送振铃消息，向主叫发送回铃音消息。

➤ 第四阶段：被叫应答双方通话。第四阶段涉及的设备如图 6-4 所示。

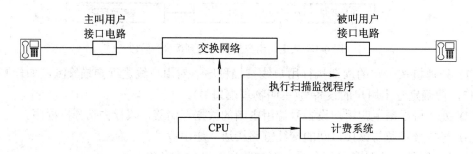

图 6-4　被叫应答双方通话阶段

(1) 由用户线扫描监视程序以检测被叫是否摘机，被叫摘机后停止振铃。

(2) 建立主、被叫用户的双向通路。

(3) 启动计费设备开始计费。

➤ 第五阶段：话终释放。第五阶段涉及的设备如图 6-5 所示。

(1) 由用户线扫描监视程序监视主、被叫用户是否话终挂机，任何一方挂机都表示向处理机发出终止通信命令，处理机拆除接续链路，停止计费。

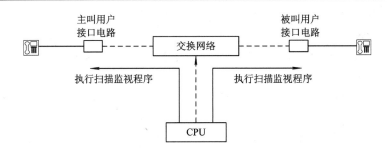

图 6-5　话终释放阶段

(2) 向未挂机一方送催挂音，直至收到其挂机信号后返回空闲状态，结束一次呼叫。处理一次呼叫的一般流程如图 6-6 所示。

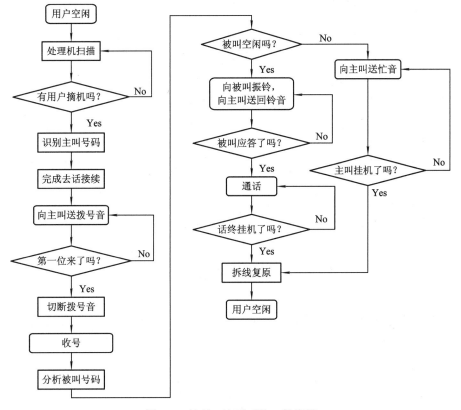

图 6-6　处理一次呼叫的一般流程

6.2　稳定状态与状态转移

从处理一次呼叫的流程图可以看出，用户状态的随机变化和用户在呼叫建立过程中所处的不同阶段出现了 6 个稳定状态，即用户空闲状态、向主叫送拨号音(等待收号)状态、收号状态、送忙音状态、振铃状态和通话状态。

通过第 5 章的学习，我们已经知道了稳定状态时处理机并不做处理工作，当由一个稳定状态向另一个稳定状态转移时，处理机才做处理工作。

我们不难理解，任一输入信号(处理请求)的到来都可以引起稳定状态转移，即状态转移是一个"输入信号激励→处理机响应"的动态过程。呼叫过程就是在输入信号的不断触发下用户呼叫状态不断转移的过程。

状态转移的结果与初始状态、输入信号以及交换机设备的状态有关。在不同情况下，出现的输入请求及处理的方法各不相同，下面举几个例子来说明。

(1) 同样的输入激励，因操纵者不同，处理机会进行不同的处理，并转移至不同的稳定状态。例如，输入激励均为摘机信号：

① 主叫摘机→处理机连接拨号音源电路→转移至送拨号音状态。

② 被叫摘机→处理机切断铃流源电路→转移至通话状态。

(2) 同样的输入激励，因交换机设备原因，处理结果将会不同。例如，输入激励均为主叫拨号：

① 收号器空闲 →处理机连接收号器→转移至收号状态。

② 收号器不空闲→处理机连接忙音源电路→转移至送忙音状态。

(3) 同一稳定状态，输入激励不同，处理结果也不同。例如，均处于振铃状态：

① 主叫挂机→处理机按中途挂机处理，向未挂机一方连接忙音源电路→转移至送忙音状态。

② 被叫摘机→处理机切断铃流源电路→转移至通话状态。

(4) 不同稳定状态，输入激励虽相同，但处理结果不同，将转移至不同的稳定状态。例如：

① 空闲状态→摘机→处理机连接拨号音源电路→转移至送拨号音状态。

② 振铃状态→摘机→处理机切断铃流源电路→转移至通话状态。

6.3　任务处理的工作模式

在呼叫处理过程中，处理机要执行许多任务，而每一个任务的完成都遵循三个步骤，这三个步骤为输入处理、分析处理、任务执行和输出处理。任务处理的工作模式如图 6-7所示。

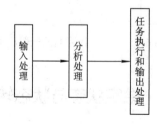

图 6-7　任务处理的工作模式

(1) 输入处理。这是数据采集部分。处理机在程序的引导下，从指定的输入存储器读出外设输入的处理请求数据。

(2) 分析处理。这是数据处理部分。处理机结合当前的过程状态、变量值等工作数据对任务进行分析处理，然后决定下一步任务。

(3) 任务执行和输出处理。这是输出命令部分。处理机根据上述分析，将结果写入输出存储器或改变当前的工作数据，发布控制命令，驱动外设工作。

6.3.1　输入处理

1. 接收输入信号

处理机对输入信号的响应有两种方式：扫描方式和中断方式。图 6-8 给出了这两种方式对输入信号响应的区别。

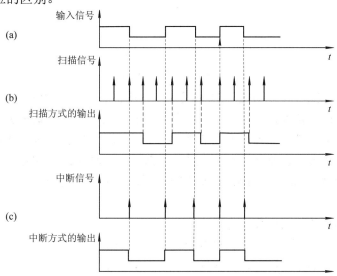

图 6-8　扫描方式和中断方式对输入信号响应的区别

(a) 输入信号；(b) 扫描方式的输出；(c) 中断方式的输出

1) 扫描方式

扫描方式是指处理机对接口的检测程序由操作系统周期地调用。扫描方式的优点是可以在操作系统的控制下运行，因而管理较简单。它的缺点是响应有一定的延时，如图 6-8(b) 所示。此外，无论输入信号是否发生变化，扫描驱动系统必须定期地运行检测程序，因而需占用较多的 CPU 时间，效率较低。

2) 中断方式

中断方式是指处理机对接口的检测程序在接口的请求下强迫启动。中断方式的优点是实时性较强，并且仅在输入信号到达时启动程序，因而效率较高。它的缺点是中断的随机性很大，被中断程序的环境必须得到妥善保护，因此中断处理方式相对较复杂。

实际中采用哪种方式需视输入信号的实时性要求及处理器的负荷来决定。

2. 运行扫描程序

扫描程序的任务是对用户线、中继线等外界信号的变化进行监视、检测和识别，将所得到的数据存入相应的存储器，以供内部分析程序之用。

输入处理的扫描程序包括以下内容：

(1) 摘/挂机监视扫描。

(2) 中继线占用监视扫描。

(3) 号码信号监视扫描。

(4) 公共信道信号监视扫描。

(5) 操作台信号监视扫描。

1) 摘/挂机监视扫描的原理

对用户线的监视扫描是通过收集用户线回路状态的变化，确定用户是摘机、挂机或拍叉簧的过程。

设用户在挂机状态时扫描输出为 1，在摘机状态时扫描输出为 0，如图 6-9 所示。

图 6-9 摘/挂机状态

摘/挂机识别程序的任务就是识别出用户线环路状态 1→0 或 0→1 的变化。

由于用户线的状态变化是随机的，因此处理机要对用户线的状态进行周期性的监视。那么，扫描周期应该是多少呢？理论证明，摘/挂机识别的扫描周期在 100～200 ms 之间较为合适，因为周期过短会使处理机工作过于频繁，而周期过长又不能及时捕捉到摘/挂机信息。实际应用中常取 200 ms 为摘/挂机识别的扫描周期，即处理机每隔 200 ms 对所有用户线扫描 1 次。

识别主叫摘机的逻辑运算式为

$$\overline{SCN} \wedge LM = 1 \tag{6.1}$$

式中：SCN——扫描存储器，存储本次(当前)扫描结果；

　　　LM——用户存储器，存储前次扫描结果。

识别用户挂机的逻辑运算式为

$$SCN \wedge \overline{LM} = 1 \tag{6.2}$$

满足式(6.1)的为摘机，满足式(6.2)的为挂机。

图 6-10 所示为某用户线状态和摘/挂机识别结果。

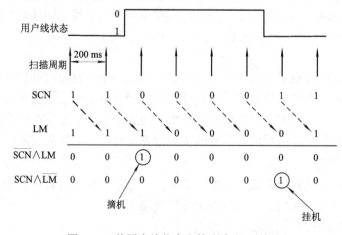

图 6-10 某用户线状态和摘/挂机识别结果

有人认为 $\overline{\text{SCN}} \wedge \text{LM} = 1$ 为摘机,那么 $\overline{\text{SCN}} \wedge \text{LM} = 0$ 便为挂机,这种说法正确吗?请读者思考。

从上面的讨论中我们发现,来自一个用户接口的摘/挂机状态只占一个二进制位(即 1 bit),若每次只对二进制的一位码进行检测和运算,则效率太低。因此,控制系统中的相应接口应能将来自多个用户接口的监测信令合并为适合总线传输的 8 位或 16 位并行数据,每次对一组用户的扫描结果进行运算处理(如 8 位处理机每次可同时对 8 个用户进行运算处理),我们把处理机的这种处理方式称为群处理方式。

	D_7	D_6	D_5	D_4	D_3	D_2	D_1	D_0
SCN	1	1	0	1	1	1	1	0
LM	0	1	1	1	1	1	0	1
$\overline{\text{SCN}} \wedge \text{LM}$	0	0	1	0	0	0	0	1
$\text{SCN} \wedge \overline{\text{LM}}$	1	0	0	0	0	0	1	0

图 6-11 群处理方式

例如,处理机同时对 $D_0 \sim D_7$ 8 个用户的扫描结果进行运算处理,如图 6-11 所示。

由逻辑运算可知:D_0、D_5 为摘机用户;D_1、D_7 为挂机用户;其他用户既没有摘机也没有挂机(没有状态变化)。

进行群处理的目的是节省时间,提高扫描效率。摘/挂机识别程序流程图如图 6-12 所示。

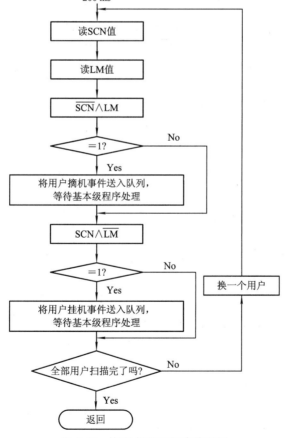

图 6-12 摘/挂机识别程序流程图

2) 双音频号码的扫描与识别

现代话机多采用双音频(DTMF)号码发号方式,具有速度快、可靠性高的优点。

　　双音频号码由两组四中取一的频率信号来代表,这两组音频分别属于高频组和低频组,每组各有 4 个频率。双音频话机的按键和相应频率的关系如图 6-13 所示。

	1209 Hz	1336 Hz	1477 Hz	1633 Hz
697 Hz	1	2	3	A
770 Hz	4	5	6	B
852 Hz	7	8	9	C
941 Hz	*	0	#	D

图 6-13　双音频话机的按键和相应频率的关系

(1) DTMF 收号器的硬件结构,如图 6-14 所示。

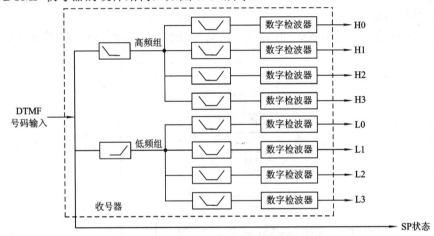

图 6-14　DTMF 收号器的硬件结构

　　在图 6-14 中,SP 为信息状态标志,SP = 0 表示有 DTMF 信息送来,SP = 1 表示没有 DTMF 信息送来。

　　(2) DTMF 号码识别的过程。DTMF 号码识别要经历 DTMF 号码接收、运算和译码过程。其中,接收和运算过程如图 6-15 所示。

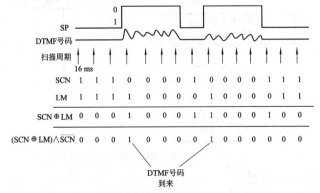

图 6-15　DTMF 号码识别的接收和运算过程

首先，CPU 读状态信息标志(SP)，扫描监视程序按 16 ms 的扫描周期读本次扫描结果和前次扫描结果，然后比较本次扫描结果和前次扫描结果是否有变化，根据变化值进行逻辑运算。逻辑运算式为

$$(\text{SCN} \oplus \text{LM}) \wedge \overline{\text{SCN}} = 1 \tag{6.3}$$

若式(6.3)成立，则说明识别到了双音频信号，接下来需译出该双音频信号所代表的是一位什么号码。译码可由 DTMF 收号器硬件电路实现。

6.3.2　分析处理

在呼叫接续中涉及两个呼叫数据块：一个是主叫数据块；另一个是被叫数据块。这两个数据块分别记录了主叫和被叫的详细特征，如它们的号码、物理端口号、呼叫状态、在PCM 复用线上的时隙号和其他描述其特征的属性。

呼叫数据块是呼叫开始时由呼叫进程(分为主叫进程和被叫进程)创建的。如果同时有多个呼叫存在，则呼叫进程就创建多对这样的数据块分别对应于不同的呼叫。当一个呼叫结束时，呼叫进程释放该呼叫数据块，如图 6-16 所示。

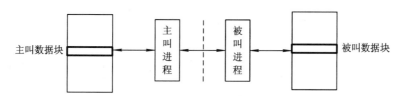

图 6-16　呼叫进程和呼叫数据块

分析处理也称为内部处理，它是指处理机对所采集到的各种输入信息进行分析，通过分析以决定下一步对外设进行怎样的驱动控制。分析处理的主要信息依据就是呼叫进程中的主、被叫数据块。分析处理由分析程序负责执行，分析程序没有固定的执行周期，因此属于基本级程序。

按照分析处理阶段的不同和分析的信息不同，分析程序可分为去话分析、号码分析、来话分析和状态分析四个方面的内容。

1. 去话分析

去话分析是指分析从主叫用户摘机到送出拨号音这个阶段的信息。分析的数据来源是由主叫设备号得到的主叫数据块(主叫设备号是之前进行输入处理得到的)。去话分析的数据及程序运行的流程如图 6-17 所示。

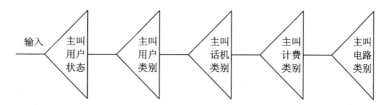

图 6-17　去话分析的数据及程序运行的流程

图 6-17 中的各类数据分别装在不同的数据单元中，各单元组成一个链形队列。去话分

析程序采用逐次展开法，即根据前一个单元分析的结果进入下一个单元，从而逐一对有关数据进行分析，最后根据分析的结果确定要执行的任务，如允许主叫呼叫，则向其送拨号音，并接上相应的收号器，如不允许主叫呼叫，则向其送忙音。

需要说明的是，在内部处理中，往往将分析与任务执行分开，因此，空闲收号器的查找及空闲路由的查找应由任务执行程序去处理，最后由输出处理程序驱动设备动作。

2. 号码分析

号码分析是指分析从交换机收到的第 1 位号码到收全所有号码这个阶段的信息。分析的数据来源是主叫用户所拨的号码。分析的目的是确定接续路由和话费指数。

号码分析处理分为两个部分：预译分析处理和全部号码分析处理。

1) 预译分析处理

在执行号码分析程序时，首先要判别号首，号首一般是 1～3 位。根据号首分析用户的呼叫要求。预译分析处理的流程如图 6-18 所示。

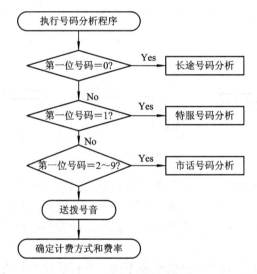

图 6-18　预译分析处理的流程

2) 全部号码分析处理

处理机对经过预译处理且允许的呼叫，继续接收其他号码。全部号码接收完毕后，通过译码表完成全部号码分析。号码分析的数据同样形成多级表格，采用逐次展开法来实现。

译码表的内容如下：

(1) 号码类型：包括市内号码、特服号码、国际号码等。

(2) 剩余号长：除首号外还要收几位号码。

(3) 局号：代表电话局的号码，一般是 1～4 位。

(4) 计费方式：包月制、单式计次制和复式计次制。

(5) 重发号码：包括在选到出局线以后重发号码，或者在译码以后重发号码。

(6) 特服号码索引：包括申告火警、匪警和呼叫系统维护人员的各项特服业务。

号码分析的数据及程序运行的流程如图 6-19 所示。

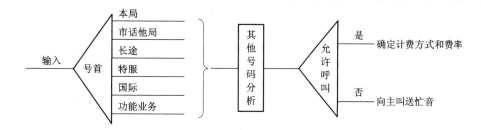

图 6-19　号码分析的数据及程序运行的流程

3. 来话分析

来话分析是指分析从交换机收完最后 1 位号码至向被叫振铃这个阶段的信息。分析的数据来源是被叫的数据块(被叫的数据块是根据之前的号码分析结果得到的)。分析的目的是进一步确定被叫的线路类别、忙闲状态数据和允许的用户业务(新功能服务)等。

被叫数据块包含以下内容：

(1) 用户状态数据：等待呼叫、去话拒绝、来话拒绝、去话来话都拒绝等。

(2) 用户设备号数据：包括模块号、机架号、板号和用户接口电路号。

(3) 恶意呼叫跟踪数据：追查捣乱电话。

(4) 用户忙闲状态数据：被叫用户空；被叫用户忙，正在进行主叫通话；被叫用户忙，正在进行被叫通话；被叫用户忙，正在呼叫接续；被叫用户处于锁定状态。

来话分析的数据及程序运行的流程如图 6-20 所示。

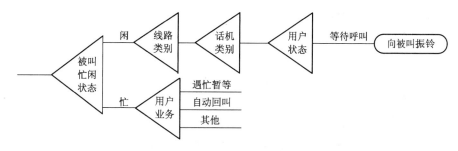

图 6-20　来话分析的数据及程序运行的流程

4. 状态分析

对去话分析、号码分析和来话分析这三种情况之外的状态变化进行分析都叫状态分析。例如，拨号过程中的主叫挂机、振铃过程中的被叫摘机、通话过程中的任一方挂机、拍叉簧等。

状态分析的数据来源是当前的稳定状态信息和外设的输入信息。状态分析的处理过程包括事件登记、查询队列和处理三个步骤。其分述如下：

(1) 事件登记。用户的处理要求通过输入处理程序传递给处理机，处理机将有关的处理要求以任务的形式编入不同的事件处理队列中。

(2) 查询队列。执行管理程序询访队列，查询到有关的处理请求。

(3) 处理。处理机首先查询用户当前的状态，即用户处于哪种稳定状态，然后决定要处理的任务。

状态分析的数据及程序运行的流程如图 6-21 所示。

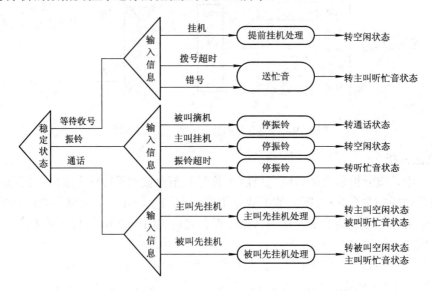

图 6-21 状态分析的数据及程序运行的流程

6.3.3 任务执行和输出处理

1. 任务执行
任务执行分以下三个步骤：
(1) 动作准备。
(2) 输出命令。
(3) 后处理。

2. 输出处理
输出处理包括以下几个步骤：
(1) 处理机发送路由控制信息，驱动交换网络通话路由的建立或复原。
(2) 发送分配信号，如振铃控制信号、公共信道信号、计费脉冲信号、处理机间的通信信号等。
(3) 转发被叫号码。
(4) 转发多频信号。

6.3.4 接通话路和话终处理

1. 接通话路
扫描监视程序检测到被叫摘机后停送铃流和回铃音。由于在来话分析之后已经为主、被叫选好了一对通话时隙，因此处理机只需根据状态分析结果把有关的控制信息写入交换网络中相应的控制存储器(CM)即可接通话路。

2. 话终处理
程控数字交换机的话终处理方式有以下四种：

(1) 主叫控制复原方式。在该方式中，主叫不挂机通信电路就不释放。

(2) 被叫控制复原方式。在该方式中，被叫不挂机通信电路就不释放。

(3) 互相控制复原方式。在该方式中，只要主、被叫任一方不挂机，通信电路就不会释放。

(4) 互不控制复原方式。在该方式中，只要主、被叫任一方挂机，通信电路便会释放。

复习思考题

1. 简述局内一个普通呼叫的过程。

2. 呼叫接续过程中有哪 6 个稳定状态？试举例说明稳定状态与状态转移。

3. 处理机对外界信号的响应有哪两种方式？它们各有什么特点？

4. 处理机处理任务的工作模式是怎样的？

5. 什么是输入处理、分析处理、任务的执行和输出处理？

6. 稳定状态转移的条件是什么？

7. 识别摘机和挂机的逻辑运算式是怎样的？

8. 进行群处理的意义是什么？画出摘/挂机识别群处理程序的流程图。

9. DTMF 号码的逻辑运算式是怎样的？

10. 分析处理包括哪几项处理？说明每一项处理的含义。

第7章　电信网规程

要点提示:

电信网仅有终端设备、传输设备和交换设备并不能很好地达到互通、互控和互换的目的，还需要有一整套网络规程，如合理的路由规程、电话号码规程、传输规程、同步规程以及可使硬件设备组成的静态网变成能良好运转的动态体系的软件规程等。本章讲述电信网组建中应考虑的路由规程、电话号码规程、传输规程、同步规程等问题。

7.1　电信网的概念

7.1.1　电信网的分类

电信网从宏观上分为基础网、业务网和支撑网三类。其分述如下:

(1) 基础网: 业务网的承载者，由终端设备、传输设备和交换设备等组成。

(2) 业务网: 承载各种业务(如话音、数据、图像、广播电视等)中的一种或几种的电信网络。

(3) 支撑网: 为保证业务网正常运行，增强网络功能，提高全网的服务质量而设计的传递控制监测信号及信令信号的网络。

电信网是一个复杂的体系，表征电信网的特点很多，我们还可以从下面几个方面来区分电信网的种类:

(1) 按业务性质分类。电信网按业务性质可分为电话网、电报网、数据通信、传真通信网、可视图文通信网等。

(2) 按服务区域分类。按服务区域可分为国际通信网、国内长途通信网、本地通信网、农村通信网、局域网(LAN)、城域网(MAN)和广域网(WAN)。

(3) 按服务对象分类。按服务对象可分为包括国际网、国内长途网、本地网在内的公用电信网和各行业内部通信用的专用通信网。

(4) 按传输介质分类。按传输介质可分为用电缆或光缆连接的固定电话网、有线电视网等，用微波、卫星无线连接的蜂窝移动通信网、卫星通信网等。

(5) 按消息的交换方式分类。按消息的交换方式可分为以电话业务为主体的电路交换网、以电报业务为主体的报文交换网、以数据业务为主体的分组交换网、以综合业务数字网为主体的宽带交换网等。

(6) 按网络拓扑结构分类。按网络拓扑结构可分为网状网、星型网、环型网、树型网、总线网等。

(7) 按信号形式分类。按信号形式可分为交换、传输、终端不全是数字信号的数/模混合网和交换、传输、终端都是数字信号的数字通信网。

(8) 按信息传递方式分类。按信息传递方式可分为同步转移模式(STM)网和异步转移模式(ATM)网。

7.1.2 组建电信网的基本原则与基本要求

电信网的基本任务是使得在全网内任意两个用户间都能建立通信。因此，组建电信网应满足下述基本原则与基本要求。

1. 基本原则

(1) 目前我国在组建电信网时执行的是"全程全网统一规范，分级建设，分级管理"的原则。

(2) 要近期和远期发展相结合，技术的先进性和可行性相结合。

(3) 网络的建设投资和维护费用应尽可能低，经济上要合理。

2. 基本要求

(1) 网络应能为任一对通话的主叫用户和被叫用户建立一条传输话音的信道。

(2) 网络应能传递呼叫接续的建立、监视和释放等各种信令。

(3) 网络应能提供与电话网的运行和管理有关的各种控制命令，如话务量测量、故障处理等。

(4) 网络应可向用户开放各种新业务的服务，能不断适应通信技术和通信业务的发展。

(5) 网络应保证一定的服务质量，如传输质量、接通率等。

(6) 专用网入公用网时应就近和一个公用的本地网连接，且必须符合公用网统一的与传输质量指标、信号方式、编号计划等相关的技术标准和规定。

(7) 数字电信网的各级交换系统必须按批准的同步网规划安排的同步路由来实施同步连接，严禁从低级局来的数字链路上获取定时信号作为本局时钟的同步定时信号。

7.1.3 电信网的基本路由设备

电信网的基本路由设备包括用户回路、总配线架设备、交换机设备、局间中继设备等。

1. 用户回路

用户回路将用户终端与交换局相连，其相应的线路设备包括：

(1) 用户引入线(通常使用双绞线)。

(2) 分线箱。

(3) 用户电缆(通常使用地下电缆或架空电缆)。

2. 总配线架设备

总配线架设备除用来完成配线功能外，还用来实施对交换设备的一级保护。

3. 交换机设备

交换机设备用来实现话音信号的交换。

4. 局间中继设备

局间中继设备是指交换局之间的中继连接设备，包括中继电缆、PDH 设备和 SDH 设备等。市内距离较短的中继线通常采用音频传输，每对中继线都是独立的线路；局间较长的中继线通常采用 PCM 复用技术，使用同轴电缆或光缆进行传输。

随着通信技术的发展，中继设备已经不仅仅包括简单的传输线路和相应的传输设备了，它们形成了包括分插复用设备和数字交叉连接设备的"传送网"。连接终端的用户回路也将发展成为以光纤为核心的"宽带接入网"。

7.1.4　电信网的基本结构

电信网的结构在数学上可用拓扑学来描述，这里我们用简单的连线和节点来表示其结构。典型的电信网的结构有网状网、星型网、树型网、环型网和总线网等多种形式，如图 7-1 所示。

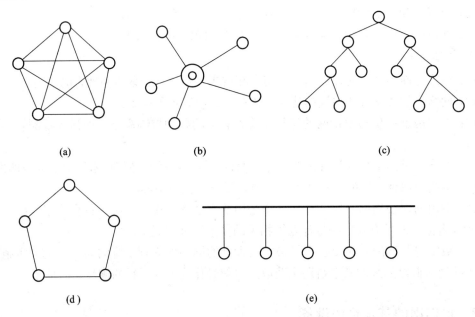

图 7-1　电信网的结构

(a) 网状网；(b) 星型网；(c) 树型网；(d) 环型网；(e) 总线网

1. 网状网

网状网如图 7-1(a)所示。网状网也叫做直接互联网或完全互联网。具有 N 个节点的直接互联网需要 $N(N-1)/2$ 条中继线。因此，当 N 值较大时，中继线数将很大，并且传输效率将会降低。这是一种经济性较差的网络结构。但网状网的冗余度较大，因此，从网络的接续质量和网络的稳定性来看，该网络又是有利的。

2. 星型网

星型网如图 7-1(b)所示。星型网的中心节点是一个汇接局，周围节点是交换分局。具有 N 个节点的星型网共需 $N-1$ 条中继线路。很显然，与网状网相比，星型网的优点是节省了传输线路设备，但由于设置了汇接中心，因而需要增加一定的费用。一般当中继线费用高于汇接交换设备费用时才采用星型网。当汇接局设备的转接能力不足或发生故障时，将会对网络的接续质量和网络的稳定性产生影响。

3. 树型网

树型网如图 7-1(c)所示。树型网也叫做辐射网，其一般应用于网络的分级结构中。

4. 环型网和总线网

环型网和总线网分别如图 7-1(d)、(e)所示。环型网和总线网主要应用于数据通信中。在环型网和总线网中传输的信息其速率较高，因此要求各节点有较强的信息识别和处理能力。

实际的电信网往往不是单纯的上述某一种结构形式，而是它们的复合式结构。在电话通信中常将星型网、环型网、总线网和网状网结合应用，使其兼具各种网络的优点。

7.2 电信网路由规程

在设计电信网路由规程时要考虑用户(中继)话务量和呼叫损失等因素。

7.2.1 话务量与呼叫损失

1. 话务量

话务量是用户或中继占用交换机资源(交换网络、处理器、信号设备等)的一个量度。用户或中继通话次数和每次通话所占用的时间，都从数量上说明了用户或中继需要占用交换机资源的程度。我们把表明用户或中继占用交换机资源程度的量叫做话务量。话务量可用式(7.1)表示，即

$$A = c \times t \tag{7.1}$$

式中：A——话务量；

c——呼叫次数；

t——每次呼叫的平均保持时间。

话务量的单位是"小时"，或叫"小时呼"。

例如，在某 1 小时内，共发生了 c 次呼叫，每次呼叫的平均保持时间为 t，则话务量应为 $A = c \times t$ (h)。

在路由设计中，要考查话务量的密度，即话务强度。我们把单位时间 T 内形成的话务量叫做话务强度。话务强度也叫话务流量，用 A_1 表示。话务流量(A_1)可用式(7.2)表示，即

$$A_1 = \frac{A}{T} \tag{7.2}$$

式中，单位时间 T 可以是 1 小时，也可以是若干小时。

话务流量表现了单个用户的占用率，它永远小于或等于 1。

话务量是有量纲的，而话务流量是无量纲的。通常用爱尔兰(Erlang，简写为 Erl)作为话务流量的单位。话务流量的另一种单位叫百秒呼，简记为 ccs。

百秒呼和爱尔兰的换算关系为：1 Erl = 36 ccs。

【例 7.1】　设一个用户在 2 小时内共发生了 5 次呼叫，各次呼叫的保持时间依次为 800 s、300 s、700 s、400 s 和 50 s。求该用户的话务量(A)和话务流量(A_1)。

解　$c = 5$(次)，$t = \dfrac{800 + 300 + 700 + 400 + 50}{5} = 450\,\text{s} = 0.125\ (\text{h})$。

因为 $A = c \times t$，所以

$$A = 5 \times 0.125 = 0.625\ (\text{h})$$

又因为 $A_1 = A/T$，$T = 2\ (\text{h})$，所以

$$A_1 = \frac{0.625}{2} = 0.3125\ (\text{Erl})$$

习惯上人们常把话务流量称为话务量。我们后面提到的话务量也都是指话务流量。

【例 7.2】　某交换机 1 小时内共有 480 次用户呼叫，每次呼叫的平均保持时间为 5 分钟，求交换机承受的话务量(即话务流量)。

解　因为 $c = 480$(次)，$t = 5/60\ (\text{h})$，$T = 1\ (\text{h})$，所以

$$A = 480 \times \frac{5}{60} = 40\ (\text{Erl})$$

即交换机承受的话务量为 40 Erl。

若将例 7.2 中的 1 小时改为 2 小时，则话务量 $A = 40/2 = 20$ Erl。

实际中的路由话务量往往是随时间和用户行为的变化而随机变化的，例如，路由话务量会随一年中不同的月份、一周中不同的日子、一日中不同的小时而变化。因而解析话务量会变得极其困难。工程上常借助于统计手段按小时来计算话务量。

2. 呼叫损失

在呼叫接续中，由于交换网络的出线全忙或控制系统过负荷而未完成呼叫接续的现象叫做呼叫损失，简称呼损，用字母 E 表示。

呼损的计算公式为

$$A_C = A_0(1 - E) = A_0 - A_0 E \tag{7.3}$$

式中：A_C——完成话务量，它是交换网络输出端送出的话务量；

A_0——原发话务量，它是加入到交换网络输入线上的话务量；

E——呼损；

$A_0 E$——损失话务量(完成话务量与原发话务量之差)。

在原发话务量、损失话务量和完成话务量三个变量中，只要知道其中两个量便可计算出另外一个。

呼叫损失还可用爱尔兰呼损的计算公式表示为

$$E_n A = \frac{\dfrac{A^n}{n!}}{\displaystyle\sum_{i=0}^{n} \dfrac{A^i}{i!}} \tag{7.4}$$

式中：A——原发话务量；

n——交换网络的出线数；

E——呼损。

在原发话务量(A)、呼损(E)和交换网络的出线数(n)三个变量中只要知道其中两个量，另一个量也可通过爱尔兰呼损表查出。爱尔兰呼损表如表 7.1 所示。

表 7.1　爱尔兰呼损表

A \ E \ n	0.01	0.02	0.05	0.1	0.2	0.25
1	0.0101	0.020	0.053	0.111	0.25	0.33
2	0.1536	0.224	0.38	0.595	1.00	1.22
3	0.456	0.602	0.899	1.271	1.930	2.27
4	0.869	1.092	1.525	2.045	2.945	3.48
5	1.369	1.657	2.219	2.881	4.010	4.58
6	1.909	2.362	2.960	3.758	5.109	5.79
7	2.500	2.950	3.738	4.666	6.230	7.02
8	3.128	3.649	4.534	5.597	7.367	8.29
9	3.783	4.454	5.370	6.546	8.522	9.52
10	4.461	5.092	6.216	7.511	9.685	10.78
11	5.160	5.825	7.076	8.487	10.85	12.05
12	5.876	6.587	7.950	9.474	12.036	13.33
13	6.607	7.401	8.835	10.470	13.222	14.62
14	7.352	8.200	9.730	11.474	14.413	15.91
15	8.108	9.0009	10.623	12.484	15.608	17.20
16	8.875	9.828	11.544	13.500	16.807	18.49
17	9.652	10.656	12.461	14.422	18.010	19.79
18	10.437	11.491	13.385	14.422	12.216	21.20
19	11.230	12.333	14.315	14.422	20.424	22.40
20	12.031	13.181	15.249	14.422	21.635	23.71

【例 7.3】　设有 25 个用户公用交换网络的 7 条出线。每个用户的忙时话务量为 0.1 Erl，求该交换机的呼损。

解　交换机的总话务量 $A = 0.1 \times 25 = 2.5$ Erl，出线数 $n = 7$。

查爱尔兰呼损表可得该交换机的呼损 $E = 1\%$。

【例 7.4】　某程控数字交换机的交换网络可提供 20 条出线，该交换机的呼损为 5%，求该交换机所承受的总话务量。

解　查爱尔兰呼损表可得交换机所承受的总话务量 $A = 15.249$ Erl。

7.2.2 路由规程

电信网的路由规程是指在给定各个交换机之间的话务量后，彼此应配备多少条中继线合适，中继线应如何连接可以使方案最佳。

设有 A、B、C 三台交换机，它们之间的话务量分布如图 7-2 所示。交换机 A 应配备多少条中继线？其中与交换机 B 和 C 相连接的各应是多少？

方案 1：直达路由方式(直达中继)。

根据每个方向的话务量分布，独立地为每个方向提供所需的中继线数量。

例如，当如图 7-2 所示的呼损(E)为 1%时，由爱尔兰呼损表可查得连接 AB、AC 和 BC 的中继群各应包括 11、8 和 15 条中继线，如图 7-3 所示。

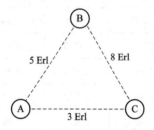

图 7-2 A、B、C 三台交换机的话务量分布

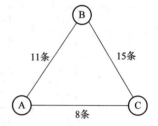

图 7-3 直达路由方式

方案 2：汇接路由方式(汇接中继)。

AC 之间的话务量全部通过交换机 B 汇接，因此 AB 之间的话务量变为 5 + 3 = 8 Erl，BC 之间的话务量分别变为 8 + 3 = 11 Erl。再次查爱尔兰呼损表可得 AB 和 BC 之间所应配备的中继线数分别为 15 条和 19 条，如图 7-4 所示。

与直达路由方式相比，汇接路由方式增加了 4 条 AB 中继线、4 条 BC 中继线和 4 路汇接交换设备，节约了 8 条 AC 直达中继线。

上述两种方案哪一种更经济，应根据它们的价格比来决定。设

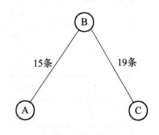

图 7-4 汇接路由方式

$$TDR = \frac{每路汇接中继的成本}{每路直达中继的成本} \tag{7.5}$$

$$LR = \frac{直达中继路数}{因汇接所需增加的汇接中继路数} \tag{7.6}$$

则

$$\frac{TDR}{LR} = \frac{每路汇接中继的成本}{每路直达中继的成本} \times \frac{因汇接所需增加的汇接中继路数}{直达中继路数}$$

$$= \frac{汇接成本}{直达成本}$$

可见，当 TDR < LR 时，采用汇接中继比采用直达中继更经济；当 TDR > LR 时，采用直达中继比采用汇接中继更经济。

采用汇接中继方案的优点在于话务量集中，因而中继线的利用率较高；缺点是需要附加交换设备，并且可能增加传输距离。

【例7.5】　已知 A、B、C 三台交换机之间的话务量分布如图 7-5 所示，比较 AC 之间完全采用直达中继和完全通过 B 汇接这两种方案哪种更经济($E = 0.001$)？

已知 AB、BC、AC 之间的中继传输设备的费用：AB 为 1.0 万元/路；BC 为 1.3 万元/路；AC 为 1.7 万元/路。B 汇接的费用为 0.8 万元/路。

爱尔兰表如表 7.2 所示，表中 M 表示中继群的线数。

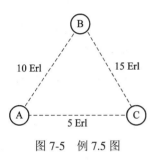

图 7-5　例 7.5 图

表 7.2　爱 尔 兰 表

A	$M(E = 0.01)$	$M(E = 0.001)$
5	11	14
10	18	21
15	24	28
20	30	35
25	36	41
30	42	47

解　由式(7.5)可得

$$\text{TDR} = \frac{1.0 + 1.3 + 0.8}{1.7} \approx 1.8$$

当采用直达中继时，各中继群的线数可由题中所给爱尔兰表查得

AB：21，BC：28，AC：14

当采用汇接中继时，则各中继群的线数变为

AB：28，BC：35

汇接话务量使 AB 和 BC 中继群各增加了 7 条中继线，于是

$$\text{LR} = \frac{14}{7} = 2 > \text{TDR}$$

因此，采用汇接中继比直达中继更经济。

方案 3：混合路由方式。

在混合路由方式中，两台交换机之间的话务量一部分通过直达中继；另一部分通过汇接中继。这种方法既可以提高直达中继的效率，又可减少汇接中继设备的数量，是一种经济有效的方式。

具体实现是让交换机之间的话务量主要由直达中继负担，而直达中继所溢出的话务量由汇接中继传输，即汇接中继作为直达中继溢出时的后备路由。因而，汇接路由也常称为迂回路由。

7.2.3　路由选择

在电信网中，各个交换机除同级间有直达路由外，还存在着与上下级交换机的连接。路由选择就是指当两台交换机之间的通信存在多条路由时，应按何种规则选择路由才经济合理。

1. 路由种类

常见的路由种类有直达路由、迂回路由和基干路由三种，如图 7-6 所示。

设话机 A 呼叫话机 B，则有：

(1) 直达路由：$C4_A \rightarrow C4_B$。

(2) 迂回路由：$C4_A \rightarrow C3_B \rightarrow C4_B$；$C4_A \rightarrow C2_B \rightarrow C3_B \rightarrow C4_B$ 等。

(3) 基干路由：$C4_A \rightarrow C3_A \rightarrow C2_A \rightarrow C2_B \rightarrow C3_B \rightarrow C4_B$。

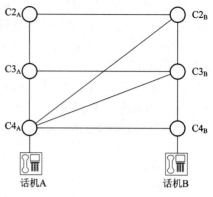

图 7-6　路由种类

直达路由是主、被叫交换局之间的直接通路。直达路由上的话务量允许溢出至其他路由。

迂回路由是指通过其他局转接的路由，由部分基干路由组成。迂回路由应能负担所有直达路由溢出的话务量。迂回路由上的话务量允许溢出至基干路由。

基干路由应能负担所有直达路由和迂回路由所溢出的话务量，保证系统达到所要求的服务等级。基干路由上的话务量不允许溢出至其他路由。

在迂回路由和基干路由中，所选择的路由需要通过其他交换机汇接，汇接可采用以下两种方法：

(1) 直接法：由主叫交换机直接选择汇接交换机的出局路由。主叫交换机只需向汇接交换机发送路由号，而无需发送被叫号码。

(2) 间接法：将用户所拨的号码完整地送至汇接交换机，由汇接交换机再次分析并确定出局路由。

2. 最佳路由选择顺序

为了尽量减少转接次数和尽量少占用长途电路，一种经济合理的路由选择顺序是"先选直达路由，次选迂回路由，最后选基干路由"。迂回路由选择顺序按"由远而近"、"自下而上"的原则，即先选靠近受话区的下级局，后选上级局；在发话区"自上而下"选择，即先选远离发端局的上级局，后选下级局。

例如，设等级制电信网，采用"由远而近"的路由选择顺序，如图 7-7 所示。当话机 A 呼叫话机 B 时，$C4_A$ 的迂回路由选择顺序如下：

$$C4_A \rightarrow C3_B \rightarrow C4_B$$
$$C4_A \rightarrow C2_B \rightarrow C3_B \rightarrow C4_B$$
$$C4_A \rightarrow C3_A \rightarrow C3_B \rightarrow C4_B$$
$$C4_A \rightarrow C2_A \rightarrow C2_B \rightarrow C3_B \rightarrow C4_B$$

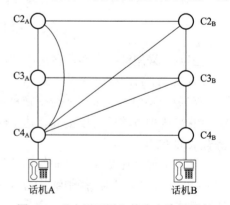

图 7-7　"由远而近"的路由选择顺序

3. 我国电信网的路由结构

我国现行的电信网的路由结构是按行政区建立的分级网络，即等级结构的长途电话网如图 7-8 所示。

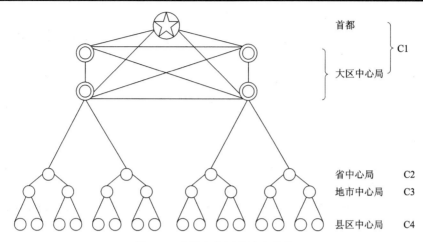

图 7-8　我国电信网的路由结构

图 7-8 为四级长途交换中心(C1～C4)。首都和大区中心局为一级交换中心(C1)，我国共有 6 个大区中心局：华北、东北、华东、中南、西南和西北。省中心局为二级交换中心(C2)，我国大约有 30 个二级交换中心。地市中心局为三级交换中心(C3)，全国大约有 350 多个三级交换中心。县区中心局为四级交换中心(C4)，全国大约有 2200 多个四级交换中心。C1 级采用网状结构，以下各级逐级汇接，并且辅以一定数量的直达路由。

长途电话网的路由建设原则如下：

(1) 北京至省中心局均应有直达中继电路。

(2) 同一大区内的各省中心局彼此之间要有直达中继电路。

(3) 任何两个交换中心之间，只要长途电话业务量大，地理环境合适，又有经济效益，都可以建立直达中继电路。

4．无级动态网

等级结构的长途电话网(如图 7-8 所示)实行的是一种静态管理，按固定顺序选择路由。这种网络存在如下缺点：

(1) 可靠性较差。主叫端和被叫端之间虽有若干条路径可供选择，但路径是固定的，在这些路径中无空闲电路时将发生呼损。此外，网上任何一处节点出现故障都会造成一部分呼叫阻塞。

(2) 转接次数多。要接通一次呼叫，往往需要经过多次转接，这样既占用了大量的交换节点和线路设备，同时也给网络管理带来了困难。

(3) 缺乏路由选择的灵活性。不能根据业务量的变化对网络设备进行调整，在话务拥塞、链路中断等特殊情况下，不能有效地控制全网正常运行。

随着通信网业务量、业务种类的增多，等级结构的长途电话网所固有的缺点会越来越明显。研究无级动态网是改进通信网结构的有效策略。

未来的电信网将由三个平面组成，即长途无级电话网平面、本地电话网平面和宽带用户接入网平面。

无级是指长途电话网中的各个交换局不分上下级都处于同一等级，任意两台交换机都可以完成"点对点"通信。近年来，我国 7 号(No.7)信令系统的建立以及网络管理系统的智能化，加快了长途电话网向无级动态网过渡的速度。

动态是指路由的选择方式不是固定的，而是随网上业务量的变化状况或其他因素而变化的。

5. 无级动态网的路由选择方式

在无级动态网中，可以采用不同的动态选路方式，这些方式都可在一定程度上提高长途电话网的使用效率。下面介绍三个动态选路的例子。

1) 动态自适应选路方式

动态自适应选路技术的特点是根据网络状态的变化不断改变路由表。这种技术最先用于分组交换的数据交换网中，其目的是在故障情况下改善网络的再生能力。在电信网中使用该技术同样可根据业务量的变化实时地调配路由，平衡全网呼损，提高网络资源的使用效率。

当采用动态自适应选路方式时，无级动态网由路由处理机进行集中控制，如图 7-9 所示。

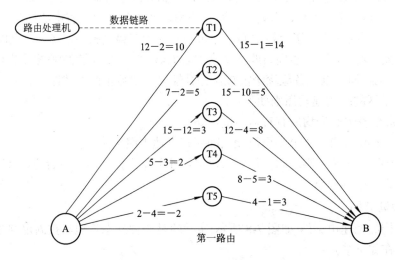

图 7-9　动态自适应选路方式

主叫局 A 和被叫局 B 之间有直达路由，也有 T1～T5 交换局迂回路由。路由处理机与各个交换局通过数据链路相连，控制整个网的选路。

平时路由处理机不断向各个交换局送查询信号，采集各个交换点的状态信息，了解网络各部分的忙闲情况，从而掌握全网的路由数据。每个交换局向路由处理机回送如下应答信息：

(1) 出中继群中目前空闲的电路数。

(2) 自上一次查询后每个中继群的始发呼叫次数。

(3) 自上一次查询后每个中继群的第一次溢呼次数。

路由处理机根据全网信息及选路原则寻找最佳迂回路由，并将更新后的路由表送到各交换节点。对于每个交换节点来说，首先是承担本局的话务量，只有在具备剩余容量时才能向全网提供路由。

例如，当 A 局用户呼叫 B 局用户时，首先选择直达路由(如图 7-9 所示的第一路由)，当直达路由满负荷时话务将溢出到交换局(T1~T5)的转接路由。

每段路由都可用数学方式计算出供其他局选用的中继线数。图 7-9 中数学式的第一项表示本路由所具有的中继线的总数，第二项表示本路由内所需的中继线数，等号后面的数字则表示此时可供其他局选用的中继线数。

例如，在 A-T1-B 路由中，A-T1 段的数学式为 $12-2=10$，表示在这段路由中总共有 12 条中继线，其中本段需要 2 条，还剩余 10 条可供全网选用。表 7.3 所示为 A→B 局经过 T1~T5 各交换局可选的路由。

表 7.3　A→B 局经过 T1~T5 各交换局可选的路由

A→B 局间呼叫迂回线路段	剩余中继线数	最小线数	路由选择概率
A–T1	$12-2=10$	10	$10/20=50\%$
T1–B	$15-1=14$		
A–T2	$7-2=5$	5	$5/20=25\%$
T2–B	$15-10=5$		
A–T3	$15-12=3$	3	$3/20=15\%$
T3–B	$12-4=8$		
A–T4	$5-3=2$	2	$2/20=10\%$
T4–B	$8-5=3$		
A–T5	$2-4=-2$	0	$0/20=0\%$
T5–B	$4-1=3$		
合　　计		20	

在同一条路由两段线路的剩余中继线数中取最小值，然后算出它占总剩余中继线数的百分比，便得到该路由选择的概率。由各条迂回路由的计算结果可知，迂回路由 A-T1-B 的路由选择概率最大，为 50%。

上述自适应动态选路方式要求各交换局能及时检测网络话务状态，使路由处理机能实时计算剩余中继线数，更新路由表，提供路由选择概率，这对交换机有一定的额外开销要求。

2) 动态时变选路方式

动态时变选路方式如图 7-10 所示。

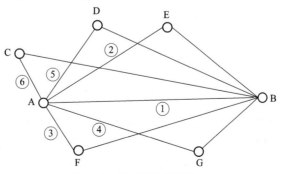

图 7-10　动态时变选路方式

在图 7-10 中，A、B、C、D、E、F、G 表示位于不同时区的 7 个交换局。

不同地区的"时差"使话务"忙时"的形成不集中，动态时变选路方式事先编出按时间段区分的路由选择表，自动选择路由来达到话务均衡，从而提高全网运行效率。按不同时间编排的动态时变选路方式如表 7.4 所示。

表 7.4 按不同时间编排的动态时变选路方式

序号	路由选择顺序	路由变动时间			
		上午	下午	晚上	周末
(1)	①→②→③→④→⑤→⑥	√			
(2)	①→③→②→④→⑤→⑥		√		
(3)	①→④→③→②→⑤→⑥			√	
(4)	③→④→①→②→⑤→⑥				√

例如，A 局呼叫 B 局，在上午按时序(1)进行选路，即按直达路由①→迂回路由②→迂回路由③→迂回路由④→迂回路由⑤→迂回路由⑥的先后顺序选择。

在下午按时序(2)进行选路，即按直达路由①→迂回路由③→迂回路由②→迂回路由④→迂回路由⑤→迂回路由⑥的先后顺序选择。

在晚上按时序(3)进行选路，即按直达路由①→迂回路由④→迂回路由③→迂回路由②→迂回路由⑤→迂回路由⑥的先后顺序选择。

在周末按时序(4)进行选路，即按迂回路由③→迂回路由④→直达路由①→迂回路由②→迂回路由⑤→迂回路由⑥的先后顺序选择。

从表 7.4 中可以看出，动态时变选路方式的路由选择是按事先安排的顺序执行的，并不是随机的，因此还不能做到完全适应网络话务的动态变化。

3) 实时选路方式

图 7-11 所示为采用网状网结构连接的 5 个交换局和彼此中继路由的忙闲情况。

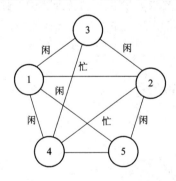

图 7-11 采用网状网结构连接的 5 个交换局和彼此中继路由的忙闲情况

实时选路方式是指通过对每个交换局的中继路由忙闲表进行一定的算法后决定选哪一条路由的方式，如图 7-12 所示。在图 7-12 中，每个交换局有一张表明各个交换局忙闲状态的表，还有一张表明该交换局允许使用的路由的允许转接表。

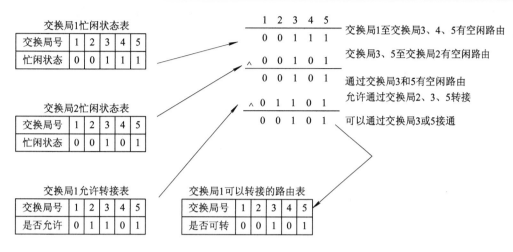

图 7-12 实时选路方式

忙闲状态表中的"0"代表所对应的交换局忙,"1"代表该交换局空闲。

允许转接表中的"0"代表不允许转接至该交换局,"1"代表允许转接至该交换局。

可以转接的路由表是路由选择的最终结果。其中,"1"代表可以转接至该交换局。

例如,当交换局 1 呼叫交换局 2 时,路由处理机优先选择直达路由。但在交换局 1 的忙闲状态表中表明交换局 2 的忙闲状态显示为"0",这说明由交换局 1 到交换局 2 没有空闲的直达路由。于是,路由处理机调出交换局 2 的状态表,将交换局 1 的忙闲状态与交换局 2 的忙闲状态相与,得到交换局 1 到交换局 2 可能利用的迂回路由(交换局 3、5)。

这时还要看哪些路由是允许交换局 1 转接的。从"交换局 1 允许转接表"上可以看到允许交换局 1 转接的迂回路由为交换局 2、3、5。因此,路由处理机将交换局 1 允许转接的路由和交换局 1 可能利用的路由相与,得到"交换局 1 可以转接的路由表",即交换局 1 可以经过交换局 3、5 这两条迂回路由完成与交换局 2 的通信。

7.2.4 本地电话网

本地电话网是指在同一个长途编号区范围内,由若干个端局或者由若干个端局和汇接局组成的电话网络。

1. 本地电话网的结构

本地电话网可设置市话端局、县区端局及农话端局,并可根据需要设置市话汇接局、郊区汇接局、农话汇接局,建成多局汇接制网络。本地电话网的结构一般有以下几种:

(1) 市内电话网结构:由市区内一个或多个电话分局组成的电话网结构。

(2) 农村电话网结构:由县城及农村范围组成的电话网结构。

(3) 大、中城市电话网结构:大中城市本地电话网可设置市话端局、县区端局及农话端局,并可根据需要设置市话汇接局、郊区汇接局和农话汇接局,建成多局汇接制网络。

2. 用户交换机接入本地电话网

用户交换机是由大型酒店、医院、院校等社会集团投资建设,主要供单位内部使用的专用交换机。将用户交换机接入本地电话网相应的端局下面可实现用户交换机的分机用户与公用网上的用户进行电话通信。用户交换机接入本地电话网的方式有以下三种。

1) 全自动直拨入网方式(DOD1 + DID)

全自动直拨入网方式如图 7-13 所示。

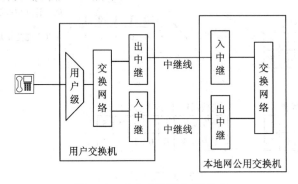

图 7-13 全自动直拨入网方式

全自动直拨入网方式具有如下特点:

(1) 用户交换机的出/入中继线接至本地网公用交换机的入/出中继线,即用户交换机的分机必须占用一条本地网公用交换机的入中继线。

(2) 用户交换机分机用户出局呼叫时直接拨本地网用户号码,且只听用户交换机送的一次拨号音;公网交换机用户入局呼叫时直接拨分机号码,由交换机自动接续。

(3) 在该方式中,用户交换机的分机号码占用本地电话网的号码资源。

(4) 本地网公用交换机对用户交换机分机用户直接计费,计费方式采用复式计费方式,即按通话时长和通话距离计费。

2) 半自动入网方式(DOD2 + BID)

半自动入网方式如图 7-14 所示。

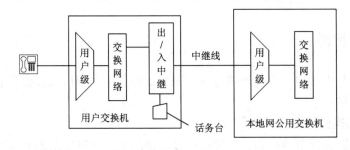

图 7-14 半自动入网方式

半自动入网方式具有如下特点:

(1) 用户交换机的出/入中继线接至本地电话网公用交换机的用户接口电路。

(2) 用户交换机每一条中继线对应本地网一个号码(相当于本地网一条用户线)。

(3) 用户交换机设置话务台。分机出局呼叫先拨出局引示号,再拨本地网号码,听两次拨号音。公网用户入局呼叫分机时,先由话务台应答,话务员问明所要分机后,再转接至分机。

(4) 在半自动入网方式中，用户交换机的分机不占用本地网的号码资源。

(5) 由于用户交换机不向本地网公用交换机送主叫分机号码,因此本地网公用交换机没有条件对用户交换机的分机用户计费，计费方式采用月租费，对中继线采用复式计次方式。

3) 混合中继方式(DOD + DID + BID)

混合中继方式如图 7-15 所示。

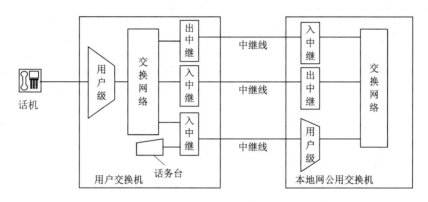

图 7-15 混合中继方式

用户交换机的一部分中继线按全自动方式接入本地电话网的中继电路，形成全自动直拨入网方式(DOD1 + DID)；另一部分中继线接至本地电话网的用户接口电路，形成半自动入网方式(DOD2 + BID)。这样不仅解决了用户交换机的重要用户直拨公网用户的要求，还减轻了中继线以及本地网号码资源的负担，弥补了前两种方式的缺点。

用户交换机除具有市话交换机的一般功能外，还具有一些特殊功能，如夜服、空号截听等。夜服是指为便于夜间服务，将夜间来话接至某指定的话务台或话机。系统何时转换为夜服状态由系统维护人员设定。空号截听是指当用户拨了空号时，系统可将其接至话务台，在话务员的帮助下重新拨号，也可将其接至某一录音设备，收听自动播放的错误提示录音。

7.3　电信网电话号码规程

电话号码是电信网正确寻址的一个重要条件。编排电话号码应符合下列原则:

(1) 电信网中任何一台终端的号码都必须是唯一的。

(2) 号码的编号要有规律，这样便于交换机选择路由，也便于用户记忆。

(3) 号码的位数应尽可能少，因为号码的位数越多，拨号出错的概率就会越大，建立通话电路的时间也越长。但考虑到系统的扩容和发展，号码的位数应有一定的预留。

ITU-T 建议每台电话机的完整号码按以下序列组成：

$$国家号码 + 国内长途区号 + 用户号码$$

号码总长不超过 12 位。

1. 国家号码

国家号码采用不等长度编号，一般规定为 1~3 位。各国的国家号码位数随该国的话机密度而定，比如中国的国家号码是 86。

2. 国内长途区号

国内长途区号采用不等长度编号。我国的长途区号是 2～3 位。表 7.5 列出了我国部分城市的长途区号。

表 7.5　我国部分城市的长途区号

区　号	城　市	区　号	城　市
10	北京	28	成都
20	广州	29	西安
21	上海	311	石家庄
22	天津	351	太原
23	重庆	371	郑州
24	沈阳	431	长春
25	南京	459	大庆
27	武汉	512	苏州

北京的长途区号为 10。

各地区中心局所在地以及一些特大城市的长途区号为 2 位，具有 $2x$ 的形式，x 为 0～9。两位区号总计有 10 个。

各省会、地区和省辖市的长途区号是 3 位，第一位为 3～9，第二位为奇数，第三位为 0～9，因此有 $7 \times 5 \times 10 = 350$ 个。

部分县区的长途区号为 3 位，第一位是 3～9，第二位为偶数，第三位为 0～9，因而共有 $7 \times 5 \times 10 = 350$ 个。

3. 用户号码

用户号码是用于区别同一本地网中各个话机的号码。被叫用户在本地网中统一采用等位编号。我国本地电话网的号码长度最多为 8 位。

编用户号码时应注意，0 和 1 不能作为用户号码中的第一位使用，所以一个 4 位号码最多可区别 8000 门话机，5 位号码可区别 80 000 门话机，8 位号码可区别 80 000 000 门话机。因此，一台数千门的交换机需要用 4 位号码，而万门交换机一般需要 5 位号码。

对于大城市，话机总数可能达到数百万门，因此必须使用若干个市话交换机通过汇接交换机连接起来，组成汇接式市话交换网。在汇接式市话交换网中，市话交换机构成了各个分局。

在这种情况下，本地网号码又分为分局号和用户号码两种组成方式。当分局号为 1 位时，最多只能支持 8 个分局(2～9 分局)；当分局号为 2 位时，最多能支持 80 个分局。因此，当增加分局个数时，分局号也做相应增加。

4. 特种业务号码

特种业务号码主要用于紧急业务，需要全国统一的业务接入码、网间互通接入码和社会服务号码等。

我国的特种业务号码为三位，第一位为 1，第二位为 1 或 2，第三位是 0～9 的数。主要有：112——故障申告台；114——查号台；117——报时台；119——火警台；110——匪警台；120——医疗急救台。

5. 新服务项目编号

我国规定：200、300、400、500、600、700、800 为新业务电话卡号码。

6. 长途字冠

拨打长途电话号码时还需加长途字冠，ITU-T 建议的国际长途字冠为 00，国内长途字冠为 0。

各种通信所拨号码举例如下所述：

(1) 当进行市话通话时，只需拨本地网号码，即分局号加用户号。

例如，在西安市内拨市内电话时，应拨 847-98654。

(2) 当打国内长途时，应拨国内长途字冠和长途区号，再拨用户号码。

例如，当从上海呼叫西安的 84798654 话机时，应拨 0-29-84798654。

(3) 当打国际电话时，应加上国际长途字冠和国家号码。

例如，当从美国呼叫西安的 84798654 话机时，应拨 00-86-29-84798654。

7.4　电信网传输规程

电信网传输规程主要是针对用户线和中继线传输系统的规划。

7.4.1　传输媒介

常用的传输媒介有双股电缆、同轴电缆、光纤、微波和卫星等。目前，双股电缆主要用于 400 km 以内的短距离中继传输，大于 400 km 时一般采用同轴电缆。双股电缆和同轴电缆的一个重要优点是与交换机的接口简单。当采用模拟基带传输时，交换机输出的模拟信号可以不经任何变换地直接与双股电缆或同轴电缆相连接。各种传输媒介的典型工作带宽如表 7.6 所示。

表 7.6　各种传输媒介的典型工作带宽

媒 介 种 类	工作带宽/MHz
双股电缆	2
同轴电缆	10
微波(4 GHz)	500
光纤(1.3 μm)	2000

我们知道，交换机输出的话音模拟信号为 4 kHz 的基带信号，数字信号为 64 kb/s，而表 7.6 所示的媒介带宽都远大于基带话音信号，因而在交换机输出与传输媒介之间需加复用设备，应用复用技术对模拟中继传输进行频分复用(FDM)，对数字中继传输进行时分复用(TDM)。

7.4.2　传输系统

1. 用户线传输系统

电信网的用户线通常采用双线传输，即收、发两个方向的传输使用同一对导线，所以常把用户线称为用户环线。

目前，用户环线传输中常用的技术指标有线径、音频衰耗(1 kHz 时)、环路电阻和最大传输距离，如表 7.7 所示。

表 7.7　用户环线的技术指标

线径/mm	音频衰耗/(dB · km^{-1})	环路电阻/(Ω · km^{-1})	最大传输距离/km
0.4	1.62	270	4.8
0.5	1.30	173	7.5
0.6	1.08	120	10.8
0.7	0.92	88	14.8

为了保证交换机接口中的摘机检测电路正常工作，规定环路电阻不得大于 1300 Ω。

由于电话机中送话器和扬声器在进行声电和电声转换过程中具有增益作用，因此允许用户线传输系统存在一定的衰耗，通常规定环线的衰耗大于或等于 6 dB。

2. 中继传输系统

1) 电缆中继系统

电缆中继系统如图 7-16 所示。

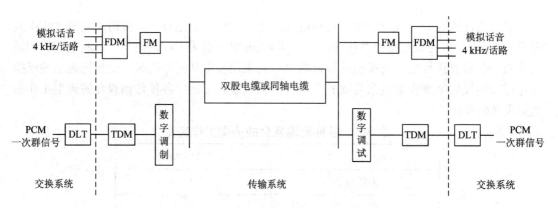

图 7-16　电缆中继系统

在采用数字信号传输时，模拟话音信号首先应经 PCM 调制后再进行时分多路复用，从而形成 TDM 信号，在经过数字线路终端(DLT)时还要进行码型变换(NRZ/HDB3)。

2) 微波中继系统

微波中继系统如图 7-17 所示。交换机输出的模拟话音信号经频分多路调制形成 FDM 信号后，再经过 FM 调制，形成 30 MHz 带宽的 FDM-FM 信号，然后经过微波发射系统发射。由于地球表面的曲率，微波信号只能直线传播，因此长距离微波传输时需要使用中继塔。中继塔距离一般为 50 km。

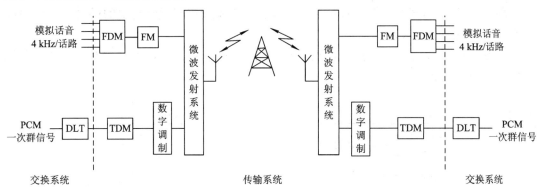

图 7-17 微波中继系统

当传输距离更远时，微波中继塔的数目将增加，这样既提高了成本，又增大了维护量。因此，在超长距离的通信中常采用卫星中继。

卫星通信系统与微波通信系统的根本差别是以一个高空卫星取代了若干个较低的中继铁塔。卫星通信系统与微波通信系统的另一个差别是卫星通信的两个传输方向使用了不同的载频。

3) 光纤中继系统

光纤中继系统如图 7-18 所示。

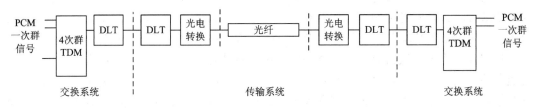

图 7-18 光纤中继系统

TDM 数字信号由交换机接口输出，进入光纤传输系统，经扰码和 5B6B 编码后，送入光电转换器，对激光源进行调制，调制后的光信号再经过光纤传输。

常用光纤的传导波长为 1.3 μm，工作带宽为 2 GHz。当交换机不具有高次群接口时，交换机与光纤系统之间应有一个实现高次群调制和解调的数字端机。

7.5 数字信号的同步规程

7.5.1 数字信号同步的概念

电信网的数字信号同步可保证网中数字信号传输和交换的完整性、一致性。通过使各个数字设备的时钟工作在同一个频率和相位，可达到整个系统中数字信号同步运行的目的。

(1) 时钟频率同步要求网内所有交换机都具有相同的发送时钟频率和接收时钟频率。

(2) 相位同步要求网内所有交换机发送信号和接收信号之间的相应比特对齐，不能在第一比特发送的信号在第二比特接收。否则，发送和接收的时钟频率即使一致也不能接收到正确的信号。

图 7-19 所示为某一交换机的输入时钟频率(由对端交换机发送过来的)和本机的时钟频率不一致时所产生的后果。

由图 7-19 可以看出,当 $f_发 > f_收$ 时,将产生码元丢失;反之,当 $f_收 > f_发$ 时,将产生码元重复,如图 7-20 所示。

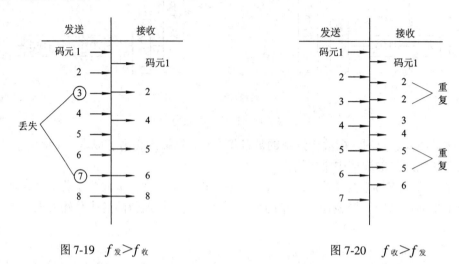

图 7-19 $f_发 > f_收$ 图 7-20 $f_收 > f_发$

上述两种现象都称为滑码。滑码会造成网中信息流的传输发生畸变,从而使接收端不能正确地接收来自发送端的信号。这对于话音信号相当于少了或多了一个抽样,影响不太显著,但对于数据传输和图像传输,滑码可能会破坏整个数据或整个画面。

在实际工作中,通信双方的时钟频率不可避免地存在一定偏差,因此滑码的产生是不可避免的。滑码发生的频繁程度与收、发两端时钟的频差有关。因此,克服滑码的办法是强制输入时钟和本地时钟的频率偏移为零。这种强制可以通过在交换机中设置缓冲存储器来实现。缓冲存储器的结构如图 7-21 所示。

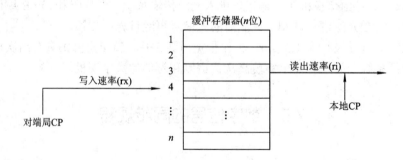

图 7-21 缓冲存储器的结构

缓冲存储器按照对端时钟写入数据,按照本地时钟读出数据。只要使写入至读出的时延是 125 μs(1 帧)的整数倍,就可以解决收、发两端时钟的频差,从而使回路传输的总延时等于 125 μs 的整数倍。

那么,如何使缓冲存储器写入至读出的时延为 125 μs 的整数倍呢?可通过增加缓冲存储器的单元数(相当于增加回路传输的码元数,即控制比特)来实现。因此,缓冲存储器容量可以是 1～256 位之间的任何值。

由于缓冲存储器具有收缩功能，因此也被称为弹性存储器。

当交换机设置了缓冲存储器后，滑码发生的频繁程度除与收、发两端时钟的频差有关外，还与缓冲存储器的容量有关。当缓冲存储器为 n 位，标称频率(传输速率)为 r，相对频差为 Δr 时，滑码发生的周期为

$$T_s = \frac{n}{\Delta r \times r} \tag{7.7}$$

例如，当传输速率为 2.048 Mb/s，两个时钟频差为 10^{-7}，而缓冲存储器容量是 256 位时，滑码发生的周期为

$$T_s = \frac{256}{2.048 \times 10^6 \times 10^{-7}} = 1250\,(s) = 20.8\,(min)$$

ITU-T 建议，数据传输系统应满足每 20 h 滑码不超过 1 次，相当于要求时钟频差为

$$\Delta r = \frac{n}{T_s \times r} = \frac{256}{20 \times 3600 \times 2.048 \times 10^6} = 1.74 \times 10^{-9}$$

为了使滑码发生的频度足够小，一般要求各交换机的时钟有很高的稳定度。

对于数据传输，时钟频率的稳定度应优于 1×10^{-9} 数量级。对于这个值，一般的晶体振荡器已无法满足，因而常需要使用原子钟。原子钟中的铷钟和铯钟的主要参数如表 7.8 所示。

表 7.8 原子钟中的铷钟和铯钟的主要参数

主 要 参 数	铷 钟	铯 钟
原子振荡频率	6 834.682 613 MHz	9 192.631 770 MHz
稳定度	3×10^{-11}/月	1×10^{-11}/寿命期
寿命	大于 10 年	约 3 年

例如，铷原子钟的稳定度(相对频差)为 3×10^{-11}/月，当用铷原子钟作为各交换机的本机时钟时，滑码周期为

$$T_s = \frac{256}{2.048 \times 10^6 \times 3 \times 10^{-11}} = 1157\,(h)$$

由此可见，铷原子钟完全可以满足实用要求。

7.5.2 数字网的网同步方式

数字网的网同步方式分为准同步方式和同步方式。

1. 准同步方式

在准同步方式中，各交换局的时钟相互独立。由于各个交换局的时钟相互独立，因而不可避免地存在一定的频差，会造成滑码。为了使滑码发生的频度足够小，要求各交换局采用标称速率相同的高稳定度时钟。

2. 同步方式

同步方式又分为主从同步法、相互同步法和分级的主从同步法。

1) 主从同步法

主从同步法如图 7-22 所示。网内中心局设有一个高稳定度的主时钟源,用以产生网内的标准频率,并送到各交换局作为各局的时钟基准。各个交换局设置有从时钟,它们同步于主时钟。时钟的传送并不使用专门的传输网络,而是由各交换机从接收到的数字信号中提取。主从同步法的优点是简单、经济;缺点是过分依赖于主时钟,可靠性不够高,一旦主时钟发生故障,受其控制的所有下级交换机都将失去时钟。

2) 相互同步法

相互同步法如图 7-23 所示。网内各交换局都有自己的时钟,无主、从之分,它们相互控制。最后各个交换局的时钟锁定在所有输入时钟频率的平均值上。

相互同步法的优点是网内任何一个交换局发生故障只停止本局工作,不影响其他局的工作,从而提高了通信网工作的可靠性;其缺点是同步系统较为复杂。

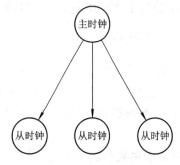

图 7-22　主从同步法

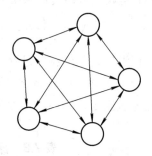

图 7-23　相互同步法

3) 分级的主从同步法

分级的主从同步法如图 7-24 所示。

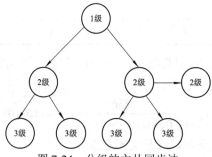

图 7-24　分级的主从同步法

分级的主从同步法把网内各交换局分为不同的等级,级别越高,所使用的振荡器的稳定度越高。当交换局收到附近各局送来的时钟信号以后,就选择一个等级最高、转接次数最少的时钟信号去锁定本局振荡器。如果该时钟出故障,就以次一级时钟为标准,不影响全网通信。

7.5.3　我国数字电信网的同步方式

我国国内数字电信网采用分级的主从同步法,共分为四级。同级之间采用互控同步方式。

(1) 第一级为基准时钟，由铯原子钟组成全网中质量最高的时钟，设置在一级交换中心(C1)所在地。

(2) 第二级为有保持功能的高稳时钟(受控铷钟和高稳晶体时钟)，分为 A 类和 B 类时钟。

① A 类时钟设置在一级(C1)和二级(C2)长途交换中心，并与基准时钟同步。

② B 类时钟设置在三级(C3)和四级(C4)长途交换中心，并受 A 类时钟控制，间接地与基准时钟同步。

(3) 第三级是有保持功能的高稳晶体时钟。其性能指标低于第二级时钟，与第二级时钟或同级时钟同步，设置在本地网中的汇接局和端局中。

(4) 第四级时钟为一般的晶体时钟，与第三级时钟同步。它设置在本地网中的远端模块、数字终端设备和数字用户交换设备中。

数字电信网的各级交换系统必须按上述同步路由规划来建立同步。各个交换设备时钟应通过输入同步定时链路来直接或间接跟踪全国数字电信网统一规划设置的一级基准时钟或区域基准时钟。严禁从低级局来的数字链路上获取定时信号作为本局时钟的同步定时信号。

复习思考题

1. 从不同角度对通信网进行分类。

2. 试比较电信网各种结构的优缺点。

3. 某交换机 1 小时内共有 520 次用户呼叫，平均每次通话时长 3 分钟，求交换机承受的话务量。

4. 某中继线 1 小时内有 6 个 10 分钟的占用时间，该中继线的话务量是多少？

5. 构成用户回路的基本设备有哪些？说明各设备的主要作用。

6. 设有 A、B、C 三台交换机，AC 之间可完全采用直达中继和汇接中继两种方案，已知 AB、BC 和 AC 之间的中继传输费用均为 0.5 万/路，B 汇接费用为 0.25 万/路，求 TDR。

7. 已知 A、B、C 三台交换机之间的话务量及传输距离如图 7-25 所示。

传输设备的费用为 0.2 万元/(km·线)，交换设备为 0.5 万元/路。试比较在 A、C 之间完全采用直达中继和汇接中继这两种方案的费用(设 $E = 0.01$)。爱尔兰参考表如表 7.9 所示。

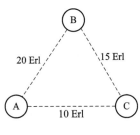

图 7-25　第 7 题图

表 7.9　爱尔兰参考表

$E = 0.01$	
A	M
10	18
15	24
20	30
25	36
30	42

8. 我国电信网由哪两个部分构成？共分为几级？采用了什么样的拓扑结构？

9. 电信网的结构将朝着什么样的方向发展？

10. 什么是本地电话网？本地电话网与长途电话网有什么区别？

11. 电信网的路由选择顺序是怎样的？

12. 国内长途直拨号码的结构是怎样的？其中本地用户号码又是怎样划分的？

13. 指出下列号码中的国家号、国内长途区号和用户号部分：

$$862984275301，861063782541，8641184642912$$

14. 判断下列号码的正误：

008602984275301，8602984275301，00862984275301，02984275301，025114

15. 请区别以下号码并指出每个号码的组成情况：

84236975，0-10-66546831，00-86-29-84398654，119，021-114

16. ITU-T 建议电话号码总长不超过 12 位，我国某城市的国内长途区号是 371。请问：

(1) 该城市最多可安装多少门电话？

(2) 如果该城市的各分局均使用 20 000 门容量的交换机，则用户号应是几位？

(3) 该城市最多可设多少个分局？

17. 程控数字交换机接入公网的方式有哪几种？说明其特点。

18. 某单位程控数字交换机采用半自动方式接入本地网公用交换机，话务台号码为 84236971，84236972，…，84236975。请结合 DOD2+BID 的原理详细地介绍一下该单位某分机用户 5264 与市话网用户 84268957 的通话过程(分两个方向呼叫叙述)。

19. 数字网的网同步有什么意义？网同步方式有哪几种？我国上级局与下级局之间采用哪一种方式？

第 8 章　电信网信令系统

要点提示：

在电信网上，除传送话音、数据等业务信息外，还必须传送电路建立过程中所需要的各种控制命令，以指导终端、交换网络及传输系统协同运行。这些控制命令称为信令。信令系统在电信网中有着极其重要的作用，我们常常把它看成是通信网的神经系统。

本章通过研究电信网信令系统，介绍中国 1 号信令和国际 No.7 信令的分类、编码和传输方式。

8.1　信令系统的概念

信令方式要遵守一定的协议和规约，它包括信令的功能、结构形式、应用场合、传送方式及控制方式。

8.1.1　电信网对信令系统的要求

电信网中的信令系统应满足以下要求：

(1) 信令要有广泛的适应性，以满足不同交换设备的应用。

(2) 信令应既可以通过专门的信令信道传输，又可借用消息信道传输，但信令不能影响消息信息，同时也不受消息信息的影响。

(3) 信令传输要稳定、可靠，速度快。

(4) 信令的设计要先进，便于今后通信网的发展。

8.1.2　信令的定义和分类

信令系统应定义一组用于指导通信设备接续话路和维持整个网络正常运行所需的信令集合。集合中的每一条信令与其应用的场合有关。电信网中的信令可从以下几个方面进行定义和分类：

(1) 按信令作用的区域分类。信令按其作用的区域可分为用户线信令和局间信令。

(2) 按信令的功能分类。信令按其功能可分为监视信令、地址信令和维护管理信令。

(3) 按信令的频带分类。信令按其工作频带可分为带内信令(占话音消息信道)和带外信令(不占话音消息信道)。

(4) 按信令的结构形式分类。信令按其结构形式可分为单频信令(仅用一个频率发送的信号)和双频信令(用两个频率的组合发送的信令)。

(5) 按信令传送的方向分类。信令按其传送的方向可分为前向信令(由主叫用户发送至交换机或主叫用户侧交换机发送至被叫用户侧交换机的信令)和后向信令(由被叫用户发送至交换机或被叫用户侧交换机返回至主叫用户侧交换机的信令)。

(6) 按信令的信号形式分类。信令按其信号形式可分为模拟信号信令和数字信号信令。

(7) 按信令通路与话音通路的关系分类。信令按其传送的通路与话音通路的关系可分为随路信令(CAS)和公共信道信令(CCS)。

8.1.3　用户线信令

用户线信令是指用户终端与交换机或用户终端与网络之间传输的信令,在现代通信中也称之为用户网络接口(UNI)信令。

用户线信令包括用户状态监测信令、被叫地址信令和信号音三类。

1. 用户状态监测信令

用户状态监测信令是指通过用户环路通/断来表示的主叫用户摘机(呼出占用)、主叫用户挂机(前向拆线)、被叫用户摘机(应答)、被叫用户挂机(后向拆线)等信令。

用户状态监测信令简单,但实时性要求高,通常每个终端都需要配备一套监测信令设备。

2. 被叫地址信令

被叫地址信令即被叫号码,是主叫用户通过终端发出的号盘话机信令或双音频按键话机信令,供交换机连接被叫时寻址之用。

1) 号盘话机信令

用户在拨号时,由拨号盘的开关接点控制用户线直流回路通断会产生一串直流脉冲(DP)串,一串拨号脉冲串对应一位号码,一串脉冲串内脉冲的个数对应号码的数字。号盘话机信令如图 8-1 所示。

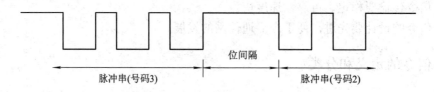

图 8-1　号盘话机信令

2) 双音频按键话机信令

对于双音频按键话机,一个按键数字由两种频率的组合表示,频率均在音频 300~3400 Hz 内。双音频按键话机信令也称双音多频(DTMF, Dual Tone Multi-Frequency)信令。各号码数字的频率组合如表 8.1 所示。

表 8.1 各号码数字的频率组合

数字 \ 高频群/Hz 低频群/Hz		H1 1209	H2 1336	H3 1477	H4 1633
L1	697	1	2	3	A
L2	770	4	5	6	B
L3	852	7	8	9	C
L4	941	*	0	#	D

被叫地址信令仅在呼叫建立阶段出现，因此可多个终端共享一套信令设备。

3. 信号音

信号音为由交换机向用户终端发出的进程提示音。不同含义的信号音所对应的频率及结构如表 8.2 所示。

表 8.2 信 号 音 表

信号音频率	信号音名称	信号音含义	信号音结构
450 Hz	拨号音	通知主叫用户可以开始拨号	连续发送
	忙音	表示被叫用户忙	0.35 s 0.35 s 0.35 s
	拥塞音	表示交换机机键拥塞	0.7 s 0.7 s 0.7 s
	回铃音	表示被叫用户处在被振铃状态	1 s 4 s 1 s
	空号音	表示所拨被叫号码为空号	0.1 s 0.1 s 0.1 s 0.1 s 0.1 s 0.4 s
	长途通知音	用于有长途电话呼叫、正在进行市内通话的用户	0.2 s 0.2 s 0.2 s 0.6 s
25 Hz	振铃音	向被叫振铃	1 s 4 s 1 s
950 Hz	催挂音	用于催请用户挂机	连续发送，采用五级响度逐级上升

用户线信令波形举例如图 8-2 所示。

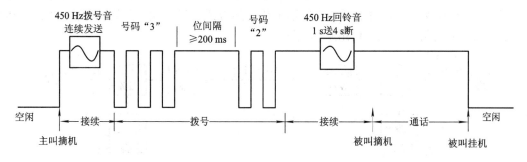

图 8-2 用户线信令波形举例

8.1.4　局间信令

局间信令是交换局与交换局之间在中继设备上传递的信令，用以控制中继电路的建立和拆除。在现代通信中局间信令也称为网络节点接口(NNI)信令。

基本的局间信令有中继线占用信令、路由选择信令(说明应选择的路由是直达路由、迂回路由还是基干路由)、被叫局应答信令、主(被)叫局拆线复原信令、拆线证实信令等。

局间信令除了应满足局间话路接续的需要外，还应包括网络的管理和维护所需要的信令，如业务类型信令、管理信令、维护信令和计费信令。

(1) 业务类型信令：说明呼叫业务的特点，如是电话通信还是数据通信等。

(2) 管理信令：网络管理人员可通过管理信令对网中设备的各种状态进行管理和操作。

(3) 维护信令：包括正常和非正常状态下的试验信令、故障报警信令以及故障诊断和维护信令等。

(4) 计费信令：用于计费系统所需要的各种信令。

电话接续的基本信令流程如图 8-3 所示。

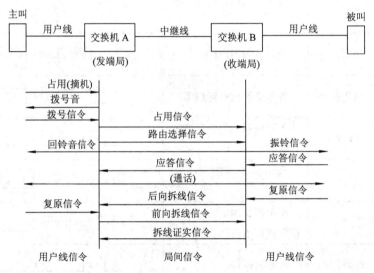

图 8-3　基本信令流程

局间信令可采用随路信令方式发送，也可采用公共信道信令方式发送。

(1) 随路信令方式：各种控制(如占用、发送号码、应答、拆线等)信令由该话路所占用的中继电路本身或与之有固定联系的信道来传送的方式。目前我国采用的局间随路信令叫中国 1 号信令。随路信令方式如图 8-4 所示。

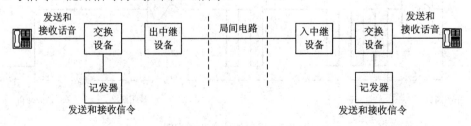

图 8-4　随路信令方式

(2) 公共信道信令：将所有局间信令用交换局间一条集中的信令链路来传送的方式。公共信道信令方式如图 8-5 所示。

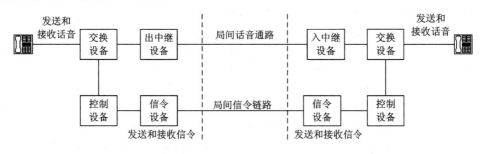

图 8-5　公共信道信令方式

8.2　随路信令——中国 1 号信令

中国 1 号信令包括线路监测信令和记发器信令两部分。

8.2.1　线路监测信令

1. 中国 1 号线路监测信令的类型和定义

局间线路信令可用来表明中继线的使用状态，如中继线示闲、占用、应答、拆线等。线路监测信令由中继器设备发送与接收。

根据不同的传输媒介中国 1 号线路监测信令可分为局间直流线路监测信令、带内单频脉冲(2600 Hz)线路监测信令和局间数字型线路监测信令三种。

1) 局间直流线路监测信令

局间直流线路监测信令采用实线传输，其传送方式示意图如图 8-6 所示。

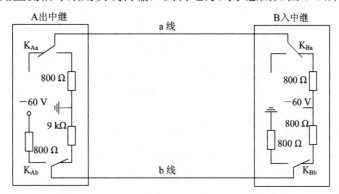

图 8-6　局间直流线路监测信令的传送方式

A 局的出中继器和 B 局的入中继器通过 a、b 两条实线相连。a、b 线既是话音通路，也是信令通路。根据要求，局间直流线路信令有以下四种形式：

(1) "高阻+"：经过 9 kΩ 电阻接至地。

(2) " − "：经过 800 Ω 电阻接电源(程控交换机的供电电源是 −48 V)。

(3) "+": 经过 800 Ω 电阻接地。

(4) "0": 开路。

上述 4 种信令通过开关 K_{Aa}、K_{Ab}、K_{Ba} 和 K_{Bb} 倒换。

上述局间直流线路监测信令的含义如表 8.3 所示。

表 8.3　局间直流线路监测信令的含义

接续状态			出　局		入　局	
			a	b	a	b
示闲			0	高阻+	−	−
占用			+	−	−	−
被叫应答			+	−	−	+
复原	主叫控制	被叫先挂机	+	−	−	−
		主叫后挂机	0	高阻+	−	−
		主叫先挂机	0	−	−	+
			0	高阻+	−	−

在示闲时，A 局出中继 a 线为 "0"，b 线为 "高阻+"；B 局入中继 a 线与 b 线均为 "−"。这相当于图 8-6 中的 K_{Aa}、K_{Ab}、K_{Ba} 和 K_{Bb} 四个开关均处于原始状态。这时 a 线上没有电流，b 线上有微小电流流过。其他各种信令也可通过开关的不同位置来获得。通过检测 a、b 线上的电流可以识别不同的局间线路信令。

2) 带内单频脉冲(2600 Hz)线路监测信令

当局间为载波电路时，在呼叫接续和通话过程中，局间中继电路上传送 2600 Hz 信令，用于对中继线路进行监测。之所以采用 2600 Hz 信令作为监测信令，是因为 2600 Hz 在话音频带的高频段，彼此的相互干扰小。2600 Hz 信令由短信令单元、长信令单元、长/短信令单元的组合以及连续信令单元组成。短信令单元为短信令脉冲，标称值为 150 ms。长信令单元为长信令脉冲，标称值为 600 ms。长/短信令单元的最小标称间隔为 300 ms。

2600 Hz 线路监测信令的种类、结构和传送方向如表 8.4 所示。表 8.4 中各种信令的定义和作用如下所述：

(1) 占用信令：表示发端局占用终端局入中继器，请求终端局接收后续信令。

(2) 拆线信令：用于通话结束，释放该呼叫占用的所有交换机设备和中继传输设备。

(3) 重复拆线信令：发端局出中继器发送拆线信令后 2～3 s 内收不到释放监护信令时再发送此信令。

(4) 应答信令：由入中继器发送的后向信令，表示被叫用户摘机应答，可以启动通话计时。

(5) 挂机信令：由入中继器发送的后向信令，表示被叫用户话终挂机，可以释放通信网络链路。

(6) 释放监护信令：是拆线信令的后向证实信令，表示入局端的交换设备已经拆线。

(7) 闭塞信令：入中继器发出的后向信令，通知主叫端该条中继线已被闭塞，禁止主叫端出局呼叫占用该线路。

(8) 再振铃信令：长途局话务员与被叫用户建立接续和被叫应答后，若被叫用户挂机而话务员仍需呼叫该用户，则发送此信令。

(9) 强拆信令：在规定允许强拆的用户中，话务员用此信令强行拆除正在通话的用户。

(10) 回振铃信令：话务员回叫主叫用户时使用。

(11) 强迫释放信令：在双向中继器时强迫释放双向电路。

(12) 请发码信令：后向证实信令，表示话务员可以进行发码操作。

(13) 首位号码证实信令：收到第一位号码后的证实信令，表示可以接着发送号码。

(14) 被叫用户到达信令：对端长话局已经呼叫到被叫用户时发送此信令，表示可以向被叫振铃和向主叫送回铃音。

表 8.4　2600 Hz 线路监测信令的种类、结构和传送方向

编号	信令种类		传送方向		信号音结构	说明
			前向	后向		
1	占用		→		单脉冲 150 ms	
2	拆线		→		单脉冲 600 ms	
3	重复拆线		→		150 ms / 300 ms 600 ms / 600 ms 600 ms 600 ms	
4	应答			←	单脉冲 150 ms	
5	挂机			←	单脉冲 600 ms	
6	释放监护			←		
7	闭塞			←	连续	
8	话务员信令	再振铃或强拆	→		150 ms 150 ms 150 ms / 150 ms 150 ms	每次至少 3 个脉冲向被叫发送
		回振铃		←		每次至少 3 个脉冲向主叫发送
9	强迫释放		→	←	单脉冲 600 ms	相当于拆线信令
10	请发码				单脉冲 600 ms	
11	首位号码证实			←	单脉冲 600 ms	
12	被叫用户到达				单脉冲 600 ms	

3) 局间数字型线路监测信令

局间数字型线路监测信令采用 PCM30/32 帧结构中的 TS_{16} 按复帧集中传输。前、后向信令各占用 TS_{16} 中的两位二进制比特位(a、b)，如图 8-7 所示。

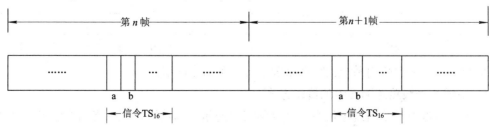

图 8-7　数字型线路监测信令

图 8-7 中的前向信令用 a_f、b_f 表示，后向信令用 a_b、b_b 表示，代号所对应的编码和作用如下所述：

(1) a_f：1 表示主叫挂机状态；0 表示主叫摘机状态。

(2) b_f：1 表示主叫局故障；0 表示主叫局无故障。

(3) a_b：1 表示被叫挂机状态；0 表示被叫摘机状态。

(4) b_b：1 表示被叫局占用；0 表示被叫局有空闲。

局间数字型线路监测信令编码如表 8.5 所示。

表 8.5　局间数字型线路监测信令编码

接续状态			编码			
			前　向		后　向	
			a_f	b_f	a_b	b_b
示闲			1	0	1	0
占用			0	0	1	0
占用确认			0	0	1	1
被叫应答			0	0	0	1
复原	主叫控制	被叫先挂机	0	0	1	1
		主叫后挂机	1	0	1	1
					1	0
		主叫先挂机			0	1
			1	0	1	1
					1	0
	互不控制	被叫先挂机	0	0	1	1
			1	0	1	0
		主叫先挂机			0	1
			1	0	1	1
					1	0
	被叫控制	被叫先挂机	0	0	1	1
			1	0	1	0
		主叫先挂机	1	0	0	1
		被叫后挂机	1	0	1	1
					1	0
闭塞			1	0	1	1

信令编码可根据传输系统的特性来确定每一条信令的形式。

2. 中国 1 号线路监测信令的传输方式

信令的传输方式是指规定信令在信令网络中的组织和传输过程。当信令经过一个或几个中间局转接时，其传输方式有两种：端到端传输方式和逐段传输方式。

1) 端到端传输方式

信令的端到端传输方式如图 8-8 所示。

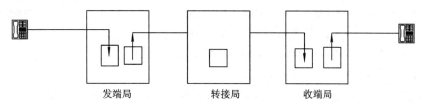

发端局　　　　　　转接局　　　　　收端局

图 8-8　端到端传输方式

在端到端传输方式中，发端局直接向收端局发送信令，转接局仅提供信令通路，并不处理信令。

2) 逐段传输方式

信令的逐段传输方式如图 8-9 所示。

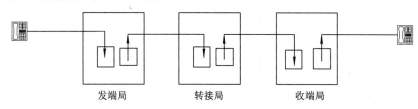

发端局　　　　　　转接局　　　　　收端局

图 8-9　逐段传输方式

在逐段传输方式中，信令每经过一个转接局，转接局都要对信令进行校验分析，然后转发至下一局。

我国的线路监测信令采用逐段传输方式。

8.2.2　记发器信令

1. 中国 1 号记发器信令的类型和定义

中国 1 号记发器信令主要包括用户号码信令、用户类别信令和接续控制信令。

(1) 地址信令：前向信令，表示被叫号码，其中国家号码标志仅在转接局使用。

(2) 地址结束信令：前向信令，表示地址信息已传送完毕。

(3) 语言标志信令：前向信令，在半自动接续中说明话务员应讲何种语言。

(4) 鉴别标志信令：鉴别是半自动还是全自动通信方式。

(5) 试验呼叫标志信令：前向信令，表示呼叫是由试验装置发出的。

(6) 主叫类型信令：前向信令，说明呼叫是来自普通用户还是话务员，是国际呼叫还是国内呼叫，是数据终端呼叫还是维护终端呼叫等。

(7) 请求地址信令：后向信令，请求主叫端发送地址或语言标志信息等。

(8) 请求呼叫类型信令：后向信令，请求主叫端发送呼叫类型信息。

(9) 阻塞信令：后向信令，表示通信线路或交换设备阻塞。

(10) 地址齐全信令：后向信令，表示根据被叫端接收到的地址信息即可确定路由，无需进一步的地址信息。

(11) 被叫状态信令：后向信令，说明被叫用户是否空闲，是否已闭塞，是否应计费等。

2. 中国 1 号记发器信令的结构

中国 1 号记发器信令同样分为前向信令和后向信令。它们均采用多频组合方式。

(1) 前向信令频率有 1380 Hz、1500 Hz、1620 Hz、1740 Hz、1860 Hz、1980 Hz，采取"六中取二"的组合方式，最多可组成 15 种不同含义的信令。

(2) 后向信令频率有 1140 Hz、1020 Hz、900 Hz、780 Hz，采用"四中取二"的组合方式，最多可组成 6 种不同含义的信令。

由于记发器信令在通话建立之前传送，因此不存在通话话音和信令的相互干扰问题。多频记发器信令如表 8.6 所示。

表 8.6　多频记发器信令

信令编号	信令代码	频率/Hz					
		f0	f1	f2	f4	f7	f11
		1380	1500	1620	1740	1860	1980
		1140	1020	900	780		
1	f0 + f1	√	√				
2	f0 + f2	√		√			
3	f1 + f2		√	√			
4	f0 + f4	√			√		
5	f1 + f4		√		√		
6	f2 + f4			√	√		
7	f0 + f7	√				√	
8	f1 + f7		√			√	
9	f2 + f7			√		√	
10	f4 + f7				√	√	
11	f0 + f11	√					√
12	f1 + f11		√				√
13	f2 + f11			√			√
14	f4 + f11				√		√
15	f7 + f11					√	√

中国 1 号记发器前向信令分为 I 组信令和 II 组信令，后向信令分为 A 组信令和 B 组信令。后向 A 组信令是前向 I 组信令的互控和证实信令，二者具有"乒乓"关系；后向 B 组信令是前向 II 组信令的互控和证实信令，二者也具有"乒乓"关系，如表 8.7 所示。

表 8.7　中国 1 号记发器前向信令和后向信令

前 向 信 令			后 向 信 令		
组别	名称	信令含义	组别	名称	信令含义
I	KA	主叫用户类别	A	A1、A2、A3、A4、A5、A6	收码状态和接续状态的回控信令
	KC	长途接续类别			
	KE	市内接续类别			
	号码信令	数字 0~9			
II	KD	业务类别	B	KB	被叫用户状态

1) 前向 I 组信令

记发器前向 I 组信令是指接续操作所需要的地址等信令，由 KA、KC、KE 接续控制信令和 0~9 号码信令组成。

(1) KA 信令。KA 信令是发端市话局向发端长话局或发端国际局发送的主叫用户类别信令。KA 信令提供本次接续的计费类别(定期、立即、免费等)和用户等级(普通、优先)。

(2) KC 信令。KC 信令是长话局间发送的接续控制信令，具有保证优先用户通话、控制卫星电路段数、完成指定呼叫及测试呼叫等功能。

(3) KE 信令。KE 信令是终端长话局向终端市话局发送的接续控制信令。

(4) 0~9 号码信令。前向 I 组信令中的 0~9 号码信令用来表示主叫用户号码和被叫用户号码。

2) 前向 II 组信令

记发器前向 II 组信令是 KD 信令，KD 信令用于说明发话方身份或呼叫类型。

3) 后向 A 组信令

后向 A 组信令包含 A1、A2、A3、A4、A5 和 A6 信令。

(1) A1、A2、A6 信令。这三种 A 信令统称为发码位次控制信令，用以控制前向数字信令的发码位次。

A1 的含义是要求对端发下一位，即接着往下发号；A2 的含义是要求对端由第一位发起，即重发前面已发过的信令；A6 的含义是要求对端发送主叫用户类别 KA 信令和主叫用户号码。

(2) A3 信令。A3 信令是转换控制信令，由发前向 I 组信令改发前向 II 组信令，由发后向 A 组信令改发后向 B 组信令。

(3) A4 信令。A4 信令是机键拥塞信令，它在接续尚未到达被叫用户之前遇到设备忙(例如记发器忙或中继线忙)不能完成接续，致使呼叫失败时发出的信令。

(4) A5 信令。在接续尚未到达被叫用户之前，当发现所发局号或区号为空号时，记发器发送 A5 信令。

4) 后向 B 组信令 KB

KB 信令是表示被叫用户状态的信令，起控制和证实前向 II 组信令的作用。

中国 1 号记发器信令的类型如图 8-10 所示。

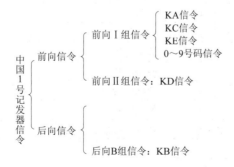

图 8-10　中国 1 号记发器信令的类型

3. 中国 1 号记发器信令编码

1) 前向 I 组信令编码

前向 I 组信令是接续操作所需要的地址等记发信令，其编码如表 8.8 所示。

表 8.8　记发器前向Ⅰ组信令编码

信令编号	信令代码	信令含义	
		a	b
1	Ⅰ-1	语言标志：法语	数字：1
2	Ⅰ-2	语言标志：英语	数字：2
3	Ⅰ-3	语言标志：德语	数字：3
4	Ⅰ-4	语言标志：俄语	数字：4
5	Ⅰ-5	语言标志：西班牙语	数字：5
6	Ⅰ-6	语言标志：(保留)	数字：6
7	Ⅰ-7	语言标志：(保留)	数字：7
8	Ⅰ-8	语言标志：(保留)	数字：8
9	Ⅰ-9	语言标志：(保留)	数字：9
10	Ⅰ-10	鉴别标志	数字：0
11	Ⅰ-11	国家号码标志	访问话务员
12	Ⅰ-12	国家号码标志	访问话务员组
13	Ⅰ-13	试验呼叫标志	访问试验设备
14	Ⅰ-14	国家号码标志	要求转接局插入
15	Ⅰ-15	未用	地址结束

　　Ⅰ组信令中每个信令对应 a、b 两条含义，当作为第一个前向传输信令时，它们对应于 a 中的含义，除此之外它们对应 b 中的含义。例如，当主叫局依次发出Ⅰ-1，Ⅰ-1，Ⅰ-2，…时，第一个Ⅰ-1 表示法语话务员，其后的Ⅰ-1，Ⅰ-2，…表示地址号码 1，2，…。

　　2) 前向Ⅱ组信令编码

　　前向Ⅱ组信令主要用来说明发话方身份或呼叫类型，其编码如表 8.9 所示。

表 8.9　记发器前向Ⅱ组信令编码

信令编号	信令代码	信令含义	说　明
1	Ⅱ-1	普通用户	国内通信
2	Ⅱ-2	优先用户	
3	Ⅱ-3	维护设备	
4	Ⅱ-4	未用	
5	Ⅱ-5	话务员	
6	Ⅱ-6	数据传输	
7	Ⅱ-7	普通用户	国际通信
8	Ⅱ-8	数据传输	
9	Ⅱ-9	优先用户	
10	Ⅱ-10	具有转接能力的话务员	
11	Ⅱ-11		未用
12	Ⅱ-12		
13	Ⅱ-13		
14	Ⅱ-14		
15	Ⅱ-15		

Ⅱ-1、Ⅱ-2 和Ⅱ-5 用于说明呼叫者的身份和级别；

Ⅱ-3 表示呼叫来自维护设备；

Ⅱ-6 表示呼叫来自数据传输；

Ⅱ-7、Ⅱ-8 和Ⅱ-9 用于国际通信。

前向信令Ⅰ组和Ⅱ组中同一信令形式所对应的信令含义由传输规程及系统状态决定。

3) 后向 A 组信令编码

后向 A 组信令编码如表 8.10 所示。

表 8.10　后向 A 组信令编码

信令编号	信令代码	信　令　含　义
1	A-1	发送下一位号码
2	A-2	发送前一位号码
3	A-3	号码收全，转换至接收 B 组信令状态
4	A-4	国内网络阻塞
5	A-5	请发送呼叫类型信息(前向Ⅱ组信令)
6	A-6	接通路由，被叫应答后就可计费

4) 后向 B 组信令编码

后向 B 组信令是表示被叫用户线状态的信令。后向 B 组信令编码如表 8.11 所示。

表 8.11　后向 B 组信令编码

信令编号	信令代码	信　令　含　义
1	B-1	供国内通信网使用
2	B-2	呼叫失败，发送特别信号音
3	B-3	用户线忙
4	B-4	由 A 组切换至 B 组后遇到网络或线路阻塞
5	B-5	被叫号码是空号
6	B-6	接续成功，开始计费

4. 记发器信令的传送方式

记发器信令由一个交换局的记发器送出，由另一个交换局的记发器接收。为了保证信令的可靠传输，记发器信令采用端到端的"多频互控"(MFC，Multi Frequency Compelled)方式传送。该方式在每传送一个记发器信令时，相应的前向信令和后向信令都要以连续互控的方式在发端局与终端局之间直接进行。其具体过程如下：

主叫端发出的前向信令到达被叫端后，一经被叫端识别，被叫端就立即送回后向信令。在该后向信令到达主叫端之前，主叫端将持续地发送原前向信令，直至接收到证实信令才停止；被叫端同样持续地发送证实信令，直至检测到主叫端停止发送前向信令为止。主叫端检测到后向信令消失后，才发送第二个信令，开始新的互控信令周期。

记发器信令之所以要以端到端的方式传送，是因为每一个记发器信令都具有后向证实信令，不需要转接局监测。

8.3　公共信道信令——No.7 信令

8.3.1　公共信道信令的概念

公共信道信令系统可将一组话路所需要的各种控制信令(局间信令)集中到一条与话音通路完全分开的公共数据链路上进行传送。公共信道信令系统的应用从根本上解决了随路信令系统的缺陷。

1. 随路信令系统的缺陷

(1) TS_{16} 信道利用率低。

(2) 信令传送速度慢。

(3) 在通话期间不能传送信令。

(4) 按照话路配备信令设备,不够经济。

(5) 信令编码容量有限,线路信令最大容量为 $2^4 = 16$,记发器信令最大容量为 $2^8 = 256$ (实际中"六中取二"多频记发器信令的容量仅为 15),会影响某些新业务的应用。

(6) 信令系统只适用于基本的电话呼叫接续,很难扩展用于其他新业务,因此不能适应通信网的未来发展。

2. 公共信道信令系统的发展和应用

公共信道信令系统经历了由 No.6 信令系统到 No.7 信令系统的发展。No.6 信令系统按照模拟电话网的特点设计,用于模拟通信网。No.7 信令系统按照数字电话网的特点设计,用于数字通信网。No.7 信令系统克服了随路信令系统的所有缺陷,是目前最先进、应用前景最广泛的一种国际标准化公共信道信令系统。目前,No.7 信令系统应用如下:

(1) 电话网的局间信令。

(2) 数据网的局间信令。

(3) ISDN 的局间信令。

(4) 运行、管理和维护中心的信令。

(5) 交换局和智能网的业务控制点之间传递的信令。

(6) PABX 的信令。

3. 公共信道信令系统的优点和特点

1) 公共信道信令系统的优点

与随路信令系统相比,公共信道信令系统具有如下优点:

(1) 系统是在软件的控制下采用高速数据信息来传送信令的,因而建立呼叫接续的时间比随路信令系统大大缩短,并且增、减信令或改变信令信息都十分方便。

(2) 由于信令通道与各话路通道没有固定的对应关系,因而更具灵活性。

(3) 系统不但可以传送与呼叫有关的电路接续信令,还可以传送与呼叫无关的管理、维护信令,而且任何时候(包括用户正在通信期间)都可传送信令。

(4) 信令网与业务通信网分离,便于维护和管理。

2) 公共信道信令系统的特点

(1) 系统不再区分线路信令和记发器信令。

(2) 信令信息的形式用不同长度的单元来传送。

(3) 信令单元分为若干段，每一段都具有自己的功能，如标志码、信息字段、校验位等；

(4) 在不送信令信息时发送填充单元，以保持在该信令信道上的信令单元同步。

(5) 每一信令单元需要有一个标记信息段，其长度取决于要识别的话路数。

(6) 公共信道信令采用标记寻址，每一条话路都没有专用的信令设备，它们采用排队的方式占用信令设备。

(7) 公共信道信令方式不能证实话路的好坏，所以需进行话路导通试验。

(8) 需要有专门的差错检测和差错校正技术。

(9) 对于长度较长的信令，可以分装成若干信令单元并连接起来，组成多单元消息。

(10) 在多段路由接续中，信令信息按逐段转发方式传送，信令必须经过处理后才能转发至下一段。

8.3.2　No.7 信令系统的组成

No.7 信令系统由公共的消息传递部分(MTP，Message Transfer Part)和独立的用户部分(UP，User Part)组成，如图 8-11 所示。

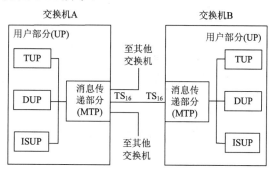

图 8-11　No.7 信令系统组成

1. 用户部分(UP)

No.7 用户部分定义了通信网的各类用户(或业务)所需要的信令及其编码形式。根据终端的不同，UP 可以是电话用户部分(TUP)、数据用户部分(DUP)、ISDN 用户部分(ISUP)等。

1) 电话用户部分(TUP)

No.7 系统为 TUP 定义了电话呼叫时所需要的 7 类信令信息。

(1) 前向地址：用于传输被叫地址的信令。

(2) 前向建立：用于传输、建立与通话有关的信令。

(3) 后向建立请求：请求主叫端发送被叫端要求，建立链路所需的信令。

(4) 后向建立成功信息：向主叫端发送接续成功的信令。

(5) 后向建立失败信息：向主叫端发送接续失败的信令。

(6) 呼叫监测：用于呼叫监测的信令。

(7) 话路监测：用于话路监测的信令。

发送上述每一条信令的编码格式如图 8-12 所示。

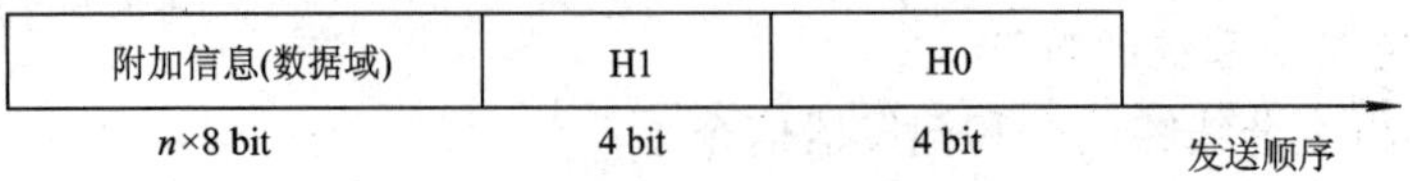

附加信息(数据域)	H1	H0
n×8 bit	4 bit	4 bit

发送顺序 →

图 8-12　发送 TUP 信令的编码格式

图 8-12 说明每一条信令都有一个由 H0 和 H1 两个域构成的标题(Heading)，H0 用于区分电话用户部分的 7 类信令，H1 则用于区分同类中的不同信令。No.7 TUP 信令的定义及相应的编码如表 8.12 所示。

表 8.12　No.7 TUP 信令的定义及相应的编码

信 令 类 型		H0	H1	信 令 含 义	信令代码	附加信息
1	前向地址	0001	0001	首次地址	IAM	有
			0010	首次地址及补充信息	IAI	有
			0011	后续地址	SAM	有
			0100	仅含有 1 个数字的后续地址	SAO	有
2	前向建立	0010	0001	主叫方标志	GSM	有
			0011	畅通性试验结束	COT	无
			0100	畅通性试验失败	CCF	无
3	后向建立请求	0011	0001	请求发主叫标志	GRQ	无
4	后向建立成功信息	0100	0001	地址齐全	ACM	有
			0010	计费	CHG	有
5	后向建立失败信息	0101	0001	交换设备阻塞	SEC	无
			0010	中继群阻塞	CGC	无
			0011	国内网阻塞	NNC	无
			0100	地址齐全	ADI	无
			0101	呼叫失败	CFL	无
			0110	被叫用户忙	SSB	无
			0111	空号	UNN	无
			1000	话路故障或已拆除	LDS	无
			1001	发送特殊信号音	SST	无
			1010	禁止接入(已闭塞)	ACB	无
			1011	未提供数字链路	DPN	无
6	呼叫监测	0110	0001	应答计费	ANC	无
			0010	应答免费	ANN	无
			0011	后向释放	CBK	无
			0100	前向释放	CLF	无
			0101	再应答	RAN	无
			0110	前向转换	FOT	无
			0111	发话用户挂机	CCL	无
7	话路监测	0111	0001	释放保护	RLG	无
			0010	闭塞	BLD	无
			0011	闭塞确认	BLA	无
			0100	解除闭塞	UBL	无
			0101	解除闭塞确认	UBA	无
			0110	请求畅通性试验	CCR	无
			0111	复位线路	RSC	无

"前向地址"类"首次地址"信令的格式和数据域的编码定义如图 8-13 所示。

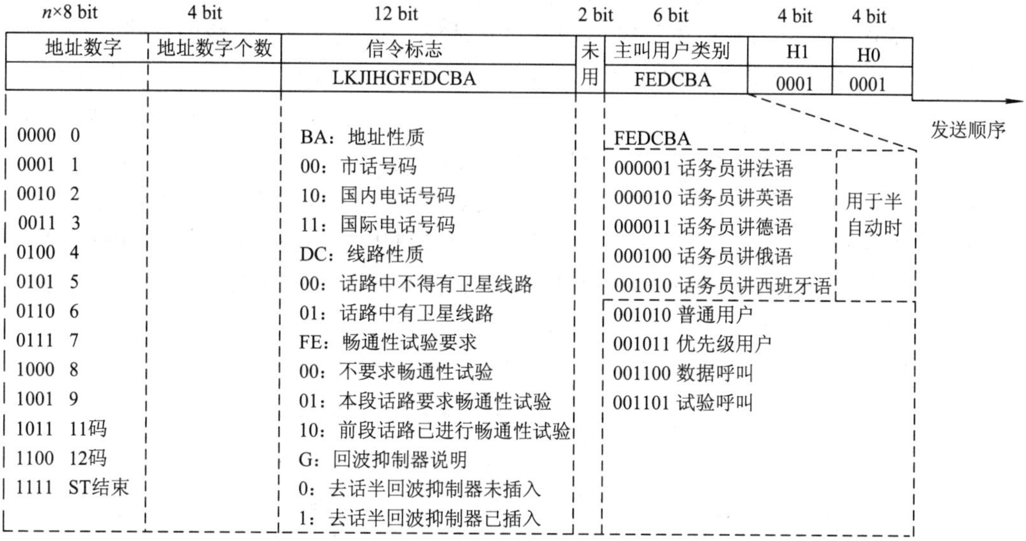

n×8 bit	4 bit	12 bit	2 bit	6 bit	4 bit	4 bit
地址数字	地址数字个数	信令标志	未用	主叫用户类别	H1	H0
		LKJIHGFEDCBA		FEDCBA	0001	0001

0000 0		BA：地址性质		FEDCBA	用于半自动时
0001 1		00：市话号码		000001 话务员讲法语	
0010 2		10：国内电话号码		000010 话务员讲英语	
0011 3		11：国际电话号码		000011 话务员讲德语	
0100 4		DC：线路性质		000100 话务员讲俄语	
0101 5		00：话路中不得有卫星线路		001010 话务员讲西班牙语	
0110 6		01：话路中有卫星线路		001010 普通用户	
0111 7		FE：畅通性试验要求		001011 优先级用户	
1000 8		00：不要求畅通性试验		001100 数据呼叫	
1001 9		01：本段话路要求畅通性试验		001101 试验呼叫	
1011 11码		10：前段话路已进行畅通性试验			
1100 12码		G：回波抑制器说明			
1111 ST结束		0：去话半回波抑制器未插入			
		1：去话半回波抑制器已插入			

发送顺序

图 8-13 "前向地址"类"首次地址"信令的格式和数据域的编码定义

"前向建立"类"主叫方标志"信令带有附加信息，其格式及编码如图 8-14 所示。

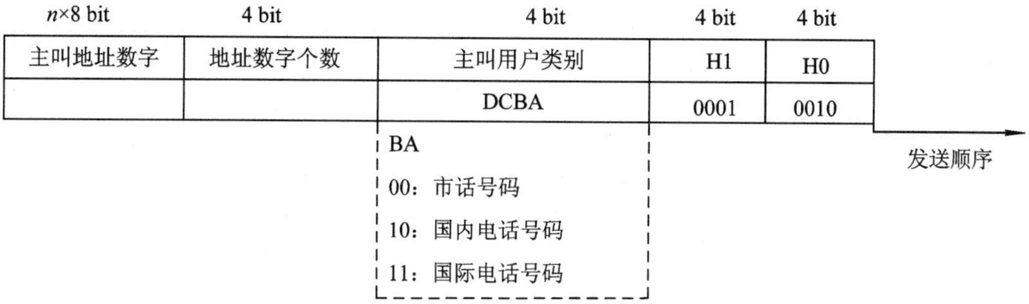

n×8 bit	4 bit	4 bit	4 bit	4 bit
主叫地址数字	地址数字个数	主叫用户类别	H1	H0
		DCBA	0001	0010

BA
00：市话号码
10：国内电话号码
11：国际电话号码

发送顺序

图 8-14 "前向建立"类"主叫方标志"信令的格式及编码

"后向建立成功信息"类"地址齐全"信令带有附加信息，其格式及编码如图 8-15 所示。

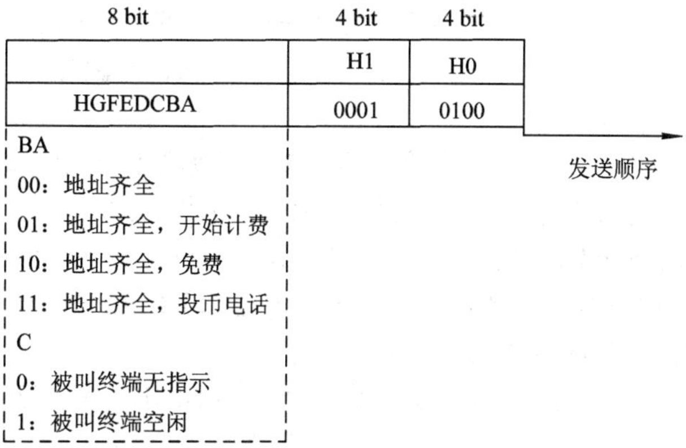

8 bit	4 bit	4 bit
	H1	H0
HGFEDCBA	0001	0100

BA
00：地址齐全
01：地址齐全，开始计费
10：地址齐全，免费
11：地址齐全，投币电话
C
0：被叫终端无指示
1：被叫终端空闲

发送顺序

图 8-15 "后向建立成功信息"类"地址齐全"信令的格式及编码

【例 8.1】 在 No.7 信令系统中，设某次国际长途电话采用半自动方式，话务员讲俄语，接收局为被叫终端局，被叫电话号码为 681923501。链路中有一段卫星线路，无回波抑制，在通话链路建立后要求进行畅通性试验。试求"首次地址"信令的格式及编码。

解 由表 8.12 可查得"首次地址"信令的标题为 H0 = 0001，H1 = 0001。由图 8-13 可查得"主叫用户类别"的编码为 FEDCBA = 000100，"信令标志"的编码为 GFEDCBA = 0010111，"地址数字个数"为 9，"地址数字"的编码为 1001。

我们知道，用户部分(UP)产生的信令需通过消息传递部分(MTP)来传输，为了信令在传输过程中不出错，上述 TUP 的每一条信令在进入 MTP 之前还必须加上收/发信令点和用户类别的信息。TUP 传递给 MTP 的信令应具有如图 8-16 所示的格式。

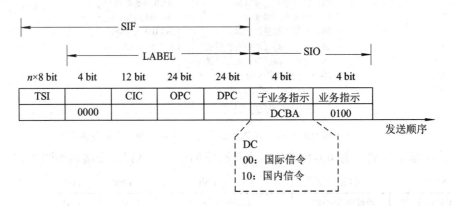

图 8-16　TUP 输出信令格式

图 8-16 中各字段的含义如下所述：

业务指示：用以说明信令属于哪个用户部分，对于 TUP 为 0100。

子业务指示：仅用在信令发送点是国内网与国际网的交接局时，说明信令来自国内网还是国际网。

DPC：信令宿点代码，说明信令的接收地点。

OPC：信令源点代码，说明信令的发送地点。

每个信令点都有一个唯一的代码。OPC、DPC 的 24 bit 代码说明允许整个信令网中最多设置 2^{24} = 16 777 216 个信令点。

CIC：话路标志代码。当中继传输信号为 2.048 Mb/s 的 PCM 数字信号时，CIC 的低 5 位说明话路所在的时隙，其余各位则说明话路所在的一次群的编号。

2) 数据用户部分(DUP)

No.7 信令的数据用户部分仅适合于电路交换型数据通信。由于通信终端不同，因此 DUP 所定义的信令及其功能与 TUP 的差别主要体现为传输速率不同。DUP 的传输速率较低，一般为 2.4 kb/s，而 TUP 的传输速率为 64 kb/s。因此，No.7 系统允许将一条 64 kb/s 的信道划分成若干个时分复用的数据通信信道，通过标签(LABEL)来说明这些数据信道的信令。数据信令标签的格式如图 8-17 所示。

BIC：基本信道标志代码，说明数据子信道所在的 64 kb/s 信道位于哪个一次群的第几时隙。

TSC：时隙代码，说明数据子信道在 64 kb/s 基本信道中的位置。

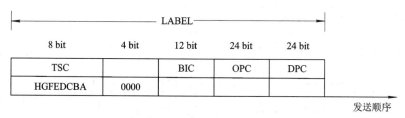

图 8-17　数据信令标签的格式

TSC 的编码用 HGFEDCBA 表示，其中，GFE 的二进制数值表示数据子信道在基本信道中的第几个 12 kb/s 信道，其取值范围为 0～4，DCBA 的二进制数值表示数据子信道位于 12 kb/s 信道中的第几子信道数。GFE 与 DCBA 的编码及含义如图 8-18 所示。

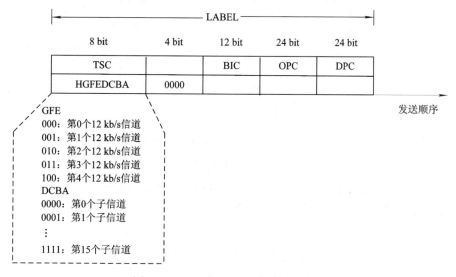

图 8-18　GFE 与 DCBA 的编码及含义

当子信道速率为 0.6 kb/s 时，DCBA 取 0000～1111；当子信道速率为 2.4 kb/s 时，DCBA 取 0000～0011；当子信道速率为 4.8 kb/s 时，DCBA 取 0000～0001；当子信道速率为 9.6 kb/s 时，DCBA 取 0000。

例如，TSC = 01001011 表示数据信道位于基本信道中第 4 个 12 kb/s 信道的第 11 子信道。根据子信道速率规则，第 11 子信道速率必定是 0.6 kb/s。

当 64 kb/s 作为一个信道使用时，TSC 必须设置为 01110000(H 永远为 0)。

2. 消息传递部分(MTP)

MTP 是整个信令网的交换与控制中心，被各类用户部分共享。各个用户部分所产生的信令均被送入 MTP，由 MTP 在每条信令上添加适当的控制信息后，经过数字中继的第 16 时隙成包地送往指定的交换机。在相反方向，MTP 对接收到的数据包进行地址分析，并据此将包中的信令传送给指定的用户部分。当本局并非数据包的终端局时，MTP 便选择适当的路由及链路，将它转发到信令的终端局或其他转接局。

MTP 的内部结构如图 8-19 所示。

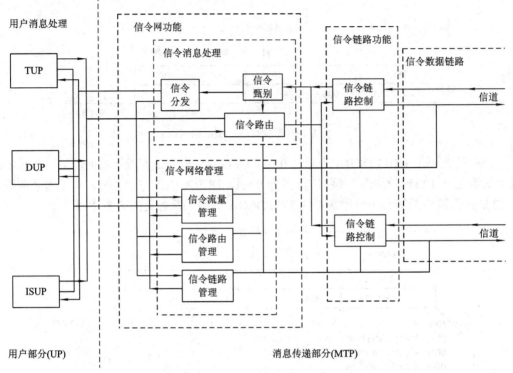

图 8-19　MTP 的内部结构

MTP 的内部由信令数据链路、信令链路功能和信令网功能组成，它们与用户消息处理构成 No.7 信令系统的四层功能结构，如图 8-20 所示。

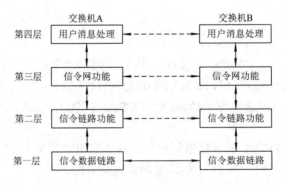

图 8-20　No.7 信令系统的四层功能结构

1) 信令数据链路(第一层)

第一层由交换网络中的接续链路和数字中继组成，在两个链路终端之间通过时隙 16 为信令传输提供一条 64 kb/s 的双向数据信道。

2) 信令链路功能(第二层)

第二层除了需要把来自第三层的信令转换成适合于第一层传输的电信号以外，还规定了在一条信令链路上传送信令消息的相应功能程序，包括信令单元的定界和定位、差错检验和纠错以及流量控制等，以保证信令消息在两个链路终端之间能可靠传送。

3) 信令网功能(第三层)

第三层由信令消息处理和信令网络管理两个模块组成。

(1) 信令消息处理模块负责接收来自各个用户部分(UP)的信令消息,对其携带的路由信息进行分析,并据此将信息送至某条相应的信令链路。来自第二层的信息经信令消息处理模块甄别后,传送给某个用户部分。

(2) 信令网络管理模块负责整个信令网的管理,它包括以下三个方面的内容:

① 信令流量管理。信令流量管理负责调整各信令路由之间及各链路之间的话务量,并在网络出现拥塞时,适当地限制一些用户部分(UP)的信令发送。

② 信令路由管理。信令路由管理负责监督信令网中是否有某条路由的组成链路出现中断或拥塞,并负责将路由存在的问题以及恢复后的信息传送给网中各个相关的信令点。

③ 信令链路管理。信令链路管理负责监视信令链路的运行是否正常,在发生故障时,关闭信令链路,并将有关信息通知信令路由选择模块。

4) 用户消息处理(第四层)

第四层由各种不同的用户部分(UP)组成,每个 UP 可提供与该类用户相关业务所需要的信令功能,控制电信网的接续和运行。

No.7 信令系统实质上是一个逻辑上独立的分组交换式数据通信网。第二、第三层构成了信令网的分组交换机,其中,第二层为分组交换机的接口,第三层包括了信令的交换和信令网的管理功能,而第一层是分组交换网的传输信道。信令按逐层增长的过程传输,即用户部分首先产生信令信息(第四层),然后加上网络信息(第三层),再由链路终端加入差错控制信息(第二层),最后送入数据链路(第一层)。

8.3.3　No.7 信令链路单元格式

来自 UP(第四层)的信令经信令路由(第三层)进入指定的信令链路(第二层)后,必须经过适当的传输差错控制处理,才能送入信令数据链路(第一层)。进入信令数据链路的信令称为一个信令单元。

No.7 信令是通过信令单元的形式在信令链路上传送的。信令单元由可变长度的信息字段和固定长度的其他各种控制字段组成。No.7 信令系统有三种形式的信号单元:消息信号单元(MSU)、链路状态信号单元(LSSU)和插入信号单元(FISU),如图 8-21 所示。

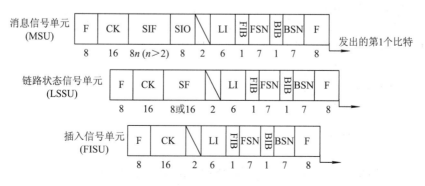

图 8-21　No.7 信令系统的三种信号单元

1. 消息信号单元(MSU，Message Signal Unit)

MSU 用于传递来自用户级的信令消息和提供用户所需要的信令消息。每个字段含义如下所述。

1) 帧标码(F)

帧标码(F)来自第二层，标志一帧的开始或结束，起信号单元定界和定位的作用。F 的码型为 01111110。为避免信号单元中其他字段出现这个码型，在加帧标之前必须做插零处理，例如，当遇到连续 5 个"1"时，就要在第 5 个"1"后插入一个"0"(无论第 6 个是"0"或"1")，于是命令信道中传输的信号除帧标外，不可能出现连续的 6 个"1"。在接收端则必须做删零处理。

2) 业务信息字段(SIO)

业务信息字段(SIO)来自第三层，它只出现在 MSU 中，用以指定不同的用户部分，说明信令的来源。SIO 共占 8 bit，分为 4 bit 业务表示语和 4 bit 子业务字段，如图 8-22 所示。

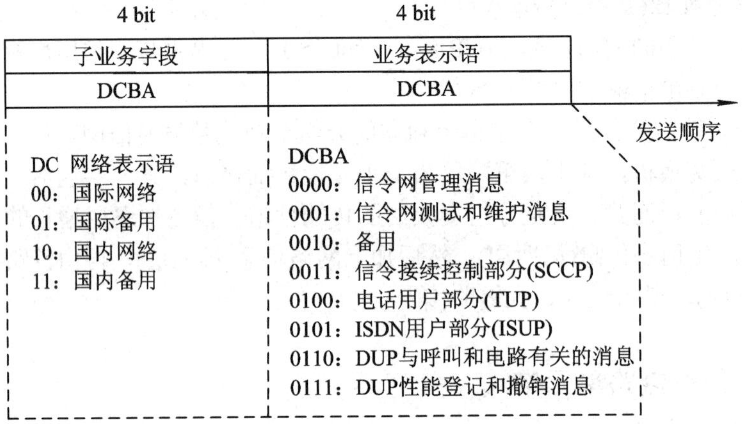

图 8-22　业务信息字段的格式和编码

(1) 业务表示语。业务表示语用来说明信令消息与某用户部分(UP)的关系。SCCP 用于加强 MTP 功能。MTP 只能提供无连接的消息传递功能，而 SCCP 能提供定向连接和无连接网络业务。

(2) 子业务字段。子业务字段用来说明用户部分的类型。字段包括网络表示语比特(DC)和备用比特(BA)。

3) 信令信息字段(SIF)

信令信息字段(SIF)来自第四层，由用户部分规定，最长可有 272 个字节。根据用途不同，信令信息字段可以分为以下四种类型的消息：

- A 类：MTP 管理消息。
- B 类：TUP 管理消息。
- C 类：ISUP 管理消息。
- D 类：SCCP 消息。

4) 长度表示语(LI)

长度表示语(LI)用来指示信令信息字段(SIF)或状态字段(SF)的字节数。LI 为 6 bit，因此最长可指示 0~63 的数。

在 MSU 中，LI > 2；在 LSSU 中，LI = 1 或 2；在 FISU 中，LI = 0。

信令单元中的其余内容是差错控制信息，它们的作用如下：

- FSN：前向序号，信令帧按发送次序依次编号为 0，1，…，127。
- BSN：后向序号，为被证实信令单元的序号 0，1，…，127。
- FIB：前向(重传)指示位，当发送端重传一个信令帧时，便将该位反转一次。
- BIB：后向(重传)指示位，当接收端检测出信令帧差错，需要发送端重传时，便将该位反转一次。
- CK：检验位，用于检验接收到的信号帧是否存在差错。校验对象为 BSN、BIB、FSN、FIB、LI、SIO、SIF(或 SF)的内容。

2. 链路状态信号单元(LSSU，Line Status Signal Unit)

LSSU 传递来自第二层信令链路功能的信息。No.7 信令链路首次启用或故障恢复后，都需要有一个初始化的调整过程，这一过程称为调整。在调整期间，链路两端不断地相互发送链路状态信号单元(LSSU)，用以表示各自的调整情况。

SF 是 LSSU 中的状态字段，由 1～2 个字节组成。图 8-23 所示为 LSSU 中状态字段的格式和编码。

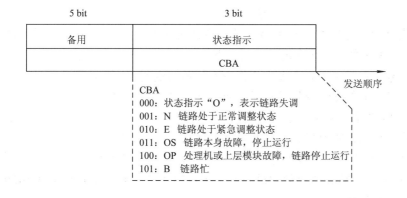

图 8-23　LSSU 中状态字段的格式和编码

调整开始为启动阶段，链路终端连续地发送"O"单元，直至收到对方发来"O"、"N"或"E"单元后，链路终端改发"N"或"E"单元，进入调整阶段。

3. 插入信号单元(FISU，Fill-In Signal Unit)

FISU 传递来自第二层的插入信息，在 FISU 信号单元中仅含差错控制信息。当第二层无信令信号单元传送时，链路终端便发送插入信号单元(FISU)，其意义是填补链路空闲时的位置，保持信令链路的同步，因而 FISU 又称为同步信号单元。

复习思考题

1. 什么是信令？信令有什么作用？

2. 什么是用户线信令？用户线信令包含哪些方面的信令？

3. 在下列信令中，哪些是前向信令，哪些是后向信令？

主叫摘机，主叫挂机，拨号音，忙音，被叫摘机，被叫挂机，振铃，请发码

首位号码证实，中继线占用，中继线占用确认，中继线闭塞，中继线示闲

4. 请在图 8-24 中信令处用箭头标出其传送方向。

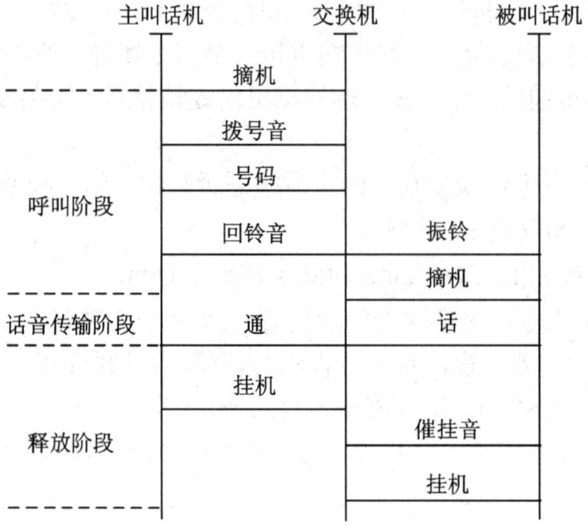

图 8-24　第 4 题图

5. 什么是局间信令？按信令通路与话音通路的关系局间信令可分为哪两种？我国目前主要使用的是哪一种？正在发展普及的是哪一种？

6. 中国 1 号信令规定了哪两方面的信令？试举例说明。

7. 为什么说公共信道信令取代随路信令是通信发展的必然？

8. 试说明 No.7 信令系统的应用范围及特点。

9. No.7 信令系统由哪两部分组成？各部分的功能是什么？

10. No.7 信令的链路单元格式有哪几种？请画图说明它们的格式。

11. 已知一完整的 No.7 信令帧发送序列为 01111011100001111100100111001011011111110。求它经过插零处理后的输出。

12. 在 No.7 信令系统中，设某国际长途电话采用半自动方式，话务员讲英语，接收方是一个国际转接局，被叫电话号码是 66201882286，线路中有回波抑制，没有卫星线路，在通话链路建立后不要求进行畅通性试验。试求"首次地址"信令和"国内网阻塞"信令的编码。

第9章　典型用户交换机介绍

要点提示：🖋

　　本章将以 JSQ-31 V5.0 版本数字用户(程控数字)交换机为例介绍典型用户交换机。JSQ-31 数字用户交换机是为适应数字通信技术的迅速发展而开发的，由北京 738 厂燕新公司与香港 3C(Computer Communication Control)公司合资生产，因此 JSQ-31 数字用户交换机又称为 3C 机。该交换机的设计吸取了电话交换技术、计算机技术、微电子技术的最新成果，能更好地满足当前发展的使用要求。

9.1　系统概述

　　JSQ-31 数字用户交换机目前分为 V2.0 版本和 V5.0 版本，二者的软、硬件均有一定区别。V5.0 版本在继承 V2.0 版本突出优点的基础上，又做了部分新功能的开发，具有较强的组网能力。该交换机主要在各种专用通信网中作为用户交换机使用，也可应用于公用电信网的小型电话端局和长、市合一局。

1. 系统容量

　　JSQ-31 数字用户交换机系统的最小容量为一个子系统，共 128 个端口，其中用户线占 120 个端口，信号设备(DTMF)占 8 个端口。系统最多可扩充至 8 个子系统(子系统的编号为 0～7 号)，各子系统由完全独立的各个机框组成。因此，端口数量可从 C128 扩充至 C1024(128×8)，系统用户容量可从 120 线扩充至 960(120×8)线。

　　根据用户实装线数，JSQ-31 数字用户交换机所提供的系统容量如表 9.1 所示。

表 9.1　JSQ-31 数字用户交换机所提供的系统容量

机框数	最大用户数	最大模拟中继数(端口数)	最大数字中继数
1	120	24	30
2	240	48	60
3	360	72	90
4	480	96	120
5	600	120	—
6	720	144	—
7	840	168	—
8	960	192	—

2. 系统特点

JSQ-31 数字用户交换机具有开放式系统结构、全分散控制方式、时分数字交换网络、硬件与软件高度模块化等突出的特点。

1) 开放式系统结构

(1) 容量开放：支持 128～1024 端口的容量范围。

(2) 功能开放：各种功能接口采用标准规范，可适应不同的联网环境。

(3) 处理器开放：各子系统的 CPU 采用 SBUS 通信，相互间通信速度快，可增加处理器来发展新功能。

2) 全分散控制方式

JSQ-31 数字用户交换机采用全分散控制方式，每个子系统都具有独立的微处理器、交换网络、时钟和电源，因此系统更加稳定、可靠。JSQ-31 数字用户交换机系统的结构如图9-1 所示。

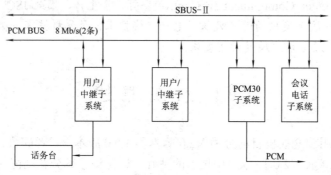

图 9-1　JSQ-31 数字用户交换机系统的结构

(1) 独立的时钟系统。JSQ-31 数字用户交换机不设集中的主时钟设备，子系统各自有独立的时钟，并且无主、从之分，采用"相互同步法"。在运行过程中，由软件自动选定其中一个系统的时钟作为全系统的主时钟，时钟主频为 16 MHz。在这种独立的时钟系统中，任何一个子系统发生故障只停止本子系统的工作，而不影响其他子系统的工作，从而实现了真正意义上的全分散结构。

(2) CPU 间的通信技术。子系统的 CPU 采用 16 位 80C652 单片机。各子系统 CPU 之间的通信以信息包的形式相互传递，传递方法为采用计算机局域网的技术经串行总线 SBUS-Ⅱ进行。这种通信方式使总线得到了充分利用，从而提高了系统的处理能力。

3) 时分数字交换网络

交换网络采用 8×32 专用集成交换芯片。8×32 为单级时分复用交换矩阵，有 2 条 8 M 的 PCM 输入总线，每条输入总线有 128 时隙，共 256 时隙。

8×32 芯片把 2 条 8 M 输入总线 256 时隙中任一时隙的话音信号交换到 2 M 输出总线 32 时隙的任一时隙上，从而实现了 256×32 的交换。

8×32 芯片还有复用功能，将 2 M 的 PCM 输出总线输送来的信号(时隙)插入到 8 M 的 PCM 输出总线的相应位置上。

每个子系统都有一片 8×32 交换芯片，可控制本子系统的 128 个端口，做 4∶1 的压缩后可提供 32 个时隙，完成 256×32 时隙的交换。8 个子系统叠加时组成一个 256×256 时隙的交换网络，各子系统的 PCM 总线和 SBUS-Ⅱ局域网总线相连。

JSQ-31 数字用户交换机的交换网络如图 9-2 所示。

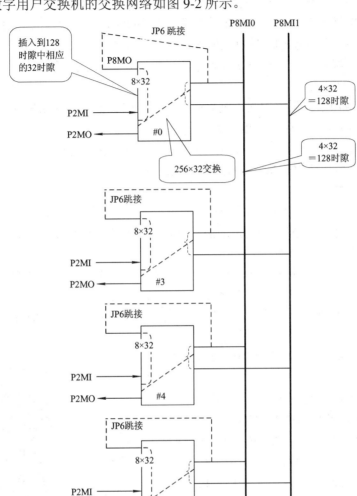

图 9-2　JSQ-31 数字用户交换机的交换网络

4) 可插入话音信号

各种信号音提示、话音提示、DTMF 发送、MFC 发送等都采用专用集成芯片 V132 数码话音插入方式发送。V132 为 32 时隙话音插入芯片，它将存储在 EPROM 中的各种话音信号插入到 PCM 总线端口的接收方向上，信号音不另外占用时隙。这样，每个子系统的 32 个时隙可全部用于用户、中继端口。

5) 硬件端口的模块化和混装子系统

各种端口电路板都以模块化的硬件结构插接在机框内。在一个机框内可实现模拟用户、环路中继、E&M 中继、四线中继、磁石中继以及数字中继的混装。

6) 软件的模块化

JSQ-31 数字用户交换机的软件由交换机系统软件和话务台应用软件两大部分组成。

(1) 交换机系统软件的设计采用分层的模块化设计方法，共分为三层，分别是系统程序、低级周期级程序和高级周期级程序。

① 系统程序。系统程序为主程序，用于控制各端口的呼叫接续。

② 低级周期级程序。低级周期级程序用于扫描检测各用户端口的摘/挂机状态、脉冲/双音多频(DTMF)号码信号的收/发以及转发用户出局号码等。

③ 高级周期级程序。高级周期级程序用于控制各子系统间的通信，以确保各子系统CPU间信息传输的畅通。

(2) 话务台应用软件采用中文人机界面、菜单方式。话务台应用软件用来设置各种参数，以及监视各用户/中继端口的接续状态等。

3. 系统组成

JSQ-31 数字用户交换机系统由各个子系统组成。

1) 子系统的种类

JSQ-31 数字用户交换机的子系统有用户/中继混装子系统、PCM30 数字中继子系统和会议电话子系统三种。子系统间的连线通过母板上的 10 芯插座用 10 芯扁平电缆插接连接。

2) 子系统的配置

JSQ-31 V5.0 版本数字用户交换机系统的典型配置为 4 个用户/中继混装子系统和 1 个数字中继子系统，按此配置时共有 448 个用户、32 个模拟中继和 30 个数字中继。此外，系统还应有一个电源系统、一个话务台以及一个计费台。话务台、计费台通过 RS-232 串口和交换机连接。

JSQ-31 数字用户交换机系统的外观示意图如图 9-3 所示。

(1) 用户/中继混装子系统。用户/中继混装子系统自左向右插装用户/中继 CPU 板、DTMF板、用户板、模拟中继板，最右边插装 DC/DC电源板。一个用户/中继混装子系统最多可插装用户板和模拟中继板共 15 块，每块用户板可安装 8 个用户接口电路，一个用户/中继混装子系统最多可安装 120 个用户接口电路和若干模拟中继电路。用户/中继子系统的数量可按容量的需要灵活配置。

用户/中继混装子系统中的后 4 块板位为模拟中继板板位。模拟中继板包括四线载波中继板、二线环路中继板、E&M 中继板和磁石中继板。这些中继板应安装在后 4 块板位上。该子系统的倒数第四块端口板位(96、98、100 和 102端口)固定安装一块 MFC 板，MFC 模块用于四线载波中继电路，因此，MFC 板必须与四线载波中继板插装在同一子系统中。

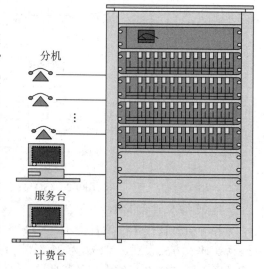

分机

服务台

计费台

图 9-3　JSQ-31 数字用户交换机系统的
外观示意图

① 二线环路中继板。二线环路中继板提供与对端局连接的二线接口。环路中继板为回路启动方式，可发送号盘脉冲或双音多频信号。每块二线环路中继板最多可安装 8 个环路中继电路。

② 磁石中继板。磁石中继板与人工磁石交换机或磁石话机接口连接。每块磁石中继板

最多可安装 8 块磁石中继模块。

③ E&M 中继板。E&M 中继板用以连接长途频分复用设备。每块 E&M 中继板安装 2 块 E&M 中继模块。

④ 四线载波中继板。四线载波中继板与四线载波机接口连接。每块四线载波中继板可安装 4 个四线载波中继模块。

⑤ MFC(多频互控)板。MFC 板与四线载波中继板配合使用。一块 MFC 板安装 4 个 MFC 模块。

(2) PCM30 数字中继子系统。PCM30 数字中继子系统为一块插件板，它可以与用户/中继混装子系统同装在一个机框内，插装在机框的最左边位置。在逻辑上，PCM30 数字中继为单独子系统。PCM30 数字中继以数字信号方式通过中国 1 号信令与对端局连接。

(3) 会议电话子系统。会议电话子系统为一块插件板，可与用户/中继子系统同装在一个机框内，插装在最左边位置(与 PCM30 数字中继接口同板位但不同母板)。在逻辑上，会议电话为单独子系统。使用会议电话子系统需配备相应软件。会议电话子系统可同时进行 29 方会议电话。

各种插件板在同一个机框内的安装位置如图 9-4 所示。

1	2	3	4	5	6	7	8	9	10	11	12	13	14	15	16	17	18	19
PCM30 板／会议电话板	CPU 板	DTMF 板	用户板	用户板	用户板	用户板	用户板	用户板	用户板	用户板	用户板	用户板	用户板	用户／MFC 板	用户／中继板	用户／中继板	用户／中继板	DC/DC 电源板

图 9-4 各种插件板在同一个机框内的安装位置

需要强调的是，用户插件板和中继插件板允许带电插拔，而其他插件板(如 PCM30 中继板、会议电话板、CPU 板、DTMF 板、DC/DC 电源板)则不能带电操作。

上述插件板与物理板位的对应关系如表 9.2 所示。

表 9.2 插件板与物理板位的对应关系

硬 件 名 称	标 号	数 量	位 置
1. 会议电话板	02-27-5-10	1	DIN1
PCM30 板	02-26-5-10	1	DIN1
2. CPU 板	02-22-5-10	1	DIN2
3. DTMF 板	02-23-5-10	1	DIN3
4. 用户板	02-24-5-21	15	DIN4～18
5. 中继板	02-24-5-10	3	DIN16～18
磁石中继板		1	DIN16～18
E&M 中继板		3	DIN16～18
四线载波中继板		3	DIN16～18
MFC 板		1	DIN15
6. DC/DC 电源板	02-25-5-10	1	

3) 系统各种容量的配置

系统各种容量的典型配置如表 9.3 所示。

表 9.3　系统各种容量的典型配置

序号	名　　称	120/8+4+4+2+0	240/16+8+8+4+30	88/8+4+4+0+0	184/16+8+4+4+30	480/24+16+8+8+60
1	母板	2	3	1	2	5
2	CPU 板	2	3	1	2	5
3	PCM30 板	0	1	0	1	2
	MFC 解码模块	0	1	0	1	2
4	DTMF 板	2	3	1	2	5
5	DC/DC 板	2	3	1	2	5
6	用户板	15	30	11	23	60
7	中继板	1	2	1	2	3
8	磁石中继模块	4	8	4	4	8
9	E&M 中继模块	2	4	0	4	8
10	四线中继模块	4	8	4	8	16
11	MFC 模块	4	4	4	4	8
12	200 W 一次电源	1	0	1	0	0
13	600 W 一次电源	0	1	0	1	1

注：① 配置 240/16+8+8+4+30 的含义为用户/环路+四线+磁石+E＆M+PCM。

② 在同一个子系统内，磁石中继模块一般不多于 4 个。MFC 模块只装在 DIN15 位置，供本子系统四线载波中继使用。

4. 系统性能

1) 入公用网的方式

JSQ-31 数字用户交换机一般以半自动直拨方式(DOD2 + BID)与公用网联网。在专用网中，采用 E＆M 中继、四线载波中继或 PCM30 2 M 数字中继，以全自动直拨方式(DOD1 + DID)联网。

2) 出局呼叫限制

对用户的出局呼叫可以赋予不同的权限等级。权限等级分为 8 级。限制的种类分为地域呼叫限制、局向呼叫限制和出局限码。

(1) 地域呼叫限制。地域呼叫限制分为内部呼叫、本地呼叫、国内呼叫和国际呼叫。对每个用户分机的地域呼叫权限可以逐项设置为"允许"或"禁止"。

(2) 局向呼叫限制。中继局向最多有 15 个，分为局向 0～14。用户分机对每一个局向的呼叫权限可以逐个分别设置为"允许"或"禁止"。

(3) 出局限码。系统提供限码性能，以限制用户拨打收费电话。系统提供两个限码组：限码组 1 和限码组 2。限码组 1 可设置 20 个限码，限码组 2 可设置 10 个限码。

3) DTMF 号码转发

环路中继和 E&M 中继均转发 DTMF 号码信号。

4) 忙音检测

环路中继采用话音提示直拨方式时具有忙音检测功能。外线用户挂机后，环路中继检测到对端局送来的忙音后随即复原，使中继不会长时间被无效占用。

5) 内部呼叫组

系统提供 9 个内部呼叫组，组内成员可任意分配用户。分机用户拨内部呼叫组号即可呼叫组内的一个空闲用户，组内用户可以代答。内部呼叫组号长度为 1～4 位，号码可灵活设置。

6) 保密呼叫

保密呼叫也称为插入禁止，即不允许对该用户端口进行强插、强拆等操作。对传真机用户等可设置为保密呼叫，这样其他用户就不会介入，从而保证数据传送不受干扰。

7) 话务记录

系统可提供出局呼叫的话务记录信息。

8) 自检、自测功能

系统具有对用户端口、中继端口自检、自测功能。

9) 通信口保护

交换机与话务台之间的通信采用 RS-232 接口。RS-232 通信口传输电压为常规的±12 V，并加有保护电路，提高了通信口的可靠性。另外，在某些场合，当通信口传输距离很长或干扰较大时，可加入光隔离长线传输器。

10) 常馈电

用户电路采用常馈电工作方式，馈电电压额定值为 −48 V。

11) 新功能服务

JSQ-31 数字用户交换机可提供如呼叫转移、闹钟服务、免打扰等多种新功能。

5. 主要技术指标

1) 电源

AC 电源：

电压：$(-15\% \sim +10\%) \times 200$ V。

电流：每个 C128 子系统小于 0.5 A。

DC 电源：

电压：$(-10\% \sim +15\%) \times (-48)$ V。

电流：每个 C128 子系统小于 0.8 A，额定为 0.3 A。

为保证不间断正常供电，应根据交换机的容量、功耗提供适当的蓄电池，蓄电池的浮充电压为(52.8 ± 0.5) V。交流电源中断后，由蓄电池供电，蓄电池电压可放电到 43.1 V。交流电源恢复后自动转换为浮充状态。

2) 功率

每个子系统的平均功耗约为 15 W(48 V × 0.3 A)，整个系统满配置时的功耗为 160 W 左右。

3) 话务量

用户线：0.16 Erl。

中继线：1.0 Erl。

4) 用户线

环路电流大于 18 mA，恒流馈电。

回路电阻(包括话机)小于 800 Ω。

线间漏电阻不小于 20 kΩ。

线间漏电容不小于 0.5 μF。

5) 用户信号

(1) 拨号脉冲。

号盘脉冲速度：8 个/s～14 个/s。

脉冲断续比：(1.3～2.5)∶1。

脉冲串间隔：350 ms。

(2) 双音多频(DTMF)。DTMF 符合《邮电部电话交换设备总技术规范书》GF 002—9002.1。

6) 中继线

(1) 环路中继发送 DTMF 号码信号。

号盘脉冲速度：(10 ±1)个/s。

脉冲断续比：(1.6 ± 0.2)∶1。

脉冲串间隔：500 ms。

(2) 中继器电路直流电阻。中继器电路直流电阻小于 300 Ω。

7) 局间信号(中国 1 号信令)

MFC 信号、2600 Hz 单频线路信号和数字信号符合原邮电部中国 1 号信令标准。

8) 信号音

(1) 铃流。

电压：(75 ±15) V。

频率：25 Hz。

按呼叫源的不同，铃声可分为三种：外线呼入振铃(响 1 s，停 4 s)、内线呼入振铃(响 0.2 s，停 0.2 s，两次，再停 3.2 s)、保留回振铃(响 0.1 s，停 0.1 s，三次，再停 3.4 s)。

(2) 拨号音、忙音、回铃音等。

频率：450 Hz。

450 Hz 正弦波以不间断的时间结构区别拨号音、忙音、回铃音等。

9) 传输指标

传输衰耗：2 dB～7 dB。

串行衰耗：分机-分机、分机-中继、中继-分机均大于 67 dB。

10) 呼损率

本局呼叫不大于 1%。

出、入局呼叫小于 0.5%。

6. 插件板信号指示灯

JSQ-31 数字用户交换机各种插件板均设有 8 个信号灯，用以指示系统的运行情况。交换机在运行过程中，特别在判别故障部位时，通过信号灯的亮灭情况可对故障定位。

1) PCM30 CPU 板信号灯

1 灯：闪亮，表示正在运行主程序。

2 灯：闪亮，表示正在运行定时中断程序。

3 灯：未用。

4 灯：指示 PCM 2 M 口工作状态，空闲时闪亮，占用时长亮，信号丢失时长灭。

5 灯：PCM 告警灯，亮为 PCM 信号正常，灭为 PCM 信号不同步。

6 灯：亮。

7 灯：亮，表示接收到 8 kHz 信号。

8 灯：作为系统主时钟时亮，表示发送 8 kHz 信号。

2) CPU 板信号灯

1 灯：闪亮，表示正在运行主程序。

2 灯：闪亮，表示正在运行定时中断程序。

3 灯：闪亮，表示与话务台通信。

4 灯：平时灭，系统初始化时亮(伴随蜂鸣器响)。

5 灯：亮/灭，连接 10 芯扁平电缆两端的子系统终结器跳线为 ON 时常亮，为 OFF 时常灭。

6 灯：亮。

7 灯：亮，表示接收到 8 kHz 信号。

8 灯：作为系统主时钟时亮，表示发送 8 kHz 信号。

3) DTMF 板信号灯

DTMF 板的 1～7 信号灯依次对应 7 个 DTMF 接收器，第 8 个信号灯对应 1 个信号音检测器。当 DTMF 接收器或信号音检测器处于工作状态时，对应的信号灯亮。当某一用户摘机呼叫时，系统为其选择一个 DTMF 接收器，在用户拨号期间，信号灯保持亮，直到用户拨号完毕才灭。

系统在选择 DTMF 接收器时，从最后一个信号灯(第 7 个信号灯)开始，当第 7 个信号灯忙时选择第 6 个信号灯，依次类推。

4) 用户板端口灯

用户板面板上的 8 个信号灯对应板上 8 个用户电路。当某一用户摘机、拨号、通话或听各种信号音时，对应的信号灯保持亮。用户分机在振铃期间，对应的信号灯随振铃节奏闪亮。

若发现某用户分机的信号灯长时间亮，则很有可能是用户的话机未挂好，也可能是用户的线路发生短路故障等原因引起的，需检查原因，排除故障。

5) 二线环路(磁石)中继板端口灯

中继板面板上的 8 个信号灯对应 8 个中继电路。当二线环路(或磁石)被占用时，对应的信号灯亮。二线环路(磁石)中继的占用方式是轮流占用，对应的信号灯轮流亮。

6) E&M 中继端口灯

一块中继板上可插装 2 块 E&M 中继模块(空余的 2 个装置位置可插装环路或磁石中继模块)。E&M 中继被占用时，模块装置位置对应的第一个信号灯亮，其余 2 个信号灯未用。E&M 中继的占用方式是轮流占用。

7) 四线载波中继板端口灯

一块中继板上可插装 4 块四线载波中继模块。4 块模块对应面板上第 1、3、5、7 个信号灯(第 2、4、6、8 个信号灯未用)。当四线载波中继模块被占用时，对应的信号灯亮。四线载波中继的占用方式是轮流占用，对应的信号灯轮流亮。

8) MFC 板信号灯

一块基本载板上可插装 4 块 MFC 模块，4 块 MFC 模块对应面板上第 1、3、5、7 个信号灯(第 2、4、6、8 个信号灯未用)。当 MFC 模块被占用时，对应的信号灯亮。MFC 模块的占用方式是轮流占用，对应的信号灯轮流亮。

9) DC/DC 板信号灯

1 灯：亮，表示 +5 V 输出正常。

2 灯：亮，表示 −5 V 输出正常。

3 灯：亮，表示 −48 V 馈电正常。

4 灯：闪亮，表示铃流输出正常。

5 灯：亮，表示 +12 V 输出正常。

6 灯：亮，表示 −12 V 输出正常。

7 灯：亮，表示直流输出。

8 灯：平时灭，子系统初始化(或时钟复位)时亮。

9.2　组 网 功 能

JSQ-31 数字用户交换机(简称 JSQ-31 机)可以二线方式或四线方式与市话网或专用网连接，同时可以模拟方式或数字方式组网。组网方式有二线中继组网方式、E&M 组网方式、四线模拟中继组网方式以及数字中继组网方式等。

1. 二线中继组网方式

二线中继组网方式是指将二线中继与对端局的用户接口连接，以回路方式启动，如图 9-5 所示。图 9-5 中的二线中继可以是环路中继或磁石中继。

图 9-5 所示的中继方式采用 DOD2 + BID。其特点如下：

(1) 本机用户呼叫对端局用户时，先拨出局字冠，听两次拨号音后再拨对方用户号码。复原由本机用户控制。

(2) 出中继可向对端局转发本机用户号码(脉冲/DTMF)。

(3) 对端局用户呼叫本机用户时需经话务台(或设定的值班分机)转接。复原由本机用户控制。

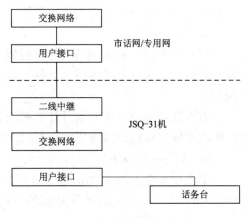

图 9-5　二线中继组网方式

(4) 可将来话接至振入分机上，振入分机号码可灵活设定。

(5) 信令方式采用用户线信令方式。

(6) 二线中继为磁石中继时信令方式采用铃出铃入信令方式，即发送铃流启动对方，接收铃流被对方启动。

2. E&M 或四线模拟中继组网方式

图 9-6 所示为 E&M 或四线模拟中继组网方式。两局中继器之间也可经载波机组成长途网。

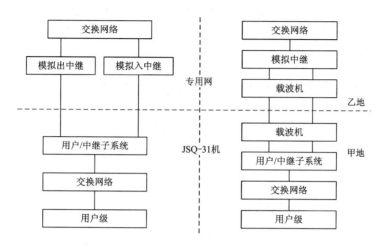

图 9-6　E&M 或四线模拟中继组网方式

图 9-6 所示的中继方式采用全自动直拨方式(DOD1 + DID)。其特点如下：

(1) 本机用户呼叫对端局用户和对端局用户呼叫本机用户时，均可直接拨入分机而不需经话务员转接。

(2) 可通过载波机实现长途自动通信。

(3) 具有自动闭锁/解除闭锁故障中继线的功能。

(4) 线路信号采用 2600 Hz 带内单频脉冲信号。记发器信号采用多频互控信号(MFC)。

3. 数字中继组网方式

图 9-7 所示为 PCM30 数字中继组网方式。该方式连接 2 M 基群数字多路复用设备，使中继线得以实现 30 路时分复用。

图 9-7 所示的中继方式采用全自动直拨方式(DOD1 + DID)。其特点如下：

(1) 本机的数字出中继接对端局的数字入中继，本机的数字入中继接对端局的数字出中继。

(2) 本机用户呼叫对端局用户和对端局用户呼叫本机用户时，均可直接拨入分机而不需经话务员转接。

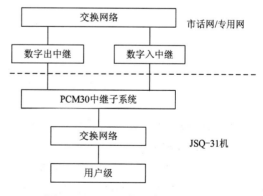

图 9-7　PCM30 数字中继组网方式

(3) 出局听一次拨号音，入局自动直拨到分机用户。

(4) 线路信号采用 PCM 数字信号。记发器信号采用多频互控信号(MFC)。

4. 混合组网方式

混合组网方式是上述各种组网方式的混合应用，如图 9-8 所示。

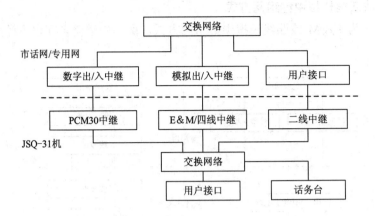

图 9-8　混合组网方式

JSQ-31 数字用户交换机组网举例如图 9-9 所示。

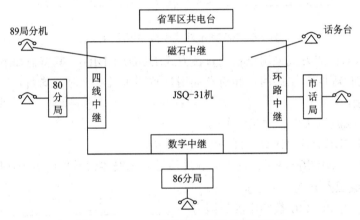

图 9-9　JSQ-31 数字用户交换机组网举例

9.3　自检与自测试功能

JSQ-31 数字用户交换机具有话机自检功能和中继端口自测试功能。

1. 话机自检功能

话机自检就是话机呼叫自身,利用话机自检功能可方便地对用户接口电路以及电话机的基本功能进行较全面的检测(如收号、信号音、振铃等)。自检操作可由用户自己完成,也可由系统维护员完成,方法如下:

(1) 摘机,听拨号音。

(2) 拨*540,听证实音。

(3) 挂机,本话机铃响。

(4) 再摘机(本话机),听音乐。

(5) 挂机,结束对该用户端口的自检。

当自检操作由系统维护员完成时，将测试话机插接到被检测的用户分机端口所在配线架上的位置，然后进行以上操作。

2. 中继端口自测试功能

中继端口自测试功能由系统维护员完成。

1) 四线中继端口自环测试

设四线中继端口用 0800 作为出中继，0803 作为入中继，信号按四线单向传输。

首先在配线架上将这两个中继端口与外线断开。因为 0800 端口为发信号，0801 端口为收信号，0802 端口为发信号，0803 端口为收信号，所以，用四根导线在配线架内侧分别将 0800 端口与 0803 端口相连(不分 A、B 线)，再将 0801 与 0802 端口相连(不分 A、B 线)，然后在维护终端上将以上端口的使用状态设置为"在使用"，并关闭其他中继端口(设置为"未使用")，这样不会对测试造成混乱。

使用用户甲端口拨四线出中继引示号(出局字冠)，占上 0800 四线出中继后该四线出中继、0803 四线入中继及两路 MFC 模块指示灯亮，表明自环线已制作成功。接着拨打一内部空闲用户乙号码，用户乙被振铃，用户甲听回铃音，乙摘机后，甲、乙通话。通话结束双方挂机，四线出、入中继指示灯均熄灭，表明此次四线自环测试成功，同时说明相应的 MFC、四线端口、用户端口均正常。

在做四线自环测试时，软件中的四线出中继路由、删码项需作相应修改，若四线出中继引示号为 1 位，则该路由删码位数为"1"。

2) 二线环路中继端口自环测试

设 0872 端口为二线环路出中继，0873 端口为二线环路入中继。

首先在配线架上将这两个中继端口与外线断开，然后用两根导线在配线架内侧分别将 0872 端口与某一空闲分机用户端口相连(不分 A、B 线)，该线路用来测试环路出中继。再用两根导线在配线架内侧分别将 0873 端口与另一空闲用户端口相连(不分 A、B 线)，该线路用来测试环路入中继。最后在维护终端上将上述两个端口设置成"在使用"，将其他二线环路中继端口均设置成"未使用"。

二线环路出中继自环测试：使用一个权限最高的用户甲话机拨通环路出中继引示号，用户甲将听到二次拨号音，此时 0872 中继端口指示灯与该自环用户指示灯亮，用户甲拨另一空闲分机乙号码，用户乙振铃，用户甲听回铃音，乙摘机后，双方通话。话毕挂机后，0872 端口、甲用户、乙用户端口指示灯均熄灭，表明该线路的环路中继测试成功。

二线环路入中继自环测试：使用甲话机拨与 0872 入中继端口自环的用户号码，用户甲听回铃音，话务台或缺席值班分机被振铃。该振铃是由 0872 入中继送来的铃流信息产生的，此时 0872 入中继与自环用户指示灯亮。话务台摘机同用户甲通话，并执行话务台转接内线步骤，叫通另一内部空闲用户乙，话务台挂机，甲、乙通话。话毕双方挂机。随即 0872 入中继指示灯以及自环用户端口指示灯熄灭，表明 0872 端口二线环路入中继测试成功。

9.4 分 机 功 能

JSQ-31 5.0 版本数字用户交换机提供了多种新型服务功能。

9.4.1　分机功能使用方法与步骤

(1) 由维护终端对用户分机允许使用的服务项目逐项进行设置,确定每一用户分机对各服务项目的使用权。

(2) 分机用户需要使用拥有使用权的服务项目时,在自己话机上自行键入相应命令。注意,必须使用音频话机键入命令。

(3) 在话机上键入相应命令后听表示设置成功的证实音。若听到忙音,表示操作有误,需重新进行。

9.4.2　用户分机新服务功能介绍

1. 免打扰服务

免打扰服务是"暂不受话"服务。设置了此功能的分机将被限制呼入(话机铃不会振响),但仍可呼出。设置了"免打扰"服务的分机在摘机呼出时听特种拨号音。

(1) 设置方法:摘机,听拨号音,拨*56#,听证实音,挂机。

(2) 使用:免打扰服务设置成功后该话机将免被打扰,所有呼叫该用户的主叫用户在拨号后听忙音。

(3) 撤消方法:摘机,听拨号音,拨#56#,听证实音,挂机。

2. 呼叫转移

呼叫转移是指将呼叫该话机的所有来话自动转移到临时指定的话机上。转移的电话号必须属于本交换机。设置了"呼叫转移"的分机在摘机呼出时听特种拨号音。

(1) 设置方法:摘机,听拨号音,拨*57*PQABCD#,听证实音,挂机。其中,PQABCD是转移后的指定分机号码(位数按号长设置)。

(2) 使用:此功能设置成功后,所有来话均转移到指定的分机上。

(3) 撤消方法:用原来进行设置的电话操作,摘机,听拨号音,拨#57#,听证实音,挂机。

3. 呼叫等待

设用户 A 拥有此项服务,当用户 A 正与用户 B 通话时,用户 C 呼叫用户 A,用户 A 听到提示音,表示另有电话在等待。

(1) 设置方法:在用户 A 的话机上操作,摘机,听拨号音,拨*58#,听证实音,挂机。

(2) 使用:当用户 A 与用户 B 正在通话时,用户 C 呼叫用户 A,则用户 A 每隔 4 秒听"嘟"提示音,用户 C 听回铃音。此时,用户 A 有以下选择:

① 结束与用户 B 的通话,挂机,A 话机铃响,用户 A 随即摘机与用户 C 建立通话。

② 用户 A 拍叉簧保留用户 B,同时与用户 C 建立通话,用户 B 听音乐。A 与 C 结束通话后,A 挂机,B 转换为听回铃音,A 听振铃,A 摘机后,继续与 B 通话。

③ 用户 A 继续与用户 B 通话,对"提示等待"不予理睬,60 秒后用户 C 将听忙音,终止等待。

(3) 撤消方法:摘机,听拨号音,拨#58#,听证实音,挂机。

4. 出局密码

JSQ-31 数字用户交换机的分机用户具有出局密码功能,密码为 4 位数字。呼叫哪些局向需要出局密码来灵活设置。出局密码一经设置，用户对相应局向出局呼叫时，在拨出局号后需加拨出局密码。

(1) 设置方法：系统维护员通过维护终端，在"端口参数"中的"出局密码"中设置 4 位密码。

(2) 使用：用户可按出局号—出局密码—用户号码的顺序拨号。市话出局密码正确方可进行呼出接续，否则听忙音。

(3) 撤消方法：通过维护终端在"端口参数"的"出局密码"中选"未设"选项即可。

5. 遇忙转叫

遇忙转叫功能是当呼叫某分机时，若该分机忙，则将呼叫转接到指定的转叫分机上。此功能实际上是对分机的连选。系统缺省为各分机无转叫分机，需要时可用话务台进行设置。

6. 代答

当内部某一分机振铃时，同一拨号组内用户可代答。

(1) 设置方法：通过维护终端在"端口参数"的"设拨号组"中设定组号，组号取 0～254。

(2) 使用：某分机振铃时，同一拨号组内用户拨*51 代答。

(3) 撤消方法：通过维护终端在"端口参数"的"设拨号组"中选"未设"选项即可。

7. 来话转接

来话转接也称为呼叫转移，它由用户通过拍电话机叉簧完成。具体步骤为：正在通话的用户，欲将来话转接到另一分机上时，拍自己的电话机叉簧，听到拨号音后，拨另一分机号码，听到回铃音后挂机退出，完成呼叫转移。

8. 三方通话

允许拍叉簧的分机可建立三方通话，通话方可以是分机和中继。具体步骤为：用户 A 已经与用户 B 建立通话；用户 A 拍叉簧；用户 B 被保持听音乐，用户 A 听保留拨号音；用户 A 拨第三方(如用户 C)号码并与之通话，完成三方通话的建立。

上述用户功能命令(包含未详细介绍的 3 个用户功能命令)如表 9.4 所示。

表 9.4　用户功能命令

序号	项　　目	设　　置	撤　　销
1	免打扰服务	*56 #	# 56 #
2	呼叫转移	*57*PQABCD #	# 57 #
3	呼叫等待	*58 #	# 58 #
4	出局密码	话务台设置	话务台设置
5	遇忙转叫	话务台设置	话务台设置
6	保密呼叫	话务台设置	话务台设置
7	保留回振	话务台设置	话务台设置
8	代答	话务台设置	话务台设置
9	代答拨号	*51	
10	来话转接	FLASH(拍叉簧)+ABCD	
11	三方通话	FLASH+ FLASH	

9.5　话务员功能

系统如果设置了"话务员允许"权限，即可使用话务员功能。话务员功能包括：话务员强插、话务员强拆、话务员强转和多方会议。

1. 话务员强插

话务员可强插到正在通话的分机中。具体操作步骤如下：

(1) 话务员强插到某个分机。话务员摘机，听拨号音，拨*4ABCD(ABCD 为被强插的分机号码)，与分机通话，而分机的原通话方只能听。话务员挂机，被强插的分机与原通话方恢复通话。

(2) 话务员强插分机并转接来话。话务员拍叉簧听拨号音且保留来话方，拨*4ABCD(ABCD 为被强插的分机号码)，与分机 ABCD 通话，而分机原通话方只能听。如果话务员挂机，则分机 ABCD 与来话方通话，原通话方听忙音；如果话务员拍叉簧，则分机 ABCD 恢复与原连接方通话，话务员恢复与来话方通话。

2. 话务员强拆

当分机 A 与 B 正在通话时，话务员利用此功能可强行中断 A 与 B 的通话。具体操作步骤如下：话务员拨 #4ABCD(ABCD 为被强拆分机 A 的号码)；A 与 B 的通话中断，分机 A 听拨号音，B 听忙音。

3. 话务员强转

利用此功能话务员可将来话呼叫强行转到另一个正在通话的分机上，使来话方听回铃音，分机听提醒音。

设置保密呼叫的分机和有保留方的分机不可被强转。具体操作步骤如下：话务员接听来话后，拍叉簧听拨号音且保留来话，来话方听音乐。话务员拨*2ABCD(ABCD 为被强转的分机号码)，话务员听证实音后挂机，来话方听回铃音，被强转的分机听提醒音。被强转的分机挂机后，自动回振铃，摘机与来话方通话。

4. 多方会议

任何分机都可被话务员召集到多方会议。具体操作步骤如下：话务员拨通将被召集至会议的分机，与此分机通话。话务员拍叉簧保留此分机，分机听音乐。话务员听到保留音后，拨*8，分机停止听音乐，并加入会议；话务员挂机。话务员重复以上步骤以使其他用户分机加入会议。若加入会议的用户分机挂机，则表示退出会议。话务员拨 #9，结束整个会议。话务员功能命令如表 9.5 所示。

表9.5　话务员功能命令

序号	项　目	拨　号
1	话务员强插	*4ABCD
2	话务员强拆	#4ABCD
3	话务员强转	*2ABCD
4	多方会议加入	*8
5	多方会议结束	#9

9.6　维　护　台

9.6.1　维护台概述

1. 维护台的组成

JSQ-31 V5.0 版本数字用户交换机的维护台由 PC 兼容机和音频电话机组成，PC 兼容机提供操作和显示之用，电话机专供话务员通话之用。

2. 维护台与交换机的连接

维护台 PC 兼容机的通信口(COM2)通过电缆与交换机的 RS-232 扩展卡连接。C1024 系统的 RS-232 扩展卡扩展了 8 个 RS-232 接口，如图 9-10 所示。通过扩展卡可将各个子系统有效地联系在一起，与外部设备 PC 兼容机进行统一的通信。每个子系统可连接一个维护台，维护台占该子系统的第一个用户端口。维护台与交换机间的数据通信通过 RS-232 串行接口进行。数据的传输速率为 2400 b/s，数据格式为：8 位数据位，1 位停止位，无奇偶校验位。

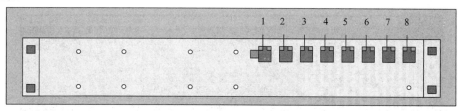

图 9-10　RS-232 扩展卡

若维护台距离交换机较远，或在使用过程中发现维护台和交换机间通信不甚畅通(数据传送偶然中断)，可在维护台与交换机之间改用光隔离长线传输器连接。光隔离长线传输器提高传输可靠性的原因有以下两点：

(1) 光电隔离。光隔离长线传输器中设有光电耦合电路，可使交换机和 PC 兼容机(维护台)之间通过光电耦合连接，而不是直接电气连接。

(2) 双线电流传输。光电耦合电路使线路上的信号以电流回路方式传送，即由单线传输转换为双线传输，提高了传输的可靠性。同时，对于电磁干扰，采用双线传输，使两条线上产生的感应电压相互抵消。

3. 维护台功能

维护台功能主要有：端口状态显示、参数设置、系统维护和测试等。

(1) 端口状态显示：实时显示用户和中继端口接续状态。

(2) 参数设置：设置局数据和用户数据等。

(3) 系统维护和测试：系统参数存盘和加载、EEPROM 参数初始化、状态初始化等。

9.6.2　维护台操作

1. 启动维护台

维护台进入运行、维护状态的步骤如下：

(1) 首先进入维护台软件所在目录,点击 **JSQ.BAT** 文件,进入维护台页面。JSQ-31 V5.0 的维护台页面如图 9-11 所示。

图 9-11　JSQ-31 V5.0 的维护台页面

(2) 输入正确的口令,即可进入维护台主屏幕。维护台缺省口令为 2468。维护台主屏幕如图 9-12 所示。

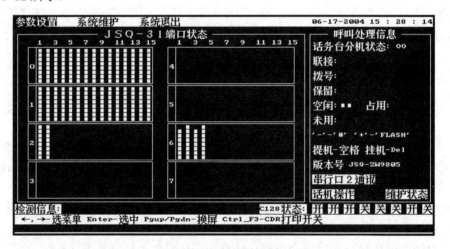

图 9-12　维护台主屏幕

(3) 系统维护状态设置。在主菜单中选择"系统维护"选项,再在相应子菜单中输入系统维护口令。系统维护的缺省口令是 8031。正确输入系统维护口令后,则进入系统维护状态,在屏幕的右下角显示"维护状态"字样(红色)。

2. 维护台界面

维护台界面分为四个区域:主菜单区域、端口状态区域、提示信息区域及呼叫处理区域。

(1) 主菜单区域。屏幕最上面一行显示三项主菜单内容,分别是:参数设置、系统维护和系统退出。主菜单用以进行参数设置、系统维护等操作。主菜单中又各自包含子菜单,如图 9-13 所示。

参数设置	系统维护	系统退出
端口设置	设置系统维护口令	不是
系统拨号	设置话务台口令	确认
局向参数	进出系统维护状态	
限码组1	初始化	
限码组2	选择通讯口	
系统参数	话务员呼叫方式	
系统日期		
系统时间		

图 9-13　维护台主菜单区域

(2) 端口状态区域。屏幕中间的左边部分是对系统所有分机和中继端口的工作状态的实时显示，表明一个物理端口所对应用户的安装、忙/闲状态。随着呼叫接续的进展，端口显示会做相应变化。

① 端口使用状况显示。每个已开通的用户端口和中继端口都以小长方块的图形显示，并以不同颜色显示当前的实时使用状态。端口使用状况显示的含义如表 9.6 所示。

表 9.6　端口使用状况显示的含义

用 户 端 口	中 继 端 口
暗白色——空闲	亮白色——空闲
绿色——使用	红色——占用

② 端口物理编号显示。在 PC 键盘上按 Pgup、Pgdn 键可显示子系统各端口的物理编号，如图 9-14 所示。

图 9-14　端口物理编号显示界面

(3) 提示信息区域。"检测信息"框用来提示有关参数设置是否成功的信息，如显示"接收信息。请稍等……"字样。"C128 状态"框自左向右提示 0～7 子系统使用和非使用的情况，使用为"开"，未使用为"关"。

屏幕最下面一行列出了 PC 键盘上的有关操作键的用途。例如可用←、→键进行主菜单选择；用 Enter 键拉出子菜单；用↑、↓键在子菜单中选项；用 Esc 键退出参数项，返回主菜单；用 Pgup、Pgdn 键换屏或选择数据值。例如对用户端口号和中继端口号用 Pgup、Pgdn 键实现以"128"为单位的值的增减，用↑、↓键实现以"1"为单位的增减。F10 键用来对所设置的参数项进行确认存盘。

(4) 呼叫处理区域。呼叫处理区域对话务处理(来话接续、去话接续、转话接续、强插、强拆等)给予提示，如外线来话时，维护台振铃，话务员摘机(按空格键)应答，与外线通话(用维护台电话机)，拍叉簧(按"+"键)，拨内部分机号码(用数字键拨号)，听回铃音或通话后话务员挂机(按 Del键)退出，内部分机与外线用户建立通话。

电话机与 PC 键盘(右区小键盘)按键的对应关系如表 9.7 所示。

表 9.7　电话机与 PC 键盘按键的对应关系

话机按键	PC 键盘
数字 0~9，*	数字 0~9，*
#	—
FLASH(拍叉簧)	+
摘机	空格
挂机	DEL

注：用 PC 键盘的上述按键时，应将"NumLock"
　　键设为锁定状态。

3. 维护台工作状态

维护台有两种工作状态：维护状态和话务状态。

(1) 维护状态。PC 必须在"维护状态"下方可对系统参数进行设置。

(2) 话务状态。维护台"话务状态"是指话务员的呼叫方式。在"话务状态"下，话务员只可在 PC 上进行话务转接处理，而不能对系统进行维护，即不能对任何参数进行更改和设置。

话务状态又分"在席"状态和"离席"状态："在席"状态时，话务员拨打电话在 PC键盘上操作；"离席"状态时，话务员拨打电话在话机上操作。

4. 退出维护台工作状态

选择主菜单"系统退出"，再选择子菜单"确认"，按 F10 键确认后便可退出维护台工作状态。

当 PC 退出维护台工作状态后，话务员的话务处理方式为话机操作。"系统退出"选择界面如图 9-15 所示。

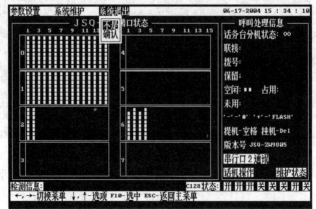

图 9-15　"系统退出"选择界面

9.6.3 系统维护设置

维护台"系统维护"主菜单的设置项目有：设置系统维护口令、设置话务台口令、进出系统维护状态、初始化、选择通讯口以及话务员呼叫方式。"系统维护"主菜单的设置项目如图 9-16 所示。

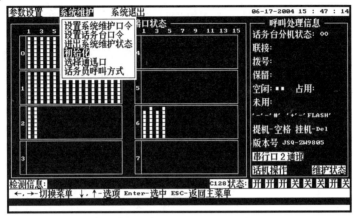

图 9-16 "系统维护"主菜单的设置项目

维护台参数的说明如表 9.8 所示。

表 9.8 维护台参数的说明

主菜单	子菜单	说　明
设置系统维护口令		对缺省口令 8031 进行更改或取消
设置话务台口令		对缺省口令 2468 进行更改或取消
进出系统维护状态	进入系统维护状态	进入系统维护状态后方可修改参数
	退出系统维护状态	必须进入系统维护状态后方可退出系统维护状态
初始化	子系统参数存盘	分别选择 0～7 子系统进行相应操作
	子系统参数加载	
	子系统参数初始化	
	子系统状态初始化	
	子系统发送主时钟	
选择通讯口	串行口 1/串行口 2	决定维护台 PC 以哪一个串行口与交换机联机
话务员呼叫方式	PC 键盘/话机	选择话务员呼叫处理方式

1. 设置系统维护口令

口令由数字键 0～9 任选四位组成，可更改，可取消。系统维护状态的缺省口令是 8031。取消口令用字母键"D"设置。

2. 进出系统维护状态

维护台在维护状态时才可对系统参数进行设置，因此设置参数时一定要进入系统维护状态。进入系统维护状态的步骤是：在"系统维护"主菜单下选择"进出系统维护状态"项，在下拉菜单将光标移至"进入系统维护状态"栏，按 F10 确认。若已设置口令，则还需键入正确口令。设置完成后，屏幕右下角"检测信息"栏提示："系统已进入维护状态"。

3. 初始化

在初次开通交换机时，必须先对系统进行初始化。系统初始化项目有：子系统参数初始化、子系统状态初始化、端口状态初始化。

(1) 子系统参数初始化。该操作是将子系统的参数全改为系统缺省值(存储在 EEPROM 中)，即将 CPU 板上的 EEPROM 参数进行初始化。对此项进行操作宜谨慎，一般只在交换机安装开通，准备设置参数时进行。交换机运行期间不允许做子系统参数初始化，否则丢失数据太多，会中断正在通话的电话。

(2) 子系统状态初始化。该操作相当于对指定子系统进行复位，使程序重新开始运行。此操作不改变 EEPROM 中的参数，只丢失个别数据，如用户新服务功能设置、转叫分机端口号、话务台"在席"状态。

(3) 端口状态初始化。该操作使指定端口的状态复原到初始状态。

初始化步骤为：进入"系统维护"主菜单，选择"初始化"项，在下拉菜单中选"子系统参数初始化"，再在下拉菜单中选择相应子系统号，按 F10 键确认。

4. 子系统参数存盘

上述系统参数设置完毕后，应进行"子系统参数存盘"操作，保存各子系统的参数。在扩容、更改设备配置或更改参数设置时也应进行此项操作。

在进行"子系统参数存盘"操作时，系统参数被存放在当前盘的当前目录上，文件名为"Parainit.dat"。

5. 子系统参数加载

"子系统参数加载"是将"子系统参数存盘"操作中所存储的参数加载到交换机系统中。此项操作要历时 5～6 分钟，宜在话务空闲时进行。

6. 主时钟设置

JSQ-31 交换机系统只设置一个主时钟，任一子系统均可作为系统主时钟。主时钟的设置步骤为：进入"系统维护"主菜单，选择"初始化"项，在下拉菜单中选"子系统发送主时钟"，再在下拉菜单中选择相应子系统号，按 F10 键确认。

主时钟设置完毕，主时钟子系统的 CPU 板第 8 个灯亮，其余子系统的 CPU 板第 8 个灯均灭。

当系统配置 PCM30 数字中继子系统，并且要求数字中继采用时钟同步工作方式时，将要求外同步的数字中继子系统设为主时钟。

7. 选择通讯口

选择通讯口的含义是指选择 PC 的 RS-232 通讯口 1 还是通讯口 2。在连接维护台时，应将串行口 1 或串行口 2 设置成与所插接的 PC 的 RS-232 通讯口一致。

8. 话务员设置

将维护台电话机设置为"话务员"。设置步骤为：进入"参数设置"主菜单，选择"端口参数"项，在下拉菜单中选端口编号(选维护台话机端口号，通常为 0008)，再在下拉菜单中设置"话务员"为允许，按 F10 键确认。

9. 话务员呼叫方式设置

话务员的呼叫操作可由 PC 键盘或维护台话机进行。设置步骤为：进入"系统维护"

主菜单，选择"话务员呼叫方式"项，选"使用键盘"，呼叫操作在 PC 小键盘上完成；选"使用话机"则呼叫操作在维护台话机上完成。对以上参数设置按 F10 键确认。

9.6.4　参数设置

"参数设置"是维护台三项主菜单之一，包含的项目如下：

- 端口参数。
- 系统拨号。
- 局向参数。
- 限码组 1。
- 限码组 2。
- 系统参数。
- 系统日期。
- 系统时间。

"参数设置"主菜单如图 9-17 所示。

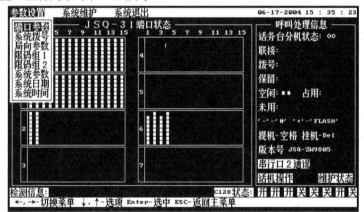

图 9-17　"参数设置"主菜单

1. 系统时间设置

系统时间设置用于对时间和日期进行校正。其界面如图 9-18 所示。

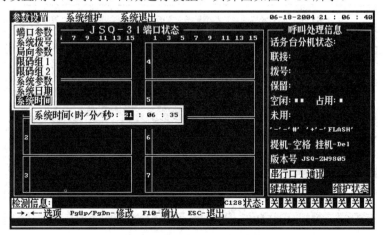

图 9-18　系统时间设置界面

2. 系统拨号设置

系统拨号设置包含选择拨号类型、本机局号和本机号长。其界面如图 9-19 所示。

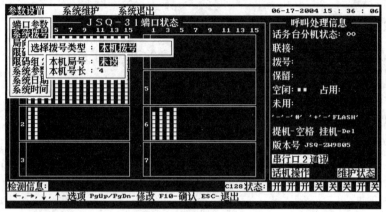

图 9-19   系统拨号设置界面

拨号类型有本机拨号、出局拨号组和用户内部拨号组。

1) 本机拨号参数设置

对于"本机局号"和"本机号长"的设置有如下说明：

(1) 如果"本机局号"设置为"未设"，则内部号码可从 0～9999 任意编号。本机号长参数将无效。

(2) 如果"本机局号"设置为某一数字，则内部号码组成为：本机局号 + 分机号码。

(3) 系统缺省设置为："本机局号"设置为"未设"，用户号码为 2000～2999。

设置步骤如下：

进入"参数设置"主菜单，选择"系统拨号"项，进入"拨号类型"，选择"本机拨号"，出现下拉菜单，在"本机局号"中键入相应局号(数字)，在"本机号长"中选择相应号长(包括局号长度)，最后按 F10 键确认。

2) 出局拨号组参数设置

在"出局拨号组"中建立出局局号(出局字冠)和对应局向，即设定出局局号所对应的局向号。应对所有"出局拨号组"逐一进行设置。出局拨号组参数设置界面如图 9-20 所示。

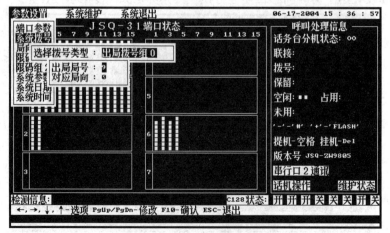

图 9-20   出局拨号组参数设置界面

出局局号参数值与对应局向的关系如表 9.9 所示。

表 9.9 出局局号参数值与对应局向的关系

出局局号	未设，0～9999
对应局向	0～14

该参数在"系统拨号"中的"出局拨号组 0(～29)"菜单中设置。本系统最多可设置
30 组出局局号，可对应 15 个出局局向。

出局拨号组参数的缺省设置如表 9.10 所示。

表 9.10 出局拨号组参数的缺省设置

出局拨号组	出局局号	对应局向
0	9	0
2	7	2
3	6	3
4	5	4
5	4	5
6～29	未设	未设

出局局号、局向号设置步骤如下：

进入"参数设置"主菜单，选择"系统拨号"项，进入"选择拨号类型"，选择"出局
拨号组 0(～29)"，出现下拉菜单，在"出局局号"中键入相应局的局号(入中继局向选"未
设")，在对应局向中选择相应的局向号(局向号可任意选定，但不可重复)。

说明：

· 上述设置可设定"出局局号"和"局向号"间的对应关系。一个"出局局号"设置
对应一个"局向号"。

· 出局或入局均需分别设置"局向号"(环路入中继和磁石中继可不设局向号)。

· 出局拨号组号可任意选定，不重复即可。

· 出局局号不应与本机局号雷同。

3) 内部拨号组参数设置

系统提供了 9 个用户拨号组。同组内的用户分机可相互代答。在用组号拨叫时，系统
在相应组内选择一个空闲用户。内部拨号组参数设置界面如图 9-21 所示。

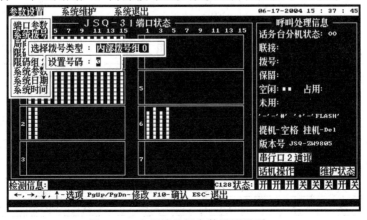

图 9-21 内部拨号组参数设置界面

　　内部拨号组需逐组进行设置,以确定呼叫各组的被叫号码。内部拨号组的设置步骤如下:

　　进入"参数设置"主菜单,选择"系统拨号"项,进入"选择拨号类型",选择"内部拨号组 0(~8)"(组号可任定),出现下拉菜单,"设置号码"选择呼叫该组的拨号(1~4 位,话务员组通常用"0")。

　　内部拨号组成员的分机端口号的设置步骤如下:

　　进入"参数设置"主菜单,选择"端口参数"项,进入"选择端口编号",选择用户端口号(内部拨号组成员),"设拨号组"选择相应号(内部拨号组号 + 30)。

　　内部拨号组 0~8 与分机用户端口参数中的拨号组 30~38 一一对应,例如内部拨号组 0 的成员在用户端口参数中的"设拨号组"设置为 30,其余类推。

　　对以上设置参数按 F10 键确认。

3. 局向参数设置

　　出局局号、局向号与中继端口三者相互关联起来可实现各出、入局呼叫接续建立时所用设备的功能。此项功能应与交换机的联网环境和拨号要求等相适应。局向参数设置界面如图 9-22 所示。

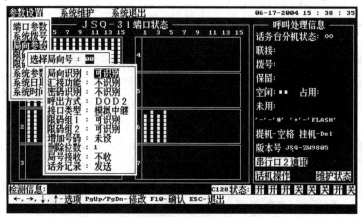

图 9-22　局向参数设置界面

局向参数所包含的内容及选择范围如表 9.11 所示。

表 9.11　局向参数所包含的内容及选择范围

参 数 项	内 容	范 围
0	局向识别	可识别/不识别
1	汇接功能	可识别/不识别
2	密码识别	可识别/不识别
3	呼出方式	DOD1/DOD2
4	接口类型	模拟中继/数字中继
5	限码组 1	可识别/不识别
6	限码组 2	可识别/不识别
7	增加号码	0~99/未设
8	删除位数	0~4
9	局号接收	接收/不收
10	话务记录	发送/不发送

在"局向参数"中对本系统所有的出局局向进行设置,"局向"由局向号表示。需逐一对所有局向(局向号)的各种参数进行设置。

"局向参数"的设置步骤如下:

进入"参数设置"主菜单,选择"局向参数"菜单,进入"选择局向号"选择相应局向号,出现下拉菜单,完成下列各项设置:

"局向识别":可识别。

"汇接功能":不可识别。

"密码识别":不可识别(根据需要)。

"呼出方式":DOD1 或 DOD2。

"接口类型":模拟中继或数字中继。

"限码组 1":识别(根据需要)。

"限码组 2":识别(根据需要)。

"增加号码":按联网拨号要求设置。无增加号码时选"未设"(注意:无增加号码时不可选"0")。

"删除位数":按联网拨号要求设置。

"局号接收":接收(对端局发来局号时)或"不收"(对端局不发局号时)。

"话务记录":发送或不发送。

对以上设置参数按 F10 键确认。

说明:

(1) 局向识别。当"局向识别"选择不识别时,此局向为不可用。如果使用此局向,则设为可识别。

(2) 汇接功能。当此局向接口为 E&M、四线或数字中继时,可实现汇接功能。本系统提供接口之间的汇接功能:E&M 中继到 E&M 中继,四线中继到四线中继,四线中继到数字中继,数字中继到四线中继,数字中继到数字中继。当需要汇接时,可将汇接功能设置为可识别。

(3) 密码识别。当选择此局向的可识别密码时,如果本机用户设置了出局密码,则本机用户在拨出局局号,再拨预先设置的四位密码,系统识别正确后,才能继续拨余下的号码,否则用户将听忙音。

(4) 呼出方式。当选择 DOD1 方式时,本机用户拨出局局号后不听二次拨号音;选择 DOD2 方式时,本机用户拨出局局号后听二次拨号音。

(5) 接口类型。本系统分数字和模拟两种接口,当此局向接口为二线环路中继、E&M 中继、四线中继或磁石中继时,选择模拟中继;当此局向接口为 PCM30 数字中继时,选择数字中继。

(6) 限码组。为限制某些用户分机拨打收费电话,可设置限码。本系统提供限码组 1 和限码组 2 两个限码组,限码组 1 可设置 20 个号码,限码组 2 可设置 10 个号码。当此限码组设置可识别时,本机用户拨出局局号后,拨此组内的号码,且相应的用户限码组参数设置为禁止,则此用户将听到忙音,不能实现接续;当限码组设置为不识别时,用户可从此局向拨出任意号码。

(7) 增加号码。按组网要求,当对端局为"端局"时,只发"用户号",而不发局号;

当对端局是"汇接局或端局与汇接局合一局"时，需对它发"局号＋用户号"。故系统收到分机所拨号码后，应根据对端局的类型来决定是否送局号。为此，需对对端局做相应设置，以作为系统发号的依据。本系统在出局呼叫时，识别出局局号后，此局号也将发出。"增码"是指在出局号码前加入指定的号码，增码长度可达 4 位(0～9999)。

(8) 删除位数。专用网和公用网联网运行，公用网用户呼叫专用网用户时，主叫公用网用户拨的是"对公用网的被叫号码"，即局号长度较长的一种，而当呼叫接续进入专用网后，在专用网内的局号是较短的一种，要求专用网进入公用网时具有"删码"功能，以删去部分局号位。本机为适应这种应用场合，在局向参数中设有参数——入局删位(0～4 位)。

(9) 局号接收。当此局向的接口为 E&M 中继、四线中继或数字中继时，可选择接收局号。当此局向设置为可识别汇接功能时，即可实现中继之间的汇接。如果选择不接收局号(且此局向设置为不识别汇接功能)，则呼入将直接拨到本系统内部分机用户。

(10) 话务记录。当此局向不需要计费时，选择话务记录不送；否则，将发送固定格式的话务记录。接计费台可对本系统用户计费。

4. 限码组设置

限码组设置的步骤如下：

(1) 在"限码组 1"和"限码组 2"项中设置所限制的具体号码(如 168)。

(2) 在局向参数中设置对限码组 1(和 2)是否识别，即对该局向出中继所发的号码是否检测限码组 1(和 2)中所设置的限码，也即该局向是否限制相应限码。

(3) 在用户端口参数中对用户分机是否允许拨限码(限码组 1 或 2 的号码)进行设置。

限码组 1：限码组 1 提供 1～9999 之间的任意 20 个号码，当用户呼叫外线时，拨出局局向号码后，遇到限码组 1 的号码，如果其相应局向参数中的"限码组 1"参数设置为"可识别"，并且此分机的端口参数中的"限码组 1"设置为禁止，则此用户将听到忙音，同时释放其出中继。限码组 1 的设置界面如图 9-23 所示。

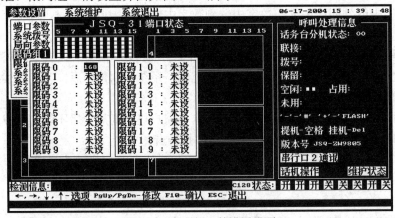

图 9-23　限码组 1 的设置界面

限码组 1 的缺省设置如表 9.12 所示。

限码组 2：限码组 2 提供 1～9999 之间的10 个任意号码，当用户呼叫外线时，拨出局局向号码后，遇到限码组 2 的号码，如果其相应局向参数中的"限码组 2"参数设置为"可识

表 9.12　限码组 1 的缺省设置

限码	对应号码
0	168
1～19	未设

别"，并且此分机的端口参数中的"限码组 2"设置为禁止，则此用户将听到忙音，同时释放其出中继。限码组 2 的设置界面如图 9-24 所示。

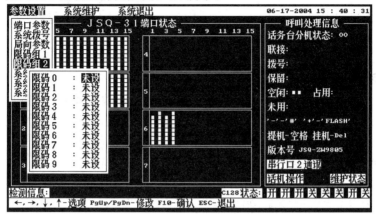

图 9-24　限码组 2 的设置界面

5. 系统参数设置

系统参数设置包含的内容有：环路中继呼入方式、环路中继发号延时、环路中继计费延时、磁石中继振铃时长和内外呼入区别振铃。系统参数设置界面如图 9-25 所示。

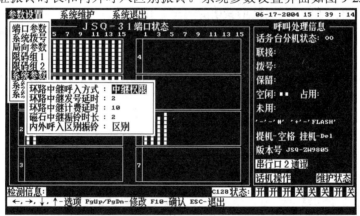

图 9-25　系统参数设置界面

系统参数值的选择范围如表 9.13 所示。

表 9.13　系统参数值的选择范围

参 数 项	内 容	范 围
1	环路中继呼入方式	直拨/转接/中继权限
2	环路中继发号延时	2～7 s
3	环路中继计费延时	0～25 s
4	磁石中继振铃时长	1～5 s
5	内外呼入区别振铃	区别/不区别

"环路中继呼入方式"中的"直拨方式"是指各环路中继入局呼叫的转接方式均为话音提示直拨分机；"转接方式"是指各环路中继的入局呼叫均由话务员转接；"中继权限"是指环路中继呼入转接方式随各中继端口的设置而定。

"环路中继发号延时"：环路中继延迟转发号码的时间通常可设为 2 s。

"环路中继计费延时"：对端局在被叫用户应答时无反极信号，拨号完毕经此延迟时间开始计费，通常设为 10 s。

"磁石中继振铃时长"：通常设为 1 s。

"内外呼入区别振铃"：指外线呼入和内部呼叫的振铃方式(铃声的长短)是否有区别。

6. 端口参数设置

端口参数设置按用户电路和中继电路的端口号进行。端口号是根据用户电路和中继电路在机柜中插装的具体物理位置来决定的。在子菜单中显示"选择端口号"时，应选择相应的用户电路和中继电路的"端口号"。

1) 端口号的计算

一个用户、中继子系统可插装用户板和中继板共 15 块，一块板有 8 个用户(或中继)端口，一个用户中继子系统最多有 120 个端口。

如果端口号用 E 表示，子系统号用 I 表示，插件板号用 N 表示，板内电路号用 L 表示，那么端口号 E 可用下式计算：

$$E = I \times 128 + N \times 8 + L + 8$$

式中，子系统号 $I = 0 \sim 7$；插件板号 $N = 0 \sim 14$；板内电路号 $L = 0 \sim 7$。

由上式可推出：第一个子系统$(I = 0)$的第一个端口号为 $8(0 \times 128 + 0 \times 8 + 0 + 8)$，第二个子系统的第一个端口号为 $136(1 \times 128 + 0 \times 8 + 0 + 8)$，第三个子系统的第一个端口号为 $264(2 \times 128 + 0 \times 8 + 0 + 8)$，以此类推，系统最大的端口号为 $1023(7 \times 128 + 14 \times 8 + 7 + 8)$。

例如，第 2 个子系统$(I = 1)$中第 3 块用户板$(N = 2)$上的 4 个用户电路$(L = 3)$的用户端口号 E 为 $155(1 \times 128 + 2 \times 8 + 3 + 8)$。

2) 端口参数设置

端口参数设置分用户端口参数设置和中继端口参数设置。

(1) 用户端口参数设置。用户端口参数设置是针对某一个用户，对其所有的参数进行设置，所以应按照每一个分机的端口号进行设置。分机的端口号可以用 Pgup、Pgdn 键以 128 为单位进行增减，也可以用 ↑、↓ 键实现以 1 为单位的增减。用户端口参数设置界面如图 9-26 所示。

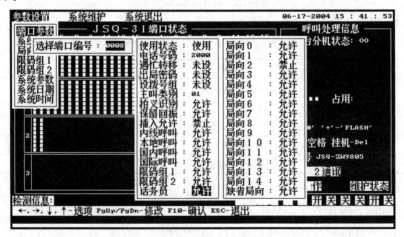

图 9-26　用户端口参数设置界面

用户端口参数值的选择范围如表 9.14 所示。

表 9.14　用户端口参数值的选择范围

参数项	内　容	范　围	缺省值
1	使用状态	使用/未用	使用
2	电话号码	0～9999	2000～2999
3	遇忙转移	0～9999/未设	未设
4	出局密码	0～9999/未设	未设
5	设拨号组	0～254/未设	未设
6	主叫类别	1～15	01
7	拍叉识别	允许/禁止	禁止
8	保留回振	允许/禁止	禁止
9	插入允许	允许/禁止	允许
10	内线呼叫	允许/禁止	允许
11	本地呼叫	允许/禁止	允许
12	国内呼叫	允许/禁止	禁止
13	国际呼叫	允许/禁止	禁止
14	限码组 1	允许/禁止	禁止
15	限码组 2	允许/禁止	禁止
16	话务员	允许/禁止	禁止
17	局向 0	允许/禁止	允许
18	局向 1	允许/禁止	禁止
19	局向 2	允许/禁止	允许
20	局向 3	允许/禁止	允许
21	局向 4	允许/禁止	允许
22	局向 5	允许/禁止	允许
23～31	局向 6～14	允许/禁止	禁止
32	缺省局向	允许/禁止	禁止

用户端口参数设置的步骤如下：

进入"参数设置"主菜单，选择"端口参数"项，进入"选择端口编号"，键入相应端口编号，出现下拉菜单，对表 9.14 中的 32 项参数逐项进行设置，最后按 F10 键确认。

使用状态：该端口正常使用时设置为"使用"；端口不使用时设置为"未用"。

电话号码：选择该分机的用户号码(不包括局号)。

遇忙转移：通常不设。使用时选择相应的局内用户号码(不包括局号)。

出局密码：通常不设。使用时选择相应的出局密码。

设拨号组：通常不设。使用时选择相应内部拨号组+30。

主叫类别：选择相应主叫用户类别(KA 信令)，通常设置为 01。

拍叉识别：允许表示分机有拍叉转叫功能；禁止表示分机拍叉无效。

保留回振：允许表示分机通话时拍叉保留用户后挂机，会再振铃，摘机即与被保留方恢复通话；禁止表示分机保留用户后挂机，被保留方听忙音，不能再恢复通话。

插入允许：允许表示通话时允许话务员插入；禁止表示通话时不允许话务员插入。传真机用户等设置为"禁止"，以保证数据传输不受干扰。

内线呼叫：允许或禁止。

本地呼叫：允许或禁止。

国内呼叫：允许或禁止。

国际呼叫：允许或禁止。

限码组 1：允许或禁止。

限码组 2：允许或禁止。

话务员：允许表示话务员分机；禁止表示其他分机。

局向 0：允许或禁止。

局向 1：允许或禁止。

……

局向 14：允许或禁止。

缺省局向：允许或禁止。

对以上设置参数按 F10 键确认。

维护台上设置的端口参数在系统断电后不会丢失，分机上自设的参数(如新服务功能)在系统断电后将会丢失。

(2) 中继端口参数设置。中继端口参数设置包含环路中继端口参数设置、磁石中继端口参数设置、E&M 中继端口参数设置、四线中继端口参数设置和数字中继端口参数设置。

① 环路中继端口参数设置。其界面如图 9-27 所示。

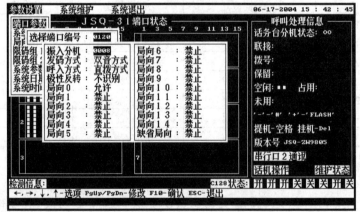

图 9-27　环路中继端口参数设置界面

环路中继端口参数值的选择范围如表 9.15 所示。

表 9.15　环路中继端口参数值的选择范围

参数项	内　容	范　围	缺省值
1	振入分机	0008~1023	0008
2	发码方式	脉冲/双音方式	双音方式
3	呼入方式	直拨/转接方式	直拨方式
4	极性反转	可识别/不识别	不识别
5	局向 0	允许/禁止	允许
6	局向 1~14	允许/禁止	禁止
7	缺省局向	允许/禁止	禁止

环路中继端口参数设置的步骤如下：

进入"参数设置"主菜单，选择"端口参数"项，进入"选择端口编号"，键入相应端口编号。在下拉菜单中对表 9.15 中的各项参数逐项进行设置。

振入分机：选择该中继呼入时振铃话机的端口号(维护台话机或指定振铃分机的端口号)。

发码方式：按中继线转发 DTMF 或 DP 号码信号来选定。

呼入方式：转接方式指外线呼入时由话务台转接；直拨方式指外线用户听话音提示后，继续拨分机号码(外线用户需用双音多频话机)。

极性反转：根据对端局在被叫应答时是否发送换极信号而选定。

局向(0～14)：该中继端口号对应的"局向号"设为"允许"；其余局向号设为"禁止"。

缺省局向：设为"禁止"。

对以上设置参数按 F10 键确认。

② 磁石中继端口参数设置。磁石中继端口参数设置的步骤同环路中继端口参数设置，在"选择端口编号"中键入相应端口编号即可。

中继权限：按使用情况选择"双向中继"或"单入中继"。闭塞该中继时设为"未用"。

中继局向：设为该中继端口号对应的"局向号"。

振入分机：选择该中继呼入时振铃话机的端口号(维护台话机或指定振铃分机的端口号)。

对以上设置参数按 F10 键确认。

③ E&M 中继端口参数设置。在"选择端口编号"中键入相应端口编号。

中继权限：按使用情况选择"双向中继"或"单入中继"。闭塞该中继时设为"未用"。

中继局向：设为该中继端口号对应的"局向号"。

发码方式：选择"双音多频方式"(E&M 中继转发 DTMF 号码信号)。

对以上设置参数按 F10 键确认。

④ 四线中继端口参数设置。四线中继端口参数设置界面如图 9-28 所示。

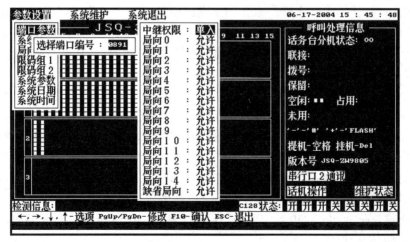

图 9-28　四线中继端口参数设置界面

四线中继端口参数值的选择范围如表 9.16 所示。

表 9.16　四线中继端口参数值的选择范围

参数项	内　　容	范　　围	缺省值
1	中继权限	未用/单入/单出/测试	单出
2	局向 0~4	允许/禁止	禁止
3	局向 5	允许/禁止	允许
4	局向 6~14	允许/禁止	禁止
5	缺省局向	允许/禁止	禁止

在"选择端口编号"中键入相应端口编号。

中继权限：按使用情况选择"单出"(单向出中继)、"单入"(单向入中继)、"测试"(指从四线中继端口连续发出 2600 Hz 信号，用于测试线路)、"未用"(指闭塞该中继端口)。

局向(0~14)：将该中继端口号对应的"局向号"设为"允许"。其余局向号设为"禁止"。

缺省局向：设为"禁止"。

对以上设置参数按 F10 键确认。

⑤ 数字中继端口参数设置。数字中继参数值的选择范围如表 9.17 所示。

表 9.17　数字中继参数值的选择范围

参数项	内　　容	范　　围	缺省值
1	中继权限	未用/单入/单出	单出
2	局向 0~1	允许/禁止	禁止
3	局向 2	允许/禁止	允许
4	局向 3~14	允许/禁止	禁止
5	缺省局向	允许/禁止	禁止

在"选择端口编号"中键入相应端口编号。

中继权限：按使用情况选择"单出"(单向出中继)或"单入"(单向入中继)，该中继闭塞时设为"未用"。

局向(0~14)：该中继端口号对应的"局向号"设为"允许"，其余局向号设为"禁止"。

缺省局向：设为"禁止"。

数字中继出、入方向说明：

• 通常一部交换机配置 1~2 个 PCM30 数字中继子系统，数字中继子系统设置为 6、7 号子系统。数字中继子系统出、入局方向的缺省值为：6 号子系统的前 15 路(端口 0769~0783)为"单入"，后 15 路(端口 0785~0799)为"单出"；7 号子系统的前 15 路(端口 0897~0911)为"单入"，后 15 路(端口 0913~0927)为"单出"。此缺省设置使 6、7 子系统数字端口的出、入局方向正好相互对应，便于对数字中继做自环测试。

• 在安装开通时，PCM30 数字中继子系统各端口的中继权限(出、入局向)可不采用缺省值，而按需要进行设置。

需要注意的是，在设置完 PCM 端口参数的出、入局方向后(出、入局方向的设置有改变)，需重新启动该 PCM30 子系统(按一下母板上的 RESET 复用键或断一下电)。

9.7　硬　件　电　路

1. 模拟用户/中继子系统 CPU 板

模拟用户/中继子系统 CPU 板由下述器件组成：

- 80C652 CPU。
- 64 KB 程序代码存储器(EPROM)。
- 32 KB 程序数据存储器(SRAM)。
- 2048 bit 设置数据存储器(EEPROM)。
- 32.768 MHz 晶振时钟。
- 16.384 MHz CPU 工作时钟。
- 专用集成交换芯片 8×32。
- 专用集成声音插入芯片 V132。
- 2 条 8 M PCM 总线。
- 32 路话音、DTMF 和信号音。
- 位总线 SBUS-Ⅱ多机通信接口。
- RS-232 串行通信接口。

上述器件构成了 CPU 板的微处理器系统、交换网络系统、时钟同步系统、声音生成系统和通信接口系统等功能电路。

1) 微处理器系统

模拟用户/中继子系统 CPU 采用 80C652，外扩 62256 提供 32 KB RAM 作为程序数据空间，程序存储器采用 27C512(也可采用 28F512)，EEPROM 24C16 提供 2 KB 的掉电不丢失数据空间，可存放系统参数、端口参数等数据。CPU 工作时钟为 16.384 MHz。

2) 交换网络系统

交换网络采用 8×32 专用集成交换芯片。8×32 为一单级全利用度的时分复用交换矩阵，工作时钟为 32.768 MHz，有 2 条 8192 kb/s 的 PCM 二次群输入总线(P8MI0、P8MI1)，每条输入总线包含 128 个数字话音通道，有 1 条 8192 kb/s 的 PCM 二次群输出总线(P8MO)，1 条 2048 kb/s 的 PCM 一次群输出总线(P2MO)，该输出总线包含 32 个数字话音通道。8×32 能把两条输入总线上 256 个时隙中的任意时隙的数字话音交换到输出总线上 32 个时隙中的任意时隙上，即实现 256×32 时隙的交换。

8×32 可以控制 128 个 64 kb/s 的话音端口，并对 128 个端口进行 4∶1 压缩。

3) 时钟同步系统

各子系统都有独立的时钟。运行时，由软件自动选定其中的一个子系统时钟作为全系统的主时钟。

4) 声音生成系统

话音生成电路采用专用集成声音信号插入芯片 V132。V132 为 32 时隙的数字话音插入芯片，有 1 条 2048 kb/s 的 PCM 一次群输入总线(V2MI)，1 条 2048 kb/s 的 PCM 一次群输出总线(V2MO)，能在输入总线的若干时隙上插入指定的声音信号后送到输出总线上。声音信号分

为 4 大段：第一段为 16 小段，提供各种信号音，包括 450 Hz、950 Hz、静音和 13 个 DTMF
号码信号(0~9，*，#，D)；第二、三段为直拨分机所用话音；第四段为音乐。每段提供 8 s 的
声音信号，听声音信号超过 8 s 后自动循环重放。V132 用插入的方法将声音送到 PCM 总线端
口听方向上，信号音不再占用交换网络上的时隙，子系统的 32 个时隙可全部提供给端口使用。

5) 通信接口系统

80C652 的 P1.6 和 P1.7 是一条遵循 HC 协议的串行总线(SBUS-Ⅱ)，作为多机通信的接
口能以广播方式工作，HC 协议可使总线的利用率得到有效提高，使位总线的通信能力大大
加强，从而提高了多子系统工作时的处理能力。

80C652 的串口 TXD、RXD 作为与话务台或其他设备的接口，由 MAX232 进行 TTL
和 RS-232 电平之间的转换。DD1 和 DD2 对串口起保护作用。

6) CPU 板上跳线

CPU 板上共有三组跳线：ID 跳线(ID1)、终结器跳线(JP3)和 PCM 跳线(JP6)。

(1) ID 跳线：用于设置 0~7 号子系统。

(2) 终结器跳线(JP3)：物理位置处于头、尾的两个子系统时为“ON”，其他为“OFF”。

(3) PCM 跳线(JP6)：有两对跳线，当 ID 号是 0~3 号子系统时，两组全跳到 PCM1；
当 ID 号是 4~7 号子系统时，两组全跳到 PCM2。

2. DTMF 板

用户/中继子系统均需配备一块 DTMF 板，用于接收用户话机发出的 DTMF 号码信号。
DTMF 板由下述电路组成。

1) 7 个双音多频(DTMF)解码器

- 3.579 MHz 解码器工作时钟。
- 2.048 MHz A/D 转换工作时钟。
- 4 个 300 Hz~840 Hz 音频检测器。
- 专用集成逻辑芯片 8L8。
- ITU-T 的 A 律 A/D 转换。
- 标准 64 芯连接器。
- 发光二极管指示解码器工作。

2) 1 个数字音频信号发码器

DTMF 板上装有由 EPROM 存放的信号音，这些信号音可用软件灵活、实时地控制其
通断，以形成各种用户线信号。由于采用广播方式，因此这些信号各占用一个时隙，也可
同时为多个用户所用。

(1) 数字音频信号的产生。信号音按 125 μs 间隔抽样，再经过量化和编码得到各抽样
点的 PCM 信号，然后写入 EPROM。

(2) 数字音频信号的发送。从 EPROM 输出的数字信号进入数字交换网络，最终送向各
端口。

(3) 数字音频信号的接收。数字音频信号传送到用户电路后，由 MC145436 进行译码、
滤波，变成模拟信号，由用户话机接收。

3. 用户板

每块用户载板可装 8 个用户模块，提供 8 条用户线。

1) 用户模块

用户模块由下述电路组成：

- PCM A 律编/解码器，滤波器集成电路 3C1067S。
- 用户线收发器。
- 用户线阻抗匹配电路。
- 平衡网络。
- 用户线状态监视电路。
- 铃流控制电路。
- 过压保护电路。
- 电流馈电电路。

2) K20 用户载板

(1) 二次译码。一个子系统由母板上的逻辑电路实现一次译码，访问到相应的插件板号，而用户载板上的二次译码电路使 CPU 访问到具体端口。

(2) 信号线。用户载板将 CPU 送来的 8 位数据线(ID0～ID7)进行锁存，其中低 4 位正向输出(OUT0～OUT3)，高 4 位反向输出(OUT4～OUT7)，分别接至 8 个用户模块端口，由此实现 CPU 对各端口的控制以及对模块类型的判别。

4. 二线环路中继板

二线环路中继板由 K20 中继载板和二线环路中继模块两部分组成。K20 中继载板用来插装中继模块，每个模块对应一个环路中继器。环路中继模块是本交换机与市话网(或专网)之间的二线接口，接口连接方式为回路启动方式，可发送号盘直流信号或双音多频信号。

同 K20 用户载板一样，K20 中继载板的主要功能也是进行二次译码的。中继子系统的母板进行一次译码，访问到相应插件板，中继载板上的二次译码电路使 CPU 访问到具体端口，即载板上的 8 个环路中继电路之一。

5. 磁石中继板

磁石中继板由 YX 磁石中继载板和磁石中继模块两部分组成。每块 YX 磁石中继载板可插装 8 块磁石中继模块。每块磁石中继模块对应一个磁石中继电路，磁石中继模块也可和二线环路中继模块同装在一块中继载板上。

磁石中继电路是本交换机与磁石交换台或磁石话机的接口，以配合磁石交换设备工作。磁石中继采用"铃出铃入"信号方式。当外线呼入送来铃流，磁石中继收到后，由系统向话务台(或振入分机)振铃。话务台(或振入分机)应答后，对来话呼叫进行人工转接。当内部用户呼叫磁石外线时，拨相应出局字冠占用磁石中继后，磁石中继即向外线发送铃流。振铃时长约 1 s。双方建立接续，通话完毕，本机用户挂机，磁石中继向外线发送铃流，以示话终，复原磁石中继电路。

与 K20 中继载板相比，YX 磁石中继载板多了一个 10 000 pF 的电容，增加该电容是由于磁石话机或磁石台送来的铃流电压较高，而且磁石中继设有继电器，这些都是干扰源。磁石中继在被占用或复原时，可能会因干扰而引起相邻环路中继的通话接续被切断。因此，该电容起消除干扰的作用。

6. 四线载波中继板

四线载波中继板由四线载波载板和四线载波模块组成。四线载波中继模块采用硬件方式完成线路信令的接收。

四线载波中继板由下述电路组成：

- PCM 编/解码器。PCM 编/解码器用来完成 A/D 转换、D/A 转换及滤波功能。
- 调节电阻 R_{32}。R_{32} 可改变四线载波中继模块的发送电平和接收电平。
- 自动闭锁电路。在线路有故障时自动闭锁，线路正常以后自动恢复。
- 中国 1 号信令的交流线路信令解码电路。该电路用以识别 2600 Hz 交流信号。
- 双向传输网络。

7. PCM30 CPU 板

PCM30 数字中继电路提供 2 Mb/s 数字中继接口，由单块 V5E1 CPU 板组成。PCM30 CPU 板具有 C128 CPU 板的所有功能，除此之外，PCM30 CPU 板上还有一个 PCM 一次群接口。

PCM30 CPU 板是 PCM30 子系统的中央控制单元，它的主要功能是将从与其连在一起的各 C128 子系统来的话音汇接成 PCM 一次群码流，通过 PCM 接口送至数字传输设备上，并将从数字传输设备来的一次群 PCM 码流送到 8 条 PCM 总线中的 1 条上。

PCM30 CPU 板由下述电路组成：

- 80C652 微处理器系统。
- 64 KB EPROM。
- 32 KB SRAM。
- 2048 bit EEPROM。
- 可编程 RS-232 串行接口。
- 可编程逻辑器件 MACH210。
- 专用集成 PCM 接口芯片 DS2153Q。
- 2 条 8 Mb/s PCM30 总线。
- 专用集成交换芯片 8×32。
- 专用集成声音插入芯片 V132。
- 32 路 MFC 信令收/发器。
- 位总线 SBUS-Ⅱ多机通信接口。

(1) 微处理器系统。PCM30 CPU 板微处理器系统同模拟用户/中继子系统 CPU 板上的微处理器系统。

(2) 交换网络系统。PCM30 CPU 板交换网络系统同模拟用户/中继子系统 CPU 板上的交换网络。

(3) MFC 信号生成。MFC 信号生成采用专用集成声音插入芯片 V132，V132 为 32 时隙的数码话音插入芯片，有 1 条 2048 kb/s 的 PCM 一次群输入总线(V2MI)，1 条 2048 kb/s 的 PCM 一次群输出总线(V2MO)，能在输入总线的若干时隙插入指定的 MFC 信号后送到输出总线上。生成的 MFC 信号存放于 28FO20 芯片上。

(4) 通信接口。PCM30 CPU 板通信接口同模拟用户/中继子系统 CPU 板上的通信接口。

(5) PCM 接口 DS2153Q。PCM 接口 DS2153Q 将外线 PCM 电平转换为 TTL 电平，同时将外线的 HDB3 码转换为单极性的 NRZ 码，提取出外部 PCM 的时钟，搜索帧同步码，对外线来的 PCM 信号进行帧定位，并提供失步告警，对外线来的 PCM 信号按交换系统的内部时钟再进行定时，以便进入交换网络。在使用中国 1 号信令时，DS2153Q 提取并插入 PCM 信号时隙 16 中的线路信号。在使用 HDLC 协议时，DS2153Q 提取并插入指定时隙的 64 kb/s 数据流。

(6) 外同步。当要求 PCM30 数字中继采用时钟外同步工作方式时，将该 PCM30 数字中继子系统设置为主时钟。全系统只可对一个 PCM30 数字中继子系统采用外同步工作方式。

8. 会议板

JSQ-31 V5.0 版本交换机的会议板是一个独立的多方会议子系统，为系统提供 1 条 PCM 的多方会议通道，可实现 3～29 方的会议电话。会议板采用 80C652 作为中央处理器，工作时钟为 16.384 MHz，本子系统是否为主时钟系统可通过软件选定。会议板通过 80C652 提供的 HC 协议串行通信总线(SBUS-Ⅱ)与其他子系统通信。80C652 通过 RS-232 串口与话务台或其他外围设备通信。交换网络采用单级、全利用度的时分复用交换矩阵 8×32，有 2 条 8M PCM 二次群输入总线，1 条 2 Mb/s PCM 一次群输出总线，提供 256 时隙×32 时隙的交换。集成多方会议芯片 M34116 将交换网络来的一条 PCM 输入信号混合为多方会议信号后，从另一条 PCM 链路输出到交换网络，在各个子系统的交换网络的配合下可实现多方会议的功能。

会议板由下述电路组成：

- 80C652 CPU。
- 64 K EPROM。
- 32 K SRAM。
- 2048 bit EEPROM。
- 可编程逻辑器件 MACH210。
- 集成多方会议芯片 M34116。
- 2 条 8M PCM30 总线。
- 专用集成交换芯片 8×32。
- RS-232 串行通信接口。
- 位总线 SBUS-Ⅱ多机通信接口。
- 提供 1 条 PCM 的多方会议通道。

会议板的微处理器、交换网络、通信接口等与 PCM30 数字中继系统的一样。

9. 光端板

光端板采用大规模的集成电路设计，配有进口光收/发器。一块光端板的传输容量为 4 个 E1(PCM30)信号，共 120 个话路，同时提供 2 路 RS-232 数据通道和 1 路公务电话。光端板插装在机框最左边的板位上。

9.8　系统维护与故障诊断

9.8.1　维护任务分级

JSQ-31 V5.0 版本数字用户交换机的维护修理任务分为三级，即"0"级、"1"级、"2"级。"0"级的级别最低，由交换机的普通值班人员担任；"2"级的级别最高，由具有高级职称的工程师担任。

1. "0"级维修任务

(1) 观察各种插件板指示灯的显示是否正常。

(2) 观察 PC 话务台显示屏的工作状态。

(3) 定期进行用户线自检和中继线测试。

(4) 定期对蓄电池充/放电。

2. "1"级维修任务

(1) 对程控交换机的故障部分进行定位。

(2) 替换发生故障的插件板。

(3) 在 PC 话务台完成交换机参数的设置。

3. "2"级维修任务

(1) 对更换下来的有故障的设备确定维修方法(自行修理或送回厂家返修)。

(2) 对有故障的设备进行修复。

(3) 对修复的设备进行试运行。

9.8.2　常见故障定位与处理

1. 常见故障分析

JSQ-31 数字用户交换机常见故障分析一览表如表 9.18 所示。

表 9.18　JSQ-31 数字用户交换机常见故障分析一览表

序号	故 障 现 象	故 障 的 可 能 部 位	解 决 方 案
1	系统掉电, 没有任何迹象和工作灯指示	(1) 交流电断电后, 蓄电池供电不足; (2) 集中式一次电源的保险丝熔断; (3) 集中式一次电源故障	将交换机断电后更换发生故障的部件
2	DC/DC 板工作指示灯指示异常	(1) DC/DC 板故障; (2) 集中式一次电源故障	将交换机断电后更换发生故障的部件
3	CPU 板工作指示灯指示异常	(1) CPU 板故障; (2) CPU 板上的 EEPROM 芯片故障	将交换机断电后更换发生故障的部件
4	某子系统的所有端口通话时伴有杂音	(1) DTMF 板故障; (2) 10 芯扁平电缆与子系统接触不良; (3) CPU 板上的 EEPROM 芯片故障	(1) 将交换机断电后更换发生故障的部件; (2) 如电缆接触不良, 先关电源, 再上紧电缆插头
5	某一分机在通话时出现杂音, 通话声音小或作被叫时话机不振铃	(1) 用户模块故障; (2) 用户端口板故障; (3) 话机故障; (4) 配线架混线	(1) 不用关机断电, 更换发生故障的部件; (2) 在配线架上交换分机的基色线或花色线, 直至线序正确
6	某一分机在拨号时切不断拨号音, 在摘机后无拨号音, 只能当主叫而不能当被叫, 或只能当被叫而不能当主叫	(1) 对该分机的参数设置有误; (2) 该分机的用户板有故障; (3) 该分机的用户端口板有故障; (4) 话机有故障	(1) 重新修改分机参数的权限设置; (2) 更换发生故障的模块或端口板; (3) 撤销该分机没有用的分机性能
7	某些分机不能打外线或所有分机都不能打外线	(1) 交换机"系统参数"中的"局向参数"和"出局拨号组"设置有误; (2) "中继参数"中的"发码方式"设置有误	(1) 修改"系统参数"; (2) 修改"中继参数"中的"发码方式", 使其与上端局发来的接收码方式相同

续表

序号	故 障 现 象	故障的可能部位	解 决 方 案
8	分机呼出占不上中继线或外线用户呼入时主叫用户虽然听到了回铃音,但话务台未收到外线呼入的信号	(1) 分机参数设置有误; (2) 中继参数设置有误; (3) 中继线有故障; (4) 中继端口有故障	(1) 修改分机参数设置; (2) 修改中继参数设置; (3) 更换故障部件; (4) 与对端局联系,共同解决中继线路故障
9	话务台或维护终端与交换机联机不正常,如启动维护后,不显示端口状态,不能进行参数设置	(1) PC 内的多功能卡有故障; (2) 话务台或维护终端的执行软件损坏; (3) 串行接口电缆有故障; (4) 串行接口电缆连接位置不对; (5) PC 通讯口设置不对; (6) 光隔离长线传输器有故障; (7) 交换机地线不符合要求; (8) 各子系统的工作状态不同步	(1) 将系统断电后更换故障部件; (2) 更换话务台或维护终端的执行软件; (3) 更换有故障的串行口电缆; (4) 使串行接口电缆的连接位置正确; (5) 重新设置 PC 通讯口(通常设为 COM2); (6) 修复光隔离长线传输器; (7) 检查测量交换机地线的完好性; (8) 进行"子系统状态初始化"操作; (9) 进行"EEPROM 参数初始化"操作; (10) 按系统复位键或子系统的复位键
10	PCM30 数字中继工作不正常	(1) 本机 PCM30 与对端 PCM30 不同步; (2) PCM 同轴电缆连接错误	(1) 确保本系统的接地与对方 PCM 信号地相同; (2) 检查 PCM 电缆,确保连接可靠,方向正确

2. 典型故障检查流程与处理举例

当 JSQ-31 数字用户交换机在运行过程中出现异常现象或接到用户申告时,应按故障检查流程做故障的初步定位。在一般情况下,故障应定位到插件板。

1) 电源检查

电源检查的流程如图 9-29 所示。

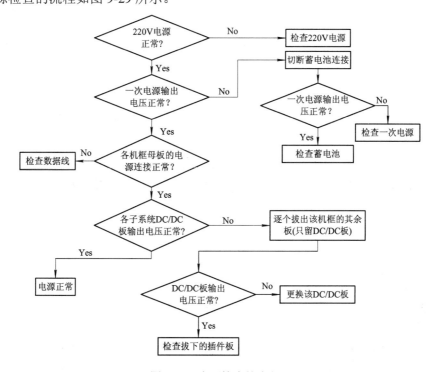

图 9-29 电源检查的流程

2) 内部通信检查

内部通信检查的流程如图 9-30 所示。

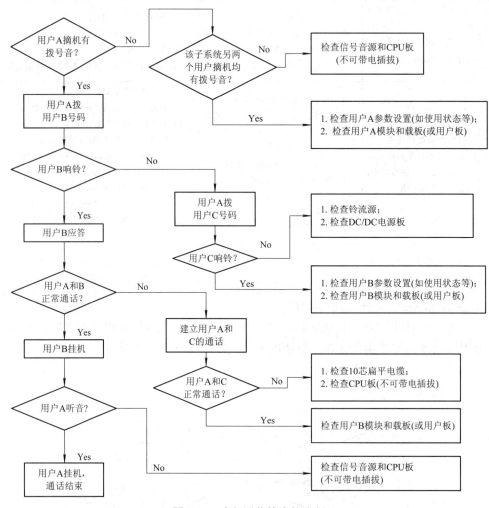

图 9-30　内部通信检查的流程

3) 二线环路中继呼叫检查

(1) 二线环路出中继呼叫检查。二线环路出中继呼叫检查流程如图 9-31 所示。

(2) 二线环路入中继呼叫检查。二线环路入中继呼叫检查流程如图 9-32 所示。

4) 二线磁石中继呼叫检查

(1) 二线磁石出中继呼叫检查流程。二线磁石出中继呼叫检查流程如图 9-33 所示。

(2) 二线磁石入中继呼叫检查流程。二线磁石入中继呼叫检查流程如图 9-34 所示。

5) E&M 呼叫检查

(1) E&M 出中继呼叫检查。E&M 出中继呼叫检查流程如图 9-35 所示。

(2) E&M 入中继呼叫检查。E&M 入中继呼叫检查流程如图 9-36 所示。

6) 四线载波中继呼叫检查

(1) 四线载波出中继呼叫检查。四线载波出中继呼叫检查流程如图 9-37 所示。

(2) 四线载波入中继呼叫检查。四线载波入中继呼叫检查流程如图 9-38 所示。

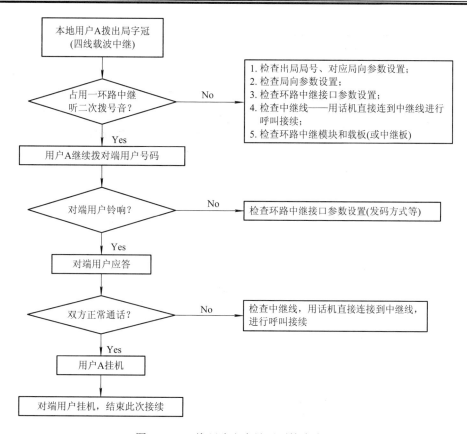

图 9-31　二线环路出中继呼叫检查流程

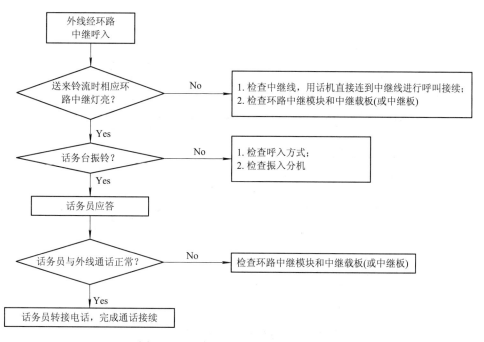

图 9-32　二线环路入中继呼叫检查流程

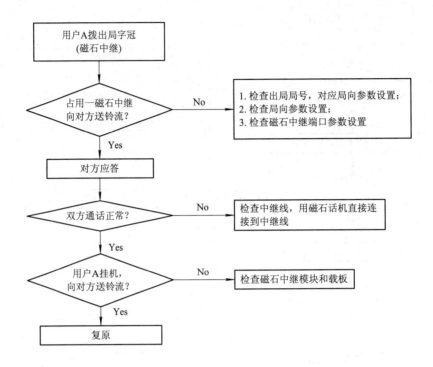

图 9-33　二线磁石出中继呼叫检查流程

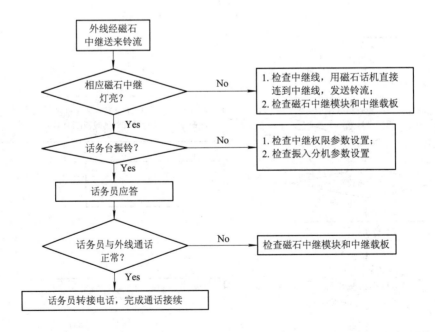

图 9-34　二线磁石入中继呼叫检查流程

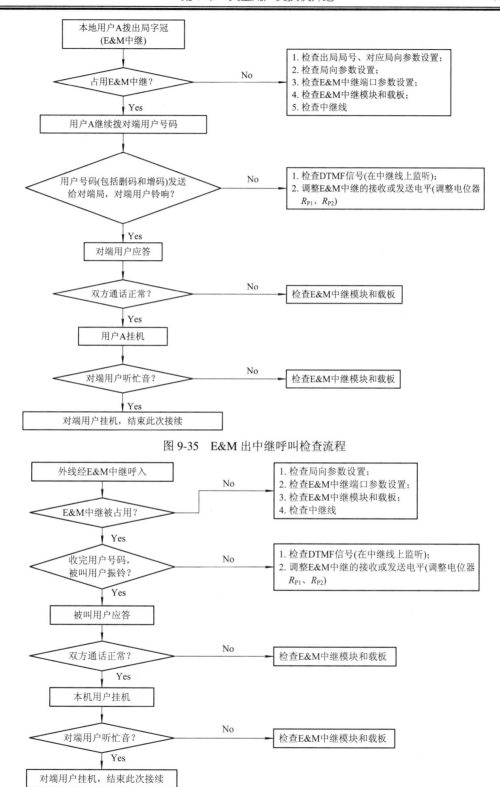

图 9-35 E&M 出中继呼叫检查流程

图 9-36 E&M 入中继呼叫检查流程

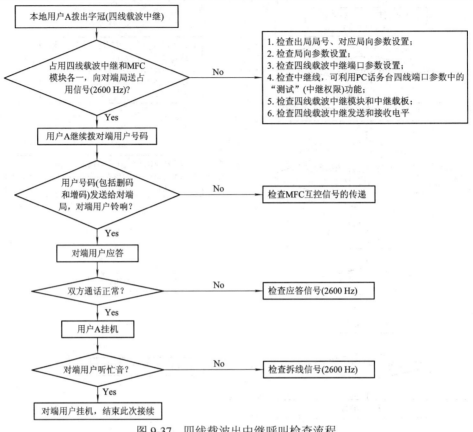

图 9-37　四线载波出中继呼叫检查流程

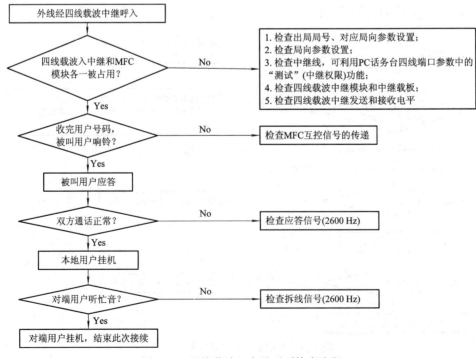

图 9-38　四线载波入中继呼叫检查流程

7) PCM30 数字中继呼叫检查

(1) PCM30 数字出中继呼叫检查。PCM30 数字出中继呼叫检查流程如图 9-39 所示。

(2) PCM30 数字入中继呼叫检查。PCM30 数字入中继呼叫检查流程如图 9-40 所示。

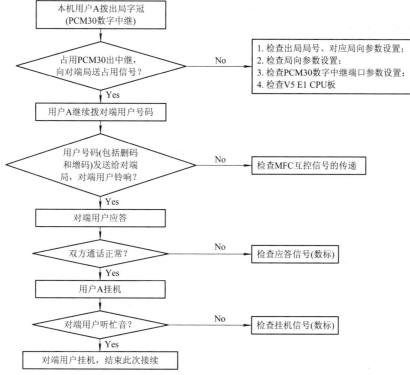

图 9-39　PCM30 数字出中继呼叫检查流程

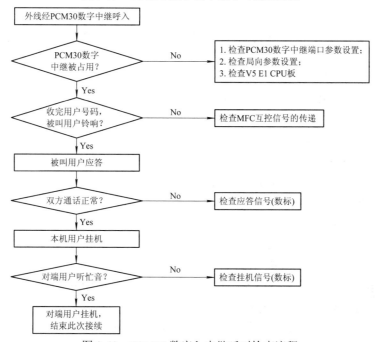

图 9-40　PCM30 数字入中继呼叫检查流程

复习思考题

1. 简述 JSQ-31 数字用户交换机系统的特点。

2. 简述 JSQ-31 数字用户交换机系统的组成。

3. 画出 JSQ-31 数字用户交换机用户/中继混装子系统板位图。

4. 试说明 DTMF 板信号灯的含义。

5. 试说明 JSQ-31 数字用户交换机接入公网的方式。

6. 说明用户自检功能的操作方法。

7. 说明四线中继端口自环测试的操作方法。

8. 说明二线环路中继端口自环测试的操作方法。

9. JSQ-31 数字用户交换机的信号音是由什么插件板产生的？信号频率是多少？

10. 说明免打扰服务功能的设置方法。

11. JSQ-31 V5.0 版本数字用户交换机维护终端的主菜单有哪几项内容？每项主菜单中又包括哪些子菜单？

12. JSQ-31 数字用户交换机话务台呼叫处理包括哪些内容？

13. 说明呼叫转移服务功能的设置方法。

14. 话务员功能包括哪些内容？

15. 假如您是话务员(或系统维护员)，试在维护终端组织一次多方会议电话。

16. 什么是子系统参数初始化？对子系统参数初始化有什么要求？

17. 对子系统状态初始化会有什么影响？

18. 进入 JSQ-31 数字用户交换机维护状态的缺省口令是什么？怎样改写该口令？试写出设置新口令的步骤。

19. 试计算 JSQ-31 数字用户交换机第 3 个子系统中第 5 块用户板上的 8 个用户电路的端口号。

20. 在 JSQ-31 数字用户交换机中，假设用户 A 开放了"插入允许"和"保留回振"功能，当用户 A 与用户 B 正在通话时，用户 C 呼叫话务员要求与正在通话的用户 A 通话，请问话务员如何将用户 C 强转到用户 A(包括话务员操作和用户话机操作)？

21. 在 JSQ-31 数字用户交换机中，用户 A 要使用"三方通话"功能与用户 B、用户 C 进行三方通话，系统维护员与用户话机应该如何设置？

22. 画出下列设备和呼叫接续的检查流程图。

(1) 电源检查；

(2) 内部通信检查；

(3) 二线环路中继呼叫检查；

(4) PCM30 数字中继呼叫检查。

23. 根据下列故障现象试分析故障可能发生的部位并说明处理的方法。

(1) 维护终端与程控数字交换机联机不正常；

(2) 某一分机在通话时出现杂音、通话声音小或作为被叫分机时话机不振铃；

(3) 某些分机不能打外线。

第10章　典型局用交换机

要点提示：

国内程控交换设备主要有深圳中兴公司生产的 ZXJ10 程控数字交换机和深圳华为公司生产的 C&C08 型程控数字交换机，用户容量范围从几十线到数十万线，具有本地交换、长途交换、汇接交换功能，可用于 C1～C5 各级电话交换中心。本章以 ZXJ10B(V10.0)程控数字交换机为例，介绍了该机的系统结构、硬件组成、话务台与分机功能、操作维护系统、数据管理与维护、程控交换设备工程设计等内容。ZXJ10B(V10.0)程控数字交换机是 ZXJ10A(V4.27)程控数字交换机版本的升级，ZXJ10B 程控数字交换机容量更大，功能更强，操作维护界面更加友好完善。

10.1　系统介绍

10.1.1　系统容量

ZXJ10B 程控数字交换机采用模块化结构全分散控制方式，可以进行平滑扩容，既可以建立单模块局，又可以建立多模块局。单模块系统的最大容量可达 12 480 用户线(用 L 表示)和 2400 中继线(用 DT 表示)；多模块系统终局容量为 50 万用户线和 6.4 万中继线。ZXJ10B 程控数字交换机的容量如表 10.1 所示。

表 10.1　ZXJ10B 程控数字交换机的容量

	用户数量	12 480 L
单模块	中继数量	2400 L
	话务量	不低于 4200 Erl
	呼叫处理能力	BHCA 不低于 270 k(实测达 600 k 以上)
多模块 (64KTS 网)	用户数量	500 000 L(最大)
	中继数量	64 000 L(最大)
	话务量	不小于 130 k Erl
	呼叫处理能力	BHCA 不低于 7800 k

10.1.2　系统特点

1. 模块化结构

ZXJ10B 程控数字交换机采用全分散模块化的结构，根据局容量的大小，可由一到数十个模块组成。根据业务需求和地理位置的不同，可由不同模块扩展组成。例如，消息交换模块(MSM)、中心交换网络模块(SNM)、操作维护模块(OMM)、近端外围交换模块(PSM)、远端外围交换模块(RSM)、分组交换模块(PHM)、远端用户单元(RSU)等。

2. 全分散控制

ZXJ10B 程控数字交换机的每个模块处理器只能控制和处理整个交换机的一部分资源和数据，而单元处理器运行交换机的一部分功能。除操作维护模块(OMM)外，每一种模块都由一对主备的主处理机(MP)和若干外围处理机(PP)以及通信处理机组成。为提高整机系统的可靠性，在 ZXJ10B 程控数字交换机中，所有重要设备均采用主备份，如 MP 板、交换网板、网驱动板、通信板、光接口板、时钟设备以及用户单元处理机等。

3. 组网灵活

ZXJ10B 程控数字交换机既可以单模块成局，又可以多模块组网。在组网方式上采用了多级树形组网方案，即模块可以再带模块，交换模块上可以再接交换模块，而且所有的交换模块都可以带远端用户单元，构成多级组网，母局与各交换模块之间可以采用高速光纤连接。

4. 业务平台完善

ZXJ10B 程控数字交换机提供国标中规定的所有新业务、特服群和 Centrex 商务群功能，如普通 PSTN 业务、ISDN 业务、智能网业务等；具备移动交换功能，实现了固定与移动的统一；内置排队机及话务员坐席系统可实现排队机的全部功能；采用 IAM Internet 接入模块将数据业务与电话业务分流，可利用 IAM 构建企业 VPN。

5. 内置 SDH 功能

ZXJ10B 程控数字交换机内置的 SDH 传输系统，为交换机各种业务提供了可靠的传输方式。内置 SDH 除提供标准的 E1 接口外，还提供了 STM-1 标准传输接口，使交换机真正实现了交换与传输的一体化。

6. 信令功能强大

ZXJ10B 程控数字交换机提供完整的 No.1 信令，不仅支持数字中继+MFC，还提供各种模拟中继信令接口，使 ZXJ10B 程控数字交换机不但适合于公网的端局、本地汇接、国内/国际长途汇接局，而且适合于各种专网的建设。例如，ZXJ10B 程控数字交换机可方便地接入各种人工台、特服台、语音平台等，支持数字中继和模拟中继的各种信令之间的汇接和转接业务。

No.7 信令系统严格依据部颁标准和 ITU-T 建议设计开发，全面实现 No.7 信令 MTP2、MTP3、TUP、ISUP、SCCP、TCAP 和 OMAP 等各项功能；具备强大的处理能力、高可靠性和完善的维护功能；既可作为信令点，也可作为综合信令转接点或独立信令转接点。

7. 操作维护功能人性化

操作维护模块(OMM)采用标准的 TCP/IP 协议，开放性好，用户可跨地域进行操作维护；后台 NT 操作系统提供了丰富的管理功能，中文 Windows 操作界面，整个图形界面分类清楚，操作简单，易懂好学；ZXJ10B 程控数字交换机采用行式人机命令提供命令行方式的数据维护界面，操作简单，使用方便。

10.1.3   系统结构

1. 硬件结构

ZXJ10B 程控数字交换机采用全分散的控制结构,根据局容量的大小,可由不同模块扩展组成,如图 10-1 所示。

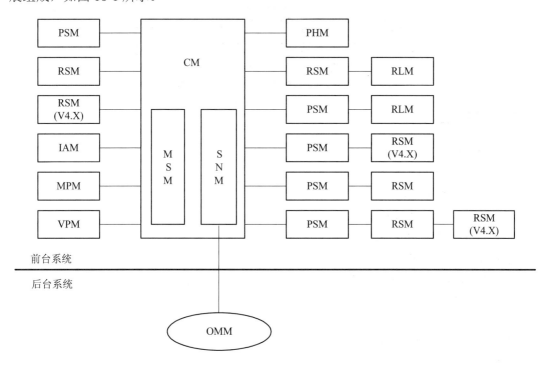

图 10-1   ZXJ10 程控数字交换机硬件结构示意图

消息交换模块(MSM)主要完成各个模块之间的消息交换;PSM 作为中心交换模块的外围模块负担交换和业务接入功能,既可以在多模块时作为外围模块,也可以独立作为交换局,作为外围模块时服从 OMM 统一管理;远端外围交换模块(RSM)的基本功能与 PSM 相同,只是在组网中可以置于远离中心模块的位置,通过传输设备与中心模块相连接,在管理上服从 OMM 统一管理;OMM 是对整个系统实现运行管理的核心模块,它是由服务器、以太网总线以及若干个客户机组成的,可通过中心模块实现对各个模块、处理机的管理;RSU 则是挂在 PSM/RSM 的用户单元,用于实现远端用户的接入。

2. 软件结构

ZXJ10B 程控数字交换机的软件系统的大部分功能都需要网络中的多个节点协调完成。从功能角度看,ZXJ10B 程控数字交换机的软件系统可分为几个子系统:运行支撑子系统 R、承载子系统 B、信令子系统 S、业务控制子系统 C、数据库管理子系统 DB、操作管理维护子系统 OAM。各个子系统相对独立,系统之间采用消息机制进行通信。ZXJ10B 软件系统的层次结构如图 10-2 所示。

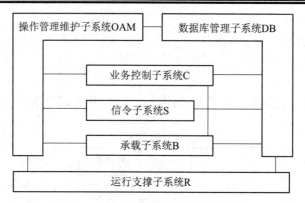

图 10-2 ZXJ10B 软件系统的层次结构

10.1.4 技术指标

1. 模块典型容量

1) 中心模块 CM

(1) SM8：单平面 8K 网。

(2) SM16：单平面 16K 网。

(3) SM32：单平面 32K 网。

(4) SM64：单平面 64K 网。

(5) SM128：2 平面 128K 网。

(6) SM256：4 平面 256K 网。

(7) SM256：单平面 256K 网。

2) SM8(标准近端/远端模块)

(1) 独立成局：

用户中继：12480L+2760DT。

纯中继：6240DT。

(2) 多模块局：

用户中继：9600L+1200DT。

纯中继：6240DT。

纯用户：15360L。

3) SM16(16K 网模块)

(1) 独立成局：

纯中继：14400DT 或 7 个 STM-1。

用户中继：13440L+9600DT。

(2) 多模块局：

纯中继：7680DT 或 4 个 STM-1。

用户中继：15360L+3000DT。

4) SM4C 紧凑型模块

单机架配置：2400L+600DT。

双机架配置：5280L+600DT。

5) SM4I 一体化模块

单机架配置：720L+720DT。

内部集成配置：配线架、电源、蓄电池等。

6) SM2 兼容模块(V4.X)

用户中继：3584L+480DT。

纯中继：960DT。

7) 远端用户模块(RLM)

SU960：普通标准 RLM，960L。

SU960N：新版 RLM，960L。

SU480I：一体化 RLM，480L(内部集成了配线架、电源、蓄电池等)。

SU480E：SU480I 的室外型，480L。

RSUC：紧凑型 RLM，480L。

RSUD：迷你型 RLM，96L。

2. 话务负荷能力

1) 每线负荷

用户线参考话务量为 0.2Erl/线(负荷 A)、0.25Erl/线(负荷 B)；

中继线参考话务量为 0.7Erl/线(负荷 A)、0.8Erl/线(负荷 B)。

2) 呼叫处理能力

1 模块：BHCA 为 100K。

8 模块：BHCA 为 640K。

50 模块：BHCA 为 4000K。

3. 可靠性与可用性

1) 主要设备平均故障率

在移交测试时，一个交换系统的障碍率不大于 4×10^{-4}。系统中断在 20 年内不超过 1 小时，在无人值守时不超过 2 小时。

2) 软件故障指标

移交测试指标(1 个月内)：不超过 8 个。

试运行指标(5 个月内)：不超过 15 个。

4. 用户线路及用户信号技术指标

1) 用户线路指标

(1) 用户环路电阻：允许用户环路电阻不大于 2000 Ω(包括话机电阻)，特殊情况允许不大于 3000 Ω(需要提升馈电电压)，馈电电流不得小于 18 mA。

(2) 用户线间及线对地间绝缘电阻：大于 20 000 Ω。

(3) 用户线线间电容：不大于 0.7 μF。

2) 用户信号技术指标

(1) 接收号盘话机和直流脉冲按键话机的接收器的技术指标:脉冲速度为 8～14 脉冲/s，脉冲断续比为 1.3～2.5∶1；脉冲串间隔不小于 350 ms。

(2) 与多频按键(MFPB)话机有关的用户信号技术指标：频偏 2.0%以内可靠接收，频偏 3.0%以上保证不接收，频偏 2.0%～3.0%之间不保证接收。在双频工作时，单频接收电平范围为−23 dBm～−4 dBm；单频不动作电平不大于−31 dBm。双频电平差不大于 6 dBm。

(3) 过压保护：

① 在暴露情况下(无第一级保护)的过压防护能力。

雷电波形：10 μs/700 μs，电压峰值为 1000 V。

电力线感应：电压为 650 V，持续时间为 500 ms。

电力线接触：电压为 220 V，持续时间为 15 min。

② 在非暴露情况下(有第一级保护)的过压防护能力。

雷电波形：10 μs/700 μs，电压峰值为 4000 V。

电力线感应：电压为 650 V，持续时间为 1 s。

5. 网同步

ZXJ10B 程控数字交换机采用主从同步方式，能够提供二级、三级时钟，具有快捕、跟踪、保持和自由运行这四种运行方式。

10.2　硬　件　组　成

ZXJ10B 程控数字交换机硬件设备复杂，本节重点以 SM8C 单模块和 CM32K/64K 中心模块为例介绍系统配置情况。

10.2.1　SM8C 单模块

SM8C 为 ZXJ10B 程控数字交换机的一种外围交换模块，其 T 网的交换容量为 8K×8K，主要由网络控制单元(包括时钟同步单元、中继单元和模拟信令单元)、中继单元、用户单元组成，如图 10-3 所示。其整个系统结构建立在 8K×8K 的 T 网交换平台上，所有的用户接口(包括模拟用户、数字用户等)、中继板和模拟信令板都通过 SP 与 T 网单元之间通过差分 8 M HW 电缆连接而挂在 T 网下；各模块内或模块间及信令时隙均通过 T 网单元的半固定连接使控制层与其他单元和模块相连，T 网单元与控制层之间通过差分 2 M HW 线相连。

1. 机柜(机架)

SM8C 单模块机柜由一个控制机柜和最多 5 个用户机柜组成。控制机柜包括网络控制机框单元(包括时钟同步单元、中继单元和模拟信令单元)和用户单元或中继单元，可配一层 BCP 背板和 5 层用户层背板(可提供 2400 线用户和 1440 线中继及主/备两对光纤)。如果需要更多的中继，还可以扩展一层中继层，用户数量将相应减少。用户机柜由 6 个用户机框(BSLC)组成，共 3 个用户单元，纯用户模块可达 15 360 用户线，纯中继模块可达 6240 中继线。SM8C 单模块机柜的排列图如图 10-4 所示。

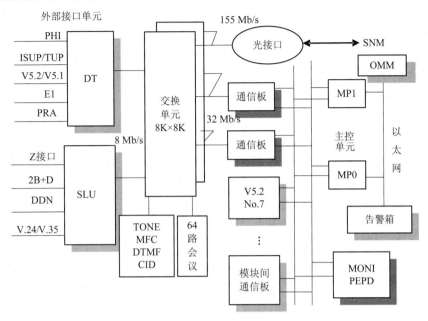

图 10-3 SM8C 单模块(PSM)结构框图

#1 控制机柜	#2 用户机柜	#3 用户机柜	#4 用户机柜	#5 用户机柜	
BDT	BSLC1	BSLC1	BSLC1	BSLC1	第六层
BDT	BSLC0	BSLC0	BSLC0	BSLC0	第五层
BCTL	BSLC1	BSLC1	BSLC1	BSLC1	第四层
BNET	BSLC0	BSLC0	BSLC0	BSLC0	第三层
BSLC1	BSLC1	BSLC1	BSLC1	BSLC1	第二层
BSLC0	BSLC0	BSLC0	BSLC0	BSLC0	第一层

图 10-4 SM8C 单模块机柜的排列图

当 SM8C 作为用户中继模块时，其由 4 个机架组成，其中包括一层 BCP 层和 10 个用户单元，标准配置为用户 9600 线、中继 1200 线、DTMF 300 套、CID 120 套、TONE 120 套、会议电话 30 方；当 SM8C 作为纯用户模块时，其由一层 BCP 和若干用户单元组成，同时 BCP 上的中继板不插，标准配置为用户 15360 线、DTMF 480 套、CID 120 套、TONE 120 套、会议电话 30 方；当 SM8C 作为纯中继模块时由中继层和 BCP 层组成，标准配置为中继 6240 线、TONE 120 套、会议电话 30 方，如果中继数大于 1440 线，则必须增加一层中继层(使用 MDT)。

2. 机框

SM8C 机柜由 BCP 机框和 BSLC 机框构成。BCP 为控制网层机框，主要由控制单元、时钟交换网单元、中继单元和模拟信令单元组成。BSLC 为用户机框，向用户提供用户接口。

1) BCP 机框

BCP 机框是 ZXJ10B 程控数字交换机 SM8C 模块的控制网络层，它将控制、交换网络、数字中继等功能集成在机架的一层中完成，同时使该系统尽可能满足大部分的应用要求。BCP 机框可装配的单板有 SMEM、MP、SCOMM、PMON、DSND、DSNI(兼容 FBI 和 SDT)、

ASIG/MASIG、DTI、MDTI、ODT/SNB、POWB 等板。BCP 占一个框位，本机框可配置主/备 2 块 MP 板和 1 块 SMEM 板。9～12 槽位配置 4 块 SCOMM 板；13 槽位配置 PMON 板；14、16 为主/备 2 块 DSND 板；一般 18～19 插 2 块 FBI 板，20、21 槽位插 DSNI 板；22～24 槽位配置 MDTI 板或 DTI 板，也可配置 ODT 板等；25～26 槽插 MASIG 板或 ASIG 板；1、27 槽插 POWB 板。BCP 机框的满配置图如图 10-5 所示。

1	2	3	4	5	6	7	8	9	10	11	12	13	14	15	16	17	18	19	20	21	22	23	24	25	26	27
POWB	SMEM	MP			MP			SCOMM	SCOMM	SCOMM	SCOMM	PMON	DSND	CNT	DSND		FBI	FBI	DSNI	DSNI	DTI/MDTI	DTI/MDTI	DTI/MDTI	MASIG	MASIG	POWB

图 10-5 BCP 机框的满配置图

SM8C 提高了网层的集成度，将原来的 CKI、SYCK、DSN 和一部分 DSNI 板的功能(包括全部的 MP 级和 2 对 SP 级 DSNI 板的功有)合在一对 DSND 板上，而原来的网层一层背板，现在只需要一对 DSND 板和两对 DSNI 板(可与 FBI 板混插)。DSND 板上的 0～3 的 8M HW 用于与控制单元相连；SCOMM1、2 为模块内模块间通信板，SCOMM3、4 为 No.7 及 V5 信令处理板，4～35 HW 为 TTL 输入/输出，与两对 DSNI/FBI 板相连，再由 DSNI/FBI 驱动为差分电信号或光信号输入/输出；36～62 HW 直接由 DSND 驱动为差分电信号输入/输出与其他单元通过电缆相连。DSND 板上的接续电缆改为 8M HW 连接。采用具有 4 个 DSP 子单元的 MASIG 板(480 路)，其与 T 网单元的电缆连接接口与 ASIG 板一致。

2) BSLC 机框

BSLC 机框是 ZXJ10B 程控数字交换机用户层机框。其为 SP(SPI)板、POWA、MTT 及各种用户板提供支撑，为它们之间的控制及话路提供通道，另外，也为电源监控提供 RS-485 总线接口。图 10-6 是 BSLC 机框的结构配置图。一个用户框可以安装 20 块用户板，一个用户单元容量为 960 用户线，每板用户线数量为 24，则每个用户框用户线数为 480 线，一个用户单元需要 2 个用户框。

1	2	3	4	5	6	7	8	9	10	11	12	13	14	15	16	17	18	19	20	21	22	23	24	25	26	27
PWRA		ASLC	ASLC	ASLC	ASLC	ASLC	ASLC	ASLC	ASLC	ASLC	ASLC	ASLC	ASLC	ASLC	ASLC	ASLC	ASLC	ASLC	ASLC	ASLC	ASLC			SPI	SPI	PWRA

1	2	3	4	5	6	7	8	9	10	11	12	13	14	15	16	17	18	19	20	21	22	23	24	25	26	27
PWRA		ASLC	ASLC	ASLC	ASLC	ASLC	ASLC	ASLC	ASLC	ASLC	ASLC	ASLC	ASLC	ASLC	ASLC	ASLC	ASLC	ASLC	ASLC	ASLC	ASLC	MTT		SP	SP	PWRA

图 10-6 BSLC 机框的结构配置图

3. 单板

单板又称为电路板，是组成 ZXJ10B 程控数字交换机的最基本的部件之一。

1) 主处理机系统

(1) MP 板。MP 板位于控制层，是 ZXJ10B 程控数字交换机的中央控制部分。它主要完成呼叫处理和系统管理功能。

(2) SMEM 共享内存板。SMEM 共享内存板是为了方便主/备 MP 板的快速倒换而专门设计的，它可为主 MP 板提供可同时访问的 8 KB 的双端口 RAM 和共享的 2 MB RAM，MP 板可利用它作为消息交换通道以及进行数据备份。

2) SCOMM 通信板(简写为 SCOMM 板)

SCOMM 通信板是 MP 板的通信辅助处理机，完成 MP-MP 通信、MP-SP 通信、No.7 信令、V5 等的链路层。为了检测和校正通过 HW 线传输所产生的差错，以及满足 No.7 信令及 ISDN 的需要，SCOMM 通信板采用了 HDLC 高级数据链路控制规程(简称 HDLC 链路)。

3) DTI 板

DTI 板是数字中继接口板，用于局间数字中继、ISDN 基群速率接入(PRA)、RSM 或者 RSU 至母局的数字链路以及多模块内部的网络互通链路。数字中继具备码型变换、时钟提取与再定时、帧/复帧同步、控制、检测、告警等基本功能。每个单板提供 4 路 2 Mb/s 的 PCM 链路，容量为 120 路。MDTI 中继板提供 480 路数字中继。

4) SP 及 SPI 板

(1) SP 板。SP 板是用户处理器板，用于 ZXJ10B 程控数字交换机的用户单元。SP 板向用户板及测试板提供 8 MHz、2 MHz、8 kHz 时钟；提供 2 条双向 HDLC 通信的 2M HW 线；还提供 2 条双向话路使用的 8M HW 线；另留 4 条 2M HW 线供 4 块 MTT 高阻复用，提供测试板和资源板的功能。SP 板插于交换机用户框 BSLC、BALT 或 BAMT、BRUD 内。

(2) SPI 板。用户单元的基本配置为一对 SP(主/备)带两层用户板。本层用户板由 SP 板直接驱动，另一层则通过接口板(SPI)为 SP 板与 SLC、MTT 提供联络通道。SPI 板支持热拔插。

5) 用户板

(1) DSLC 板。DSLC 板为 ZXJ10B 程控数字交换机提供基本速率接口，负责接收、发送交换机侧的 2B+D 数据，并实现 U 接口侧 2B1Q 的码流格式与交换机侧 PCM 码流格式的相互转换。每块 DSLC 板包含 12 套电路。

(2) ASLC 板。由于 ASLC 板的作用是连接模拟用户与交换网，因此又被称为模拟用户接口电路，完成用户电路基本的 BORSCHT 功能。每块 ASLC 板包含 24 套用户电路。

6) DSND 板

DSND 板主要完成时隙交换功能，容量为 8K×8K，对外提供 32 对 TTL 电平的 8M HW 线，分别给 19～22 板位的 DSNI 板或 FBI 板；27 组 LVDS 信号(8M HWIN、8M HWOUT、8M、8M8K)；4 组给 SCOMM 板的 LVDS 信号(8M HWIN、8M HWOUT、8M、8M8K)，分别与 4 块 SCOMM 板相连，给 SCOMM 板的 LVDS 信号采用主/备的工作方式；HW_{63} 在板内自环。

7) ASIG 模拟信令板

ASIG 模拟信令板位于 DT 层，可与 DTI 板混插。它主要的功能是为 ZXJ10B 程控数字交换机系统提供 TONE 信号音资源及语音发送、DTMF 收发号、MFC 收发号、CID 传送、忙音检测、会议电话等功能，并便于以后新功能的扩展和添加。ASIG 板有三种基本设置：

当作为 DTMF/MFC 板时,可提供 120 路 DTMF/MFC 收发服务;当为智能业务服务时,可提供 60 路 DTMF 收发服务和 60 路语音服务;当作为音资源板时,可提供 60 路语音服务,同时可提供 10 个 3 方会议或一个 30 方会议。该板支持带电插拔。

8) MTT 板

MTT 板为多功能测试板。它位于 ZXJ10B 程控数字交换机的用户层,主要用于单元内模拟用户内线、外线及用户终端的测试。另外,在远端用户单元自交换时,MTT 板可提供 TONE 信号音资源及 DTMF 收号器等,具有 112 测试功能、诊断测试功能及 DTMF 收号功能等。

9) PMON 板

PMON 板对程控交换机房的环境进行监控,并把情况实时的上报 MP 板,确保系统运行的安全。PMON 板还可以通过 8 路 RS-485 总线对时钟板(SYCK)、光接口板(FBI)、光中继板(ODT)、电源板(POWER)、交换网接口板(DSNI)进行监控,把各单板的工作情况上报给 MP 板,提高系统可靠性。

10) 电源板

(1) POWER A 电源板,简写为 POWA 板。POWA 板是用户层集中供电电源,它由机架汇流条供电,其有三路输入,包括−48 V、地(−48 V GND)和保护地(GNDP),可以提供 +5 V/20 A、−5 V/2 A、75 V/400 mA(铃流)、−75 V/700 mA(供远距离用户板直流馈电),并提供−48 V/5 A 直流馈电,输出+5 V、−5 V、−75 V 可微调。同层左右电源能并联使用,具有 1+1 同层备份效果,即一块电源板能单独提供一层供电。

(2) POWER B 电源板,简写为 POWB 板。POWB 板为控制层、网层及数字中继层、光接口层供电,其采用−48 V 直流输入,提供 +5 V(60 A)、+12 V(2 A)、−12 V(2 A)直流输出。单层并联使用,具备 1+1 备份功用。POWB 板的负荷电流达 30 A。POWB 板的供电范围较大,电流从 +5 V/3 A 到 +5 V/27 A 等范围内均能可靠工作。POWB 板要求纹波和高频噪声都很低。POWB 板严禁带电插拔,必须在开关断开后插拔。

(3) POWER C 电源板,简写为 POWC 板。POWC 板为接入层、中继层集中供电电源。POWC 板最大能提供+5 V/60 A,最大输出功率为 300 W 的电源。

(4) POWER T 电源板,简写为 POWT 板。POWT 板是双路输入电源检测板,其包括双路输入−48 V 电源指示,过欠压检测以及风扇供电、检测和保护电路。它实时监测电源的−48 V 输出电压值以及系统运行状况。

10.2.2　CM32K/64K 中心模块

CM32K/64K 为 ZXJ10B 程控数字交换机的中心交换模块,用于各外围交换模块的互连,其 T 网络的交换容量为 32K×32K/64K×64K。CM32K/64K 主要由消息交换模块(MSM)、中心网交换模块(SNM)、交换网络单元、时钟同步单元和远端模块接口单元组成。CM32K/64K 可以根据需求配置为一个或两个机柜,第一个机柜包括两个控制机框(BCTL,一机框为 MSM,另一机框为 SNM)、一个时钟同步机框(BNET)、一个远端模块接口机框(BRMI/BRMT)和一个中心交换网络机框(BCN)。如果系统需要超过一个远端模块接口机框,则需要配置第二个机柜。CM32K/64K 机柜的配置图如图 10-7 所示。

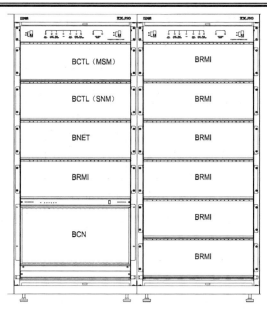

图 10-7　CM32K/64K 机柜的配置图

1. BCTL 机框

BCTL 机框是 ZXJ10B 程控数字交换机的控制层，其完成模块内部通信的处理以及模块间的通信处理。通过以太网接收后台完成对本模块的配置、升级并向后台报告状态；通过 HDLC 链路与其他外围处理机(PP)协同完成用户通信的建立、计费、拆路。

BCTL 机框可装配的单板有 MP、COMM、SMEM、MON、PEPD、POWB 等板，其满配置图如图 10-8 所示。BCTL 机框占一个框位。MP 板是主控板，2 块 MP 板互为主/备用，通过背板的 AT 总线控制 COMM、PEPD、PMON 板，2 块 MP 板通过共享内存板(SMEM)交换数据；MP 板通过以太网与后台相连。COMM 板是 MP 板的协处理板，完成 HDLC 链路功能，通过 AT 总线与 MP 板通信；通过 2M HW 与网板相连。PMON 板通过 485 线监视电源、时钟等板子的状态，并通过 AT 总线向 MP 板汇报。PEPD 通过一些传感器接口监视机房环境。两块电源板(POWB)为该层的板子提供电源。

1	2	3	4	5	6	7	8	9	10	11	12	13	14	15	16	17	18	19	20	21	22	23	24	25	26	27
POWBI		SMEM		MP1				MP2			COMM	COMM	COMM	COMM	COMM	COMM	COMM	COMM	COMM	COMM	COMM	COMM	COMM	COMM/PMON	COMM/PEPD	POWB2

图 10-8　BCTL 机框的满配置图

2. BNET 机框

BNET 机框是 ZXJ10B 程控数字交换机 SM8 模块的网络交换层，完成整个模块的话音和通信时隙的交换功能，同时还为整个模块提供时钟，并提供模块间内部光传输接口(FBI)。

BNET 机框可装配的单板有 CKI、SYCK、DSN、DSNI、FBI、POWB 等板，其满配置图如图 10-9 所示。BNET 机框占一个框位，CKI 板和 SYCK 板为时钟同步单元，1 块 CKI

板用于外部时钟同步基准的接入(BITS 和 E8K)，2 块 SYCK 板互为主/备用，SYCK 板对外部时钟基准进行同步后再向本层机框及整个模块提供时钟。如果本模块没有 BITS 时钟，则不需要配置 CKI 板，SYCK 板可直接同步外部的 E8K 时钟。

1	2	3	4	5	6	7	8	9	10	11	12	13	14	15	16	17	18	19	20	21	22	23	24	25	26	27
POWB0		CKI	SYCK0			SYCK1			DSN0		DSN1	DSNI MP0	DSNI MP1	DSNI0	DSNI1	DSNI2	DSNI3	DSNI4	DSNI5	FBI0	FBI1					POWB1

图 10-9　BNET 机框的满配置图

BNET 机框内配置主/备 2 块 DSN 板，DSN 板为 8K 容量的交换网板，提供 64 对双向的 8M HW 单端信号。

BNET 机框内配置 2 块 MP 级的 DSNI 板，每块 MP 级的 DSNI 板将 2 条 8M HW 转为 16 条 2M HW 的双端 LVDS 信号(每条 2M HW 的有效带宽为 1 MHz)，通过电缆与控制框进行互连，控制框的时钟也是通过相同的电缆由 MP 级的 DSNI 板提供。2 块 MP 级的 DSNI 板一共可以提供 32 条 2M HW。

BNET 机框内最多可配置 4 对主/备的普通 DSNI 板(与 FBI 板位兼容)，每对 DSNI 板通过 16 条双向单端信号与 DSN 板相连，并将单端信号转为双端 LVDS 信号，用于与中继单元、用户单元和模拟信令单元相连。如果本模块为近端模块，则在 20、21 槽位必须配一对主/备用的 FBI 板，此时普通的 DSNI 板最多只能配 6 块。POWB 板配置 2 块，位置固定。

3. BRMI 机框

BRMI 机框是 ZXJ10B 程控数字交换机的普通数字中继板远端模块接口框，完成将远端模块连接到 SNM 板的功能，并提供模块间内部光传输接口(FBI)。BRMI 机框可装配的单板有 CNT、ODT、CKDR、FBI、POWB、DTI 等板，其满配置图如图 10-10 所示。

1	2	3	4	5	6	7	8	9	10	11	12	13	14	15	16	17	18	19	20	21	22	23	24	25	26	27
POWB0	CNI1		ODT/DTI	DTI	DTI	DTI	ODT/DTI	DTI	DTI	FBI		FBI		CKDR	CKDR	ODT/DTI	DTI	DTI	DTI	ODT/DTI	DTI	DTI	DTI		CNT0	POWB1

图 10-10　BRMI 机框的满配置图

BRMI 机框占用一个框位，配置两块时钟驱动板(CKDR)，采用主/备用工作方式，为无法得到时钟基准层(BRMI)提供时钟。其主要功能如下：在 BRMI 层时，接收从 SYCK 送来的 8 MHz/8 kHz 时钟，处理后分配给本 BRMI 层各单板，并送出 8 MHz/8 kHz 时钟；供主/备用，可对时钟进行监测，一旦所用的时钟缺失或偏差过大，立即进行倒换，备用板升级为主用板；FBI 板配置 1 对，主要功能是提供平衡输入 16 路 8 Mb/s 的 PCM 线或非平衡输入 16 路 8 Mb/s 的 PCM 线，完成与 ODT、DTI 板的连接，在线路侧提供一路光接口，完成与交换网层(CFBI)的连接。FBI 板总共提供 16 条 8M HW 线连接。

DTI 板配置 16 块，提供 4 条中继出入电路(E1 接口)，每块板相当于 1 条 8M HW 线连接。ODT 板配置 4 块，能为远端用户单元的 SP 板提供 4 条双向的 8M HW 线。CNT 将 ODT、DTI 板的 8 kHz 时钟基准信号输出至 SYCK。POWB 板配置 2 块，位置固定。

4. BCN 机框

CM32K/64K 中心网层采用互为主/备用的 32K/64K 单板，总交换时隙数达到 32K/64K，32K/64K 网的接续由一对 MP 和若干 COMM 板通过 HDLC 链路进行控制。主要完成 PSM 与 RSM 之间的话路交换，支持 $n \times 64$ kb/s 交换。当配置 CDSN 板时，提供 32K 交换能力；当配置 CPSN 板时，提供 64K 交换能力。

CM32K/64K 中心网层的母板为 BCN 板，可装配的单板有 CDSN/CPSN、CKCD、CFBI、POWS 等板，其满配置图如图 10-11 所示。

1	2	3	4	5	6	7	8	9	10	11	12	13	14	15	16	17	18	19	20	21	22	23
POWS	CFBI	CFBI	CFBI	CFBI	CFBI	CFBI			CDSN		CDSN	CKCD	CKCD									POWS

1	2	3	4	5	6	7	8	9	10	11	12	13	14	15	16	17	18	19	20	21	22	23
POWS	CFBI	CFBI	CFBI	CFBI	CFBI	CFBI			CDSN		CDSN	CKCD	CKCD	CFBI	CFBI	CFBI	CFBI	CFBI	CFBI	CFBI	CFBI	POWS

图 10-11　32K/64K 中心网层满配置图

BCN 机框占两个框位，CKCD 板为时钟驱动单元，接收 SYCK 提供的 16M/16M8K 时钟，对其进行处理后输出 64M/64M8K 时钟给 CDSN、CPSN 板，32M/32M8K 时钟给 CFBI 板。CKCD 板互为主/备用。BCN 机框内配置主/备 2 块 CDSN/CPSN 板，CDSN 板为 32K 容量的交换网板，CPSN 板为 64K 容量的交换网板。BCN 机框内在配置 CDSN 板时最多可配置 4 对主/备的 CFBI 板，在配置 CPSN 板时最多可配置 8 对主/备的 CFBI 板，每对 CFBI 板通过 4 对内部光接口与 FBI 板相连，用于与 PSM 相连。

10.3　话务台与分机功能

ZXJ10B 程控数字交换机的综合话务台包括简易话务台、语音话务台、标准话务台。

10.3.1　话务台功能

1. 简易话务台

ZXJ10B 程控数字交换机的简易话务台是由一台普通话机配置而成，具有排队功能，功能较为简单，只能受理来话或转接，一般用于规模较小的用户群或特服群。

1) 应答

假设 A 用户拨打特服群或 Centrex 商务群的引示线号码，或者直接拨打简易话务台的号码，如果简易话务台空闲，则简易话务台振铃，话务员摘机可以与 A 用户通话。

2) 转接

假设 A 用户呼叫入台，简易话务台振铃，话务员提机与 A 通话，根据 A 的要求转接群内 B 用户。工作过程是：话务员拍叉簧，听拨号音，拨 B 用户号码，此时 A 用户听音乐，话务员听到回铃后挂机，A 用户听回铃音，直到 B 用户摘机，A 用户和 B 用户通话。

2. 语音话务台

ZXJ10B 程控数字交换机的语音话务台是镶嵌在交换机前台的一个程序，它与普通话务台和简易话务台的前台排队机程序是相互独立的，进入电脑话务台的呼叫无需排队，电脑话务台可以在自动受理呼叫时为用户提供语音提示，用户根据提示选择继续拨号或要求话务员受理。

一个群如果同时有语音话务台和其他话务台(如标准话务台和简易话务台)，总是先上语音话务台，并且进入的呼叫无需排队，可以同时受理。在用户选择人工服务之前，整个过程无需话务员参与。假设用户 A 拨打该群的引示线号，将听到语音话务台的语音提示，如果用户 A 直接拨打分机号码，则后面的过程与一次普通呼叫相同，若用户空闲，则听回铃音，若用户忙，则听忙音或语音提示。如果该群有人工坐席，用户 A 拨"0"，则呼叫转入标准话务台或简易话务台，由话务员受理。

3. 标准话务台

ZXJ10B 程控数字交换机的标准话务台是一个具有排队功能的通用话务台。根据交换机前台数据库的配置，话务台可作为 Centrex 话务台、中继话务台或特服话务台。它由话务界面和耳机(或话机)组成。

1) 基本业务

登录标准话务台后，基本业务界面如图 10-12 所示。话务台基本业务界面分为等待队列、保持队列、呼叫控制、话机状态、号码编辑、小键盘、登录信息、当前呼叫信息、统计信息、提示等 10 个区域，可以实现转接、插入、强拆、预占、监听、跨越等功能，还可以实现数据修改和立即计费的功能。

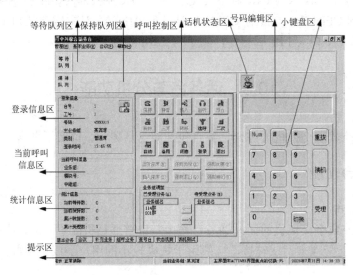

图 10-12　基本业务界面

(1) 等待队列区：显示所有呼入本话务台的呼叫，根据不同的主叫用户属性，将显示不同颜色的图标，话务员可根据图标选择受理，保证优先用户可以得到优先受理。一个坐席台最多只能等待话务台 8 个用户，也可以在坐席设置中进行设置。

(2) 保持队列区：话务台可对正在振铃、通话的呼叫进行保持，被保持用户在这里显示。

(3) 登录信息区：显示当前坐席的相关信息。

(4) 当前呼叫信息区：显示当前激活呼叫的相关信息。

(5) 统计信息区：记录本坐席在本次登录过程中的一些简单的工作统计信息。一旦退出，本消息将被删除。

(6) 提示区：显示一些当前操作过程中的提示。

(7) 话机状态区：显示入台呼叫号码或转接号码的状态。

(8) 号码编辑区：话务台拨出号码在此显示、编辑。

(9) 小键盘区：相当于话机键盘，完成话务台受理、转接、呼出等功能。

(10) 呼叫控制区：完成部分呼叫控制功能和话务台管理功能。

2) 小键盘区的操作

小键盘区完成话务台受理、转接、呼出、挂断等操作。

(1) 受理。有用户呼叫入台时，在等待队列区显示主叫信息，如图 10-13 所示。假设 4580018 用户入台，此时单击"受理"按钮，话务员受理来话，与 4580018 用户通话，主叫信息在话机状态区域显示，如图 10-14 所示。

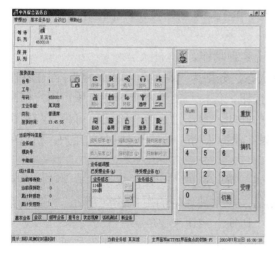

图 10-13　呼叫入台

图 10-14　受理业务

(2) 转接。话务员受理来话后，"重拨"、"摘机"、"受理"三个按钮分别变为"挂断"、"发号"、"转接"，如图 10-15 所示。如果用户要求转接电话，可以在小键盘上单击数字按钮，输入被叫号码。以 4580018 用户入台呼叫为例，假设要求转接群内用户 2016，在号码编辑区，输入 2016 后，单击"发号"按钮，此时 4580018 用户听音乐，话务员听回铃(假设 2016 空闲)，2016 用户摘机，话务员单击"转接"按钮，完成转接，4580018 和 2016 通话。转接不一定要等到 2016 用户摘机，也可以在其振铃时转接。

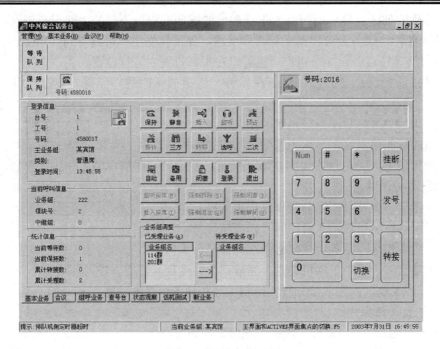

图 10-15　呼叫转接

(3) 呼出。话务员在号码编辑区输入被叫号码，再单击"发号"按钮，即可呼出，也可先单击"摘机"按钮，再输入被叫号码，单击"发号"按钮呼出。

(4) 挂断。话务员可以在呼出、转接等状态下单击"挂断"按钮，中止呼叫。

3) 呼叫控制区的操作

呼叫控制区包括部分呼叫控制功能和话务台管理功能。

(1) 保持/恢复。"保持/恢复"按钮有两种状态，分别为"保持"和"恢复"，对正在与话务员通话的用户，话务员可以单击"保持"按钮，保持后的用户听等待音乐，用户信息进入保持队列区域。此时话务员可以受理其他的呼叫，单击"恢复"按钮，可恢复与被保持用户的通话。如果有多个被保持的用户，可以在保持队列区域选择要恢复的用户，然后单击"恢复"按钮。

如果当前既有被保持的呼叫又有通话的呼叫，可以通过"切换"按钮在被保持用户和通话用户之间轮流切换，在单击"切换"按钮后，原来被保持的用户恢复通话，原来通话的用户被保持。要保持会议和组呼，也可通过"切换"按钮来完成。

(2) 静音/送音。当话务员与用户通话时，单击"静音"按钮后，与话务员通话的用户将听不见话务员的话音，而话务员仍然可以听用户的话音。此时"静音"变成"送音"，再次单击该按钮后，恢复通话。

(3) 插入。话务员呼出或转接时，如果被叫用户正在通话，则"插入"按钮变黑，单击此按钮后，话务员和正在通话的两个用户进入三方通话状态。插入界面如图 10-16 所示。

插入功能只能使用于本局非优先用户，并且交换机需要会议电路。默认只能插入当前受理群的群内用户，如果在"业务组设置"中选择了"允许插入群外用户"，则允许插入本局非受理群用户呼叫。

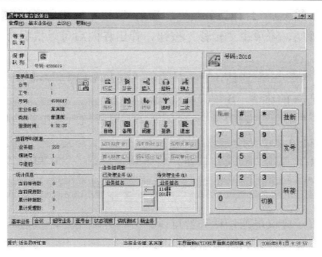

图 10-16　插入界面

(4) 监听。话务员在呼出或转接时，如果被叫用户通话，则"监听"按钮变黑。按下"监听"按钮后，话务员可以监听用户的话音，但用户听不见话务员的话音。用户在话路中定时听到"嘀"的监听提示音。监听功能只能使用于本局非优先用户，并且需要会议电路。默认只能监听当前受理群的群内用户，如果在"业务组设置"中选择了"允许插入群外用户"，允许监听本局非受理群用户呼叫。

(5) 预占。用户 A 呼叫话务台要求转接用户 B，话务台呼叫用户 B，如果用户 B 通话忙，则"预占"按钮变黑，单击此按钮后，B 听预占提示音，A 听回铃音。此时如果 B 挂机，则马上会再振铃，摘机后与 A 通话；如果开始时与 B 通话的用户先挂机，则 A 的话路立刻和 B 的话路接在一起。该功能只对本局非优先用户有效，不需要会议电路。

(6) 三方。如果有一个话路被话务员保持，同时话务员又在与另一个用户通话，此时"三方"按钮变黑，单击此按钮，"三方"变成"结束"，进行三方通话状态。单击"结束"按钮，可结束三方通话。三方通话界面如图 10-17 所示。要实现三方通话功能，交换机必须配置会议电路。

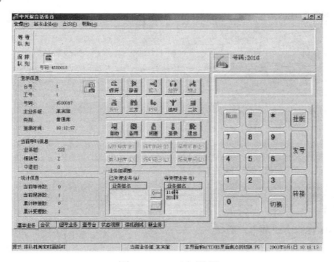

图 10-17　三方通话

(7) 转移。用户呼叫话务台，话务员受理后，"转移"按钮变黑，如果话务员希望由其他话务台受理本次呼叫，可单击"转移"按钮，弹出界面后可以根据台号、号码、业务组号进行转移。

(8) 强拆。用户 A 和 B 在通话，话务员输入"*67*A + 号码 + #"，强拆 A 和 B 之间的通话，接通 A 和话务员的通话，B 用户听忙音。

(9) 闭塞。单击"闭塞"按钮，话务台闭塞，同时释放所有当前的呼叫，"闭塞"变成"解闭"，再次单击该按钮，话务台被解闭。

(10) 登录和退出。单击"登录"按钮，可重新登录话务台；单击"退出"按钮，可退出话务台。

4) 会议

如果交换机配置了会议电路，话务台可以开会，呼叫用户，接通后加入会议，或者受理来话，加入会议。会议界面如图 10-18 所示。

会议操作如下：

(1) 在如图 10-18 所示界面单击"开会"按钮，逐个呼出，被叫应答后，"加入"按钮变黑，通过单击"加入"按钮，可以将接通的呼叫逐个加入到会议中，如图 10-19 所示。话务员也可以将受理后的来话加入到会议中。

(2) 如果要删除已加入会议的某个用户，可以选择该用户，然后单击"删除"按钮。

(3) 在开会的状态下，单击"切换"按钮，可以将会议保持，话务员可以做其他的工作，如呼出或受理来话，此时所有被加入的会议用户继续开会，同时每隔一段时间听"滴"的提示音。话务员再单击"切换"按钮，话务员又可以加入会议。

(4) 结束会议，可以在话务员回到会议后，单击"挂断"按钮。

5) 查号台

如果安装了"114 查号台"，标准话务台上就具有了查号台的功能，在如图 10-12 所示界面单击"查号台"按钮，可进入查号台界面。

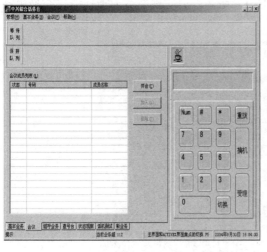

图 10-18　会议界面

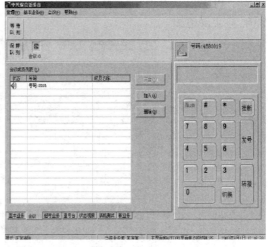

图 10-19　加入会议成员

10.3.2　分机功能

ZXJ10B 程控数字交换机具有很多特种服务功能，主要包括话务台登记、分机设置和三步使用。分机功能登记成功后听语音提示"您申请的新业务已登记完毕"；分机功能撤消成功后听语音提示"您申请的新业务已撤消完毕"。

1. 无条件呼叫前转(Call Forwarding Unconditional)

无条件呼叫前转业务允许一个用户将所有的呼入转移到另一个号码。在使用此业务时，所有对该用户号码的呼叫，无论被叫用户在什么状态，都可以将呼入转移到预先指定的号码(包括语音信箱)。

1) 登记

选中"用户属性"→"普通用户业务"→"无条件转移"选项。摘机→听拨号音→*57*PQABCD#→登记成功后听语音提示"您申请的新业务已登记完毕"→挂机。

2) 撤消

(1) 在原登记的话机上撤消：摘机→听拨号音→拨#57#，撤消成功后听语音提示"您申请的新业务已撤消完毕"→挂机。

(2) 在本交换局内的其他话机上撤消：摘机→听拨号音→拨#57*PQABCD#→响应→挂机。其中，PQABCD 是登记呼叫转移的电话号码。

3) 验证

在本机拨*#57*PQABCD#，听语音提示"您申请的新业务已验证完毕"，其中，PQABCD 是转移号码。用户 A 申请了无条件呼叫前转后，摘机听语音提示"该机已有新业务登记，请注意"5 秒后听拨号音。所有呼叫用户 A 的电话自动转移到目标话机上去。

4) 冲突关系

(1) 缺席用户服务与无条件呼叫前转服务不能同时申请。

(2) 当免打扰服务与前转服务共存时，免打扰服务优先。

(3) 遇忙回叫服务与无条件呼叫前转服务不能同时申请。

(4) 闹钟服务与呼叫前转服务不能同时申请。

(5) 用户申请了呼叫前转服务后，对该用户不发生呼叫等待。

(6) 无条件呼叫前转服务优先于遇忙呼叫前转服务和无应答呼叫前转服务。

(7) 与主叫号码显示的关系：如果用户 A 呼叫用户 B，发生无条件呼叫前转到用户 C(即 A→B→C)；如果用户 B 和 C 都申请了主叫用户显示服务，则只有前转目的用户 C 能显示用户 A 的主叫线号码。

2. 遇忙呼叫前转(Call Forwarding on Busy)

遇忙呼叫前转业务为对申请登记了"遇忙呼叫前转"的用户，在使用过程中，所有对该用户号码的呼入呼叫在遇忙时都自动转到一个预先指定的号码(包括语音信箱)。

1) 登记

选中"用户属性"→"普通用户业务"→"遇忙转移"选项。摘机→听拨号音→拨*40*PQABCD#→登记成功后听语音提示"您申请的新业务已登记完毕"挂机。

2) 撤消

(1) 在原登记的话机上撤消：摘机→听拨号音→拨#40#，撤消成功后听语音提示"您申请的新业务已撤消完毕"→挂机。

(2) 在本交换局内的其他话机上撤消：摘机→听拨号音→拨#40*PQABCD#→响应→挂机。其中，PQABCD 是登记本次呼叫转移的电话号码。

3) 验证

摘机→听拨号音→拨*#40*PQABCD#→听语音提示"您申请的新业务已验证完毕"→挂机。

4) 使用

用户申请遇忙呼叫前转后，摘机听语音提示"该机已有新业务登记，请注意"5 秒后听拨号音，在听语音和拨号音时均可拨号。所有对该用户号码的呼叫在遇忙时都自动转到指定的号码。

5) 冲突关系

(1) 缺席用户服务与遇忙呼叫前转服务不能同时申请。

(2) 当免打扰服务与前转服务共存时，免打扰服务优先。

(3) 闹钟服务与呼叫前转服务不能同时申请。

(4) 无条件呼叫前转服务优先于遇忙呼叫前转服务和无应答呼叫前转服务。

(5) 与主叫号码显示的关系：如果用户 A 呼叫用户 B，发生遇忙呼叫前转到用户 C(即 A→B→C)；如果用户 B 和用户 C 申请了主叫号码显示服务，则只有用户 C 能显示用户 A 的主叫线号码。

(6) 用户如申请遇忙呼叫前转，对该用户不发生呼叫等待。

3. 无应答呼叫前转(Call Forwarding on No Answer)

无应答呼叫前转业务为对申请登记了"无应答呼叫前转"的用户，在使用过程中，所有对该用户号码的呼入呼叫在规定的时限内无应答时都自动转到一个预先指定的号码(包括语音信箱)。

1) 登记

选中"用户属性"→"普通用户业务"→"无应答转移"选项。摘机→听拨号音→拨*41*PQABCD#→登记成功后听语音提示"您申请的新业务已登记完毕"→挂机。

2) 撤消

(1) 在原登记的话机上撤消：摘机→听拨号音→拨#41#→撤消成功后听语音提示"您申请的新业务已撤消完毕"→挂机。

(2) 在本交换局内的其他话机上撤消：摘机→听拨号音→拨#41*PQABCD#→响应→挂机。其中，PQABCD 是登记本次呼叫转移的电话号码。

3) 验证

摘机→听拨号音→拨*#41*PQABCD#→听语音提示"您申请的新业务已验证完毕"→挂机。

4) 使用

用户申请了无应答前转服务后，摘机听语音提示"该机已有新业务登记，请注意"5 秒后听拨号音，在听语音和拨号音时均可拨号。

5) 冲突关系

(1) 缺席用户服务与无应答呼叫前转服务不能同时申请。

(2) 当免打扰服务与前转服务共存时，免打扰服务优先。

(3) 遇忙回叫服务与无应答呼叫前转服务不能同时申请。

(4) 闹钟服务与呼叫前转服务不能同时申请。

(5) 用户申请了呼叫前转服务后，对该用户不发生呼叫等待。

(6) 无条件呼叫前转服务优先于遇忙呼叫前转服务和无应答呼叫前转服务。

(7) 与主叫号码显示的关系：如果用户 A 呼叫用户 B，发生无应答呼叫前转到用户 C(即 A→B→C)。如果用户 B 和 C 都申请了主叫用户显示服务，则只有前转目的用户 C 能显示用户 A 的主叫线号码。

4. 遇忙记存呼叫(Registered On Busy)

遇忙记存呼叫业务为当用户呼叫被叫用户遇忙时，此次呼叫机被记录下来，20 分钟内用户如果需要再次呼叫该用户时，只要拿起话机，即可自动呼叫该用户。

1) 登记

选中"用户属性"→"普通用户业务"→"遇忙记存"选项。摘机→听拨号音→拨*53# →登记成功后听语音提示"您申请的新业务已登记完毕"→挂机。

2) 撤消

摘机→听拨号音→拨#53#→撤消成功后听语音提示"您申请的新业务已撤消完毕"→挂机。

3) 使用

A 呼 B，B 忙，A 拍叉簧，拨*53#，登记该业务，则这次呼叫被记存，当下一次 A 需要再次呼叫 B 时，只要拿起话机 5 秒内不拨号即可自动呼叫 B，如果仍遇忙则重新呼叫。此项业务在 20 分钟内有效。本项业务仅在呼叫遇忙时登记，若新呼叫接通，则此次登记服务自动取消。如果登记后需要拨其他电话，只要摘机后 5 秒内拨出其他号码即可。

4) 冲突关系

遇忙记存呼叫业务与其他新业务无任何冲突。MP 倒换后遇忙记存呼叫服务不受影响，能够记存呼叫。

5. 遇忙回叫(Call Back On Busy)

遇忙回叫业务为当用户拨叫对方电话遇忙时，可不用再次拨号，在对方空闲时即能自动回叫用户接通。

1) 登记

选中"用户属性"→"普通用户业务"→"遇忙回叫"选项。摘机→听拨号音→拨*59# →登记成功后听语音提示"您申请的新业务已登记完毕"→挂机。

2) 撤消

摘机→听拨号音→拨#59#→撤消成功后听语音提示"您申请的新业务已撤消完毕"→挂机。

3) 使用

用户 A 呼叫 B，B 处于状态忙，A 用户拍叉簧，听拨号音，拨*59#，挂机，用户 B 如空闲则回叫 A 用户，A 用户如摘机，则 B 振铃，A 听回铃音，B 用户摘机，接通。如向主叫用户振铃，无人接，超过 1 分钟后自动取消。用户申请遇忙回叫服务后，摘机听语音提示"该机已有新业务登记，请注意"5 秒后听拨号音，在听语音和拨号音时均可拨号。

4) 冲突关系

(1) 缺席用户服务与遇忙回叫服务不能同时申请。

(2) 遇忙回叫服务与免打扰服务不能同时申请。

(3) 遇忙回叫服务与呼叫前转服务不能同时申请。

需要注意的是，MP 倒换后遇忙记存呼叫不受影响，能够对申请此项业务的用户回叫。

6. 免打扰服务(Don't Disturb Service)

免打扰服务(业务)即"暂时不受话服务"，当用户在一段时间内不希望有来话干扰时，可使用此项服务。在使用此项业务时，所有来话将由电话局代答，但用户的呼出不受限制。

1) 登记

选中"用户属性"→"普通用户业务"→"免打扰"选项。

摘机→听拨号音→挂机。音频：*56#，脉冲：156。登记成功后听语音提示"您申请的新业务已登记完毕"。

2) 撤消

摘机→听拨号音→挂机。音频：#56#，脉冲：151156。撤消成功后听语音提示"您申请的新业务已撤消完毕"。

3) 使用

其他用户拨打此话机时听语音"请勿打扰您拨打的用户，谢谢"。用户在申请免打扰服务后，摘机听语音提示"该机已有新业务登记，请注意"5 秒后听拨号号音，在听语音和拨号音时均可拨号。

4) 冲突关系

(1) 闹钟服务与免打扰服务不能同时申请。

(2) 用户申请了免打扰服务后，无法进行查找恶意呼叫的操作。

(3) 在使用免打扰服务时，不能进行等待呼叫。

(4) 遇忙回叫服务与免打扰服务不能同时申请。

(5) 缺席用户服务与免打扰服务不能同时申请。

(6) 当免打扰服务与前转服务共存时，免打扰服务优先。

7. 查找恶意呼叫(Malicious Call Tracing)

某一用户如果要求追查发起恶意呼叫的用户，则应向电话局提出申请。经申请后，如遇到恶意呼叫，则经过相应的操作程序后，即可查出恶意呼叫用户的电话号码。

1) 登记

摘机→听拨号音→挂机。选中"用户属性"→"普通用户业务"→"查找恶意呼叫"选项。

2) 撤消

取消选中"用户属性"→"普通用户业务"→"查找恶意呼叫"选项。

3) 使用

A 用户登记了查找恶意呼叫的业务，B 用户呼叫 A 用户，此时 A 用户进行以下操作：

(1) 在通话态下，音频：拍叉簧，*33#；脉冲：拨 3 以上的号码。即可听到主叫号码，并且在局方的告警中能看到主叫的信息。

(2) B 用户如果挂机，A 用户为音频话机时，在 30 秒内可同(1)操作，查找 B 用户的号码，并且在局方的告警中能看到主叫的信息。脉冲：局信息配置选择"忙音状态下脉冲话机追查恶意呼叫"，忙音时，拍叉簧，拨 3～9 之间任一号码，即可进行恶意呼叫追查。

4) 冲突关系

(1) 用户申请了免打扰服务后，无法进行查找恶意呼叫的操作。

(2) 用户申请了缺席服务后，无法进行查找恶意呼叫的操作。

(3) 与主叫号码显示限制的关系：当被叫用户申请了查找恶意呼叫时，即使主叫用户限制将其主叫号码提供给被叫用户时，该主叫用户号码不能在被叫用户的终端上显示，但电话局能够向被叫用户提供发起该次恶意呼叫的用户号码。

(4) 与呼叫前转服务的关系：当用户 A 呼叫用户 B，发生前转到用户 C(A→B→C)，若用户 C 申请查找恶意呼叫时，应尽可能提供给他用户 A 的号码。如果由于某些限制，例如，用户 A 和 B 处于同一个本地网，而用户 B 和 C 不在一个本地网，并且用户 B 和 C 之间使用 MFC 信号，则此时，用户 C 只能得到原被叫用户 B 的号码。

8. 立即恶意呼叫(Immediate Malicious call)

立即恶意呼叫业务是对查找恶意呼叫业务的补充。在使用该项业务时，所有的呼入，当被叫振铃，在被叫局方告警中记录本次呼叫的主叫信息。

1) 登记

选中"用户属性"→"普通用户业务"→"立即恶意呼叫"选项。

2) 撤消

取消选中"用户属性"→"普通用户业务"→"立即恶意呼叫"选项。

3) 使用

所有打进来的电话，在局方告警中都有记录，用户可以到电信局查询。

4) 冲突关系

同"查找恶意呼叫"。

9. 转接业务(Forward Connect)

转接业务为当用户与对方通话时，可以在不中断与对方通话的情况下，拨叫出另一方，挂机后使两方通话。

1) 登记

选中"用户属性"→"普通用户业务"→"转接业务"选项。

2) 撤消

取消选中"用户属性"→"普通用户业务"→"转接业务"选项。

3) 使用

A 与 B 通话，B 需要呼叫 C，A 拍叉簧，拨 C 用户的号码，当 C 振铃后，A 挂机，B 与 C 进入通话态。

4) 冲突关系

用户不应同时有三方通话服务。

10. 三方通话服务(Three Party Service)

三方通话服务(业务)为当用户与对方通话时，可以在不中断与对方通话的情况下，拨叫出另一方，实现三方通话或分别与两方通话。

1) 登记

选中"用户属性"→"普通用户业务"→"三方通话"选项。

2) 使用

用户 A 呼通 B，拍叉簧，听拨号音，拨 C 用户的号码，如果用户 C 忙，拍叉簧恢复与 B 通话。例如，A 与 C 接通，可分以下三种情况：

(1) A 拍叉簧，拨 1，则可恢复与 B 通话，释放 C。

(2) A 拍叉簧，拨 2，则可恢复与 B 通话，并保留 C。

(3) A 拍叉簧，拨 3 以上号码，则可实现 A、B、C 三方通话。在三方通话时 A 拍叉簧，拨 2，则可恢复与一方通话，同时保留另一方。

3) 冲突关系

当申请三方通话服务时，不应该同时申请对所有呼出呼叫限制的服务(K=1)。

11. 会议电话服务(Conference Service)

会议电话服务(业务)即由交换设备提供三方以上共同通话的业务。主席用户可通过拍叉簧连续呼出多个用户进入会议。

1) 登记

选中"用户属性"→"普通用户业务"→"会议电话"选项。

2) 使用

(1) 增加会议成员：主席用户通过拍叉簧分别呼出多个用户，在开会前这些用户听音乐直至开会。

(2) 开会：主席用户拍叉簧，拨*32#，即可进入开会状态。

(3) 在会议时增加和删除会议成员：主席用户在会议状态可随时拍叉簧，听拨号音后，继续呼出新成员或拨*28*MN#去掉 MN 号成员用户。

12. 呼叫等待(Call Waiting)

呼叫等待业务即当 A 用户正在与 B 用户通话，C 用户试图与 A 用户建立通话连接，此时给 A 用户一呼叫等待的指示。

1) 登记

选中"用户属性"→"普通用户业务"→"呼叫等待"选项。摘机→听拨号音→挂机。音频：*58#，脉冲：158。登记成功后听语音提示"您申请的新业务已登记完毕"。

2) 撤消

摘机→听拨号音→挂机。音频：#58#，脉冲：151158。撤消成功后听语音提示"您申请的新业务已撤消完毕"。

3) 使用

用户 A 与用户 B 通话，用户 C 呼叫 A，A 听等待音 C 听回铃音，A 用户可进行以下三项操作：

(1) 拍叉簧，听拨号音后，按 1 结束当前通话方，改与另一方通话。

(2) 拍叉簧，听拨号音后，按 2 保留 B，改为与 C 通话。并可拍叉簧交替与 B、C 通话。其中等待方听音乐。

(3) 不进行任何操作，15 秒后等待音消失，A 与 B 继续通话，C 听忙音。

4) 冲突关系

(1) 如被叫申请了主叫号码显示，在听等待音的同时，话机上应能显示主叫号码。

(2) 用户如申请无条件呼叫前转服务和遇忙呼叫前转服务，则对该用户不能进行呼叫等待。

13. 缩位拨号(Abbreviated Dialing)

缩位拨号业务即用 1～2 位代码来代替原来的电话号码(可以是本地号码，国内长途号码及国际长途号码)。我国统一采用 2 位代码作为缩位号码，因此一个用户最多可以有 100 个采用缩位号码的被叫号码。

1) 登记

选中"用户属性"→"普通用户业务"→"缩位拨号"选项。摘机→听拨号音→挂机。摘机→听拨号音→拨*51*MN*TN#→响应→挂机。

2) 使用

接受登记后，当用户拨叫某一已登记的缩位电话号码时，拿起耳机听到拨号音后，只需按"**MN"就可。

3) 撤消

(1) 单项撤消：拨#51*MN#。撤消成功后听语音提示"您申请的新业务已撤消完毕"。

(2) 记新抹旧同时完成：拨*51*MN*TN#，直接以新的 TN 代替原来的 TN。

4) 冲突关系

与其他新业务无任何冲突。

14. 一号双机

一号双机又称为两机一号，双机可以是固定电话或手机，这两部电话的号码相同，当有呼叫呼入时，两部电话同时振铃，用户可以通过任何一部电话进行接听，一部电话摘机后，另外一部电话自动停止振铃。两部电话只要有一部空闲，都可以接受外部电话的呼入。当用于呼出时，两部电话互不影响。

1) 登记

选中"用户属性"→"普通用户业务"→"一号双机"选项。激活用户的一号双机业务由操作员在后台界面上进行，打开"数据管理"→"动态数据管理"→"动态数据管理"→"新业务"→"其他新业务"→"业务激活与去活"。选择"用户号码"，输入"一号双机号码"，单击"激活此业务"按钮即可。

2) 使用

当呼叫一号双机的号码时，两个话机同时振铃。若主话机接听，从话机停止振铃，当从话机接听时，主话机停止振铃。

3) 撤消

取消选中"用户属性"→"普通用户业务"→"一号双机"选项。或者在"动态数据管理"中撤消此业务。

15. 主叫号码显示(Calling Identity Delivery，CID)

交换机向被叫用户发送主叫线号码，并在被叫话机或相应的中终端设备上显示出主叫号码。

1) 登记和撤消

选中"用户属性"→"普通用户业务"→"主叫号码显示(被叫方)"选项和"用户属性"→"基本属性"→"终端类型"→"可以显示主叫号码"选项。

2) 使用

(1) A、B 为同一本地网用户，A 登记了主叫号码显示业务，B 呼叫 A，A 在听到第一到第二声振铃之间应能在显示屏上看到 B 的用户号码(不带区号)。

(2) A、B 为不同本地网用户，A 登记了主叫号码显示业务，B 呼叫 A，A 在听到第一到第二声振铃之间应能在显示屏上看到 B 的国内有效号码(带区号，带 0)。

3) 冲突关系

(1) 呼叫前转 A 用户呼叫 B 用户转 C 用户，有以下三种情况：

① 在无条件前转时，如用户 B 和 C 都申请了主叫号显示服务，则只有前转目的用户 C 能够显示用户 A 的主叫号码。

② 在无应答呼叫前转时，如用户 B 和 C 都申请了主叫号码显示服务，则都能显示用户 A 的主叫号码。

③ 在遇忙呼叫前转时，如用户 B 和 C 都申请了主叫号码显示服务，则只有前转目的用户 C 能够显示用户 A 的主叫号码。

(2) 呼叫等待。如被叫用户同时申请了主叫号码显示和呼叫等待，被叫用户在听到等待音的同时，也应显示主叫用户的号码。

(3) 主叫号码显示限制。如主叫用户申请了主叫号码显示限制服务，即使被叫用户申请了主叫号码显示服务，也无法在终端上显示主叫号码。需要注意的是，如需在通话态显示主叫号码，则需要使用二类主叫号码显示话机。

16. 定时免打扰(Timed don't disturb)

定时免打扰业务即"在一定时间内暂时不受话服务"。当用户在一段时间内不希望有来话干扰时，可使用此项服务。在使用此项服务时，所有来话将由电话局代答，但用户的呼出不受限制。

1) 登记

选中"用户属性"→"普通用户业务"→"定时免打扰"选项。摘机→听拨号音→挂机。音频：*56#，脉冲：156。登记成功后听语音提示"您申请的新业务已登记完毕"。

2) 使用

其他用户拨打此话机时听语音"请勿打扰您拨打的用户，谢谢"。用户在申请了定时免打扰服务后，摘机听语音提示"该机已有新业务登记，请注意"5 秒后听拨号号音，在听语音和拨号音时均可拨号。

3) 撤消

音频：#56#，脉冲：151156。撤消成功后听语音提示"您申请的新业务已撤消完毕。

4) 冲突关系

(1) 闹钟服务与定时免打扰服务不能同时申请。

(2) 用户申请了定时免打扰服务后无法进行查找恶意呼叫的操作。

(3) 在使用定时免打扰服务时，不可有等待的呼叫。

(4) 遇忙回叫服务与定时免打扰服务不能同时申请。

(5) 缺席用户服务与定时免打扰服务不能同时申请。

(6) 当定时免打扰服务与前转服务共存时，定时免打扰服务优先。

17. 立即热线(Immediate Hot Line)

在申请了立即热线业务后，用户摘机立即自动接到某一固定号码。

1) 登记

选中"用户属性"→"普通用户业务"→"立即热线"选项，然后在"动态数据管理"中将用户的立即热线激活，用户即可使用。

2) 撤消

取消选中"用户属性"→"普通用户业务"→"立即热线"选项，或在"动态数据管理"中将立即热线去激活。

3) 使用

用户摘机立即自动接续到预先指定的被叫用户。用户有了此项功能后，其他电话业务就不能使用了。

4) 冲突关系

用户在具有了立即热线业务后，将无法使用话机进行任何其他操作。因此用户申请了立即热线业务，就不能同时申请其他需通过用户话机操作的业务。

18. 延时热线(Delay Hot Line)

在申请了延时热线业务后，用户摘机后不用拨号，5 秒后自动接到某一固定号码。

1) 登记

选中"用户属性"→"普通用户业务"→"延时热线"选项。摘机→听拨号音→挂机。音频：*52*TN#，脉冲：152TN。成功后听语音提示"您申请的新业务已登记完毕"。

2) 撤消

摘机→听拨号音→挂机。音频：#52#，脉冲：151152。成功后听语音提示"您申请的新业务已撤消完毕"。

3) 使用

在用户摘机延时 5 秒后，自动接到预先指定的被叫用户。

4) 冲突关系

当申请延时热线服务时，不应同时申请对所有呼出呼叫限制的服务(K=1)。

19. 闹钟业务(Wake Up)

用户可以登记闹钟业务的时间和周期。交换机根据用户预定的时间和周期向用户振铃提示用户。

1) 登记

选中"用户属性"→"普通用户业务"→"闹钟"选项。

(1) 一次性服务。摘机→听拨号音→挂机。音频：*55*H1H2M1M2#。其中，H1H2 为小时(00～23)，M1M2 为分钟(00～59)。

(2) 周期性服务。摘机→听拨号音→挂机。音频：*55*H1H2M1M2*D1D2#。其中，H1H2为小时(00～23)，M1M2 为分钟(00～59)，D1D2 为天数(00～99)；D1D2=00 时，闹钟服务永久有效，直到用户撤消该业务为止。

2) 撤消

摘机→听拨号音→挂机。音频：#55#，听撤消证实音。

3) 使用

一次性服务到了预定的时间自动向用户振铃，用户摘机后听提醒语音后，此次服务自动取消，若振铃一分钟无人接听，则停止振铃。5 分钟以后将再次振铃一分钟，如第二次仍无人接听，此次服务自动取消。如到预定时间用户的电话正在使用，此次服务也将自动取消。周期性服务在设定的天数内，闹钟服务有效。D1D2 为周期，当 D1D2=00 时，闹钟服务永久有效，直到用户撤消该业务为止。

4) 冲突关系

与 DNT、缺席用户服务、无条件前转服务、遇忙呼叫前转服务、CFB 冲突。

20. 强拆业务(Forward Disconnect)

用户到电信局登记了强拆业务，可以强制拆除本交换局内正在通话用户的呼叫，与此用户通话。

1) 登记

选中"用户属性"→"普通用户业务"→"强拆业务"选项。

2) 撤消

取消选中"用户属性"→"普通用户业务"→"强拆业务"选项。

3) 使用

在电信局给了 C 强拆权限后，A 和 C 在同一交换局中，当 A 与 B 通话，C 拨打*67*PQRABCD#，PQRABCD 为 A 的号码，交换机将拆除 A 与 B 的通话，建立 A 与 C 的通话。

10.4 操作维护系统

10.4.1 硬件与软件配置

ZXJ10B 程控数字交换机操作(后台)维护系统由服务器(Server)和多个终端组成，采用 Client/Server 局域网的组网方式。

1. 硬件配置

(1) 逆变器。

(2) Intel Pentium PC，推荐主频 233 MHz 以上。

(3) 服务器需要配置 128 MB 以上内存，2 个 8G 以上的硬盘。两个硬盘均接在主 IDE 口。

(4) 客户机需配置 64 MB 以上内存，4G 以上硬盘一个，接第一个 IDE 主设备；1.44 MB 软驱一只，接第二个 IDE 口。根据有无硬盘来设置主从设备，否则默认为主设备。CMOS 启动顺序设为 A 优先。

(5) CD-ROM 驱动器一个，设置为第一个 IDE 从设备。

(6) NE2000 兼容网卡一个(以及相配套的驱动程序)，地址设置为 320H，中断号 5。

(7) 鼠标一个，接 COM1。

(8) 若需要配置远程维护网关或服务器，需配备调制解调器(Modem)。

2. 软件配置

(1) Microsoft Windows NT Server 4.0 中文版系统安装盘一张。

(2) Microsoft SQL Server 6.5 系统安装盘一张。

(3) ZXJ10B 程控数字交换机后台维护系统安装盘一张。

10.4.2　系统安装

ZXJ10B 程控数字交换机后台维护系统的安装程序保存在一张 120 MB 的光盘中，程序名为"INSTALL.EXE"。以下是整个安装的过程。

1. 选择安装项目

在驱动器中插入安装盘，在资源管理中找到"INSTALL.EXE"程序，用鼠标双击安装图标，将出现如图 10-20 所示的界面。需要注意的是，必须具有管理员(Administrator)权限的用户才能正确地进行后台系统的安装。

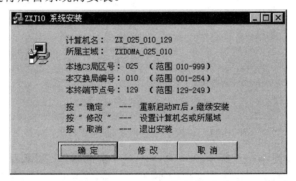

图 10-20　ZXJ10 系统安装界面

点击"确定"按钮，重新启动 NT 操作系统。后台维护系统是安装在交换机的服务器上的，"计算机名"中的节点号为 129，表示主域服务器。需要注意的是，以"ZXJ10"用户登录。对于服务器登录域选择 ZXDOMA_区号_局号；客户机登录域选择 ZX_区号_局号_节点号。NT 操作系统启动后，安装程序自动地继续运行，出现如图 10-21 所示的窗口。安装程

图 10-21　读取安装信息界面

序在读取完安装信息后，将进入下一个窗口，如图 10-22 所示。点击"下一步"按钮，使运行环境初始化，如图 10-23 所示。

图 10-22　首次安装 ZXJ10　　　　　　　图 10-23　运行环境系统初始化

接下来，选择安装的子系统。在安装后台维护的各个子系统时，安装程序根据本机的节点类型将出现以下三种对话框。

1) **主服务器**(如图 10-24 所示)

对于主服务器来说，"通信系统"、"操作权限管理系统"、"后台数据库"三个子系统是必选的安装项。其他子系统是否安装，则可以根据数据库在后台维护网络中的分布情况进行选择，目前可分为以下两种情况：一种是计费系统安装在主服务器中，在安装主服务器时，请选择安装所有的子系统；另一种是计费系统安装在独立的计费服务器中，在安装主服务器时，请选择除计费系统以外的所有子系统。

图 10-24　首次安装主服务器(129 节点)[①]

2) **计费服务器**(如图 10-25 所示，可选)

如果计费系统安装在一个独立的服务器上，则在计费服务器上需要且只需安装"通信系统"、"操作权限管理系统"、"后台数据库"和"计费系统"。

图 10-25 中各选项的含义如下：

(1) 数据库位置：本子系统的数据库所在的位置。在这一位置，安装程序将会给出提示，如是否需要建库，已经建库了没有，数据库建在哪里，等等。

图 10-25　首次安装计费服务器

---

① 图 10-24、图 10-25、图 10-26 和图 10-28 中的"通讯系统"应用"通信系统"，这是软件本身的错误。

(2) 初始化数据库：如果选择此项，那么原数据库中的所有数据将全部被删除。所以除非服务器首次安装后台维护系统时选择此项，其他情况一概不选择此项。

3) 维护终端(如图 10-26 所示)

通信系统、操作权限管理系统、后台数据库三个子系统必选，其他子系统可以根据需要进行选择。在维护终端是没有数据库的，所以不必对数据库进行初始化。

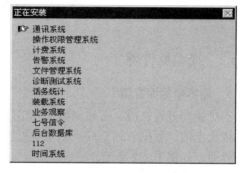

图 10-26　首次安装维护终端

2. 安装

在安装项目选择完毕后，在图 10-26 中点击"下一步"按钮，将进入 ZXJ10 开始安装界面，如图 10-27 所示。

图 10-27 中各按钮功能如下：

(1) "上一步"按钮：点击此按钮，安装程序返回上一级安装步骤。

(2) "开始安装"按钮：点击此按钮，安装程序将开始进行拷贝文件、初始化数据库等动作。

(3) "退出安装"按钮：点击此按钮，将退出安装程序。

点击"开始安装"按钮，将弹出如图 10-28 所示的界面。

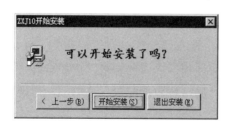

图 10-27　ZXJ10 开始安装界面

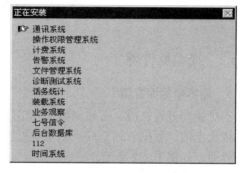

图 10-28　ZXJ10 正在安装维护终端界面

安装程序将根据用户前面选择好的安装项目，依次安装各子系统。在安装"告警系统"时，系统将提示是否需要控制告警盘，如图 10-29 所示。在正确安装好"前后台通信系统"后，将出现如图 10-30 所示的界面。

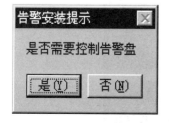

图 10-29　告警安装提示界面

图 10-30　维护终端安装完毕界面

在选择"是"重新启动系统后，后台维护中断与前台交换机就能正常通信了。后台系统正确安装完毕后，重新启动系统，进入 NT 操作系统，在桌面上将会显示"后台维护系统"图标，用鼠标双击该图标，出现"ZXJ10 后台维护系统"的浮动菜单条，如图 10-31 所示。

图 10-31　后台维护系统的浮动菜单条

ZXJ10B 程控数字交换机的操作维护指令共分为以下几类：

(1) 计费系统：包括计费档案管理、计费自由报表、计费通用报表、计费结算汇总、计费要求设置、立即计费和计费话单格式转换等功能。

(2) 业务管理：包括话务统计、112 受理测量台、112 系统管理员、No.7 信令系统维护、呼叫业务观察与检索、呼叫动态跟踪、(随路)信令跟踪、大话务量模拟呼叫器、ISDN 信令分析和通话路由查找与保持等功能。

(3) 系统维护：包括告警局配置、后台告警、诊断测试、文件管理、操作员管理、版本升级、语音管理、时钟管理、维护日志和远程拨号等功能。

(4) 数据管理：包括基本数据管理、No.7 信令数据管理、V5 信令数据管理、信令转接点管理、其他数据管理、动态数据管理、数据备份和传送数据等功能。

10.5　数据管理与维护

10.5.1　局数据管理

1. 局容量数据配置

在交换局开通之前，必须根据实际情况进行整体规划，确定局容量。启动后台维护系统，依次点击"数据管理"→"基本数据管理"→"局常量数据配置"菜单项，出现容量规划界面，如图 10-32 所示。

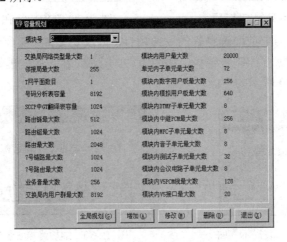

图 10-32　容量规划界面

(1) 全局规划。单击"全局规划"按钮，进入"全局容量规划"界面，如图 10-33 所示。用户可以使用系统提供的建议值，也可以根据实际情况直接在"当前值"中输入数值。完成后单击"确定"按钮，完成当前模块的规划配置，单击"取消"按钮，则放弃操作。

(2) 增加模块容量规划。单击"增加"按钮，进入增加模块容量规划界面，如图 10-34 所示。用户根据界面提示输入欲增加的模块号，选择好模块类型，即可定义此模块的容量。完成容量定义后，单击"确认"按钮完成操作，单击"取消"按钮则放弃操作。

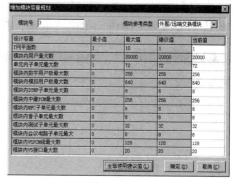

图 10-33　全局容量规划界面　　　　　　　　图 10-34　增加模块容量规划界面

(3) 修改模块容量规划。选中模块号，单击"修改"按钮，进入修改模块容量规划界面。

(4) 删除模块容量规划。选中模块号，单击"删除"按钮，弹出一个提示对话框。用户确认后即可删除。

2. 交换局配置

当 ZXJ10B 程控数字交换机作为一个交换局在电信网上运行时，是作为电信网的一个交换节点存在的，必须和网络中其他交换节点联网配合才能完成网络交换功能，这将涉及交换局的局数据(描述交换局特性的重要数据)配置情况。在后台维护系统的"数据管理"菜单的"基本数据管理"子菜单中打开"交换局配置"，其界面如图 10-35 所示。

1) 本交换局

(1) 配置数据。本交换局配置数据包括配置交换局的局向号、编号、长途区内序号、交换局网络类别、交换局类别、信令点类型等内容。在交换局配置界面中，单击"设置"按钮，进入设置本交换局配置数据界面，如图 10-36 所示。

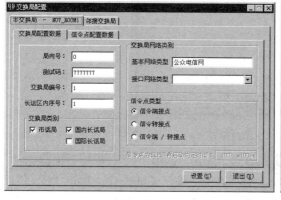

图 10-35　交换局配置界面　　　　　　　　　图 10-36　设置本交换局配置数据界面

　　用户可以根据实际需要设置相关数据。输入交换局名称，下拉"基本网络类型"按钮选取基本网络类型。通过"<<"键或">>"键可以选中或删除接口类型。其他项目也应做出相应输入或选择。完成后，单击"确认"完成操作，单击"取消"则放弃操作。

　　(2) 本交换局信令点配置数据。本交换局信令点配置数据包括配置本交换局的信令点编码、出网字冠和区域编码。信令点配置数据界面如图 10-37 所示。

　　在信令点配置数据界面中，选择好网络类别后，单击"设置"按钮，进入设置本交换局信令点配置数据界面，如图 10-38 所示。用户根据局方数据约定添加各数据，然后单击"确认"按钮完成操作，单击"取消"按钮则放弃操作。

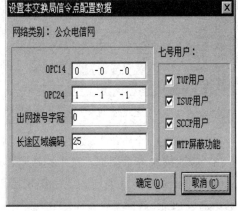

图 10-37　信令点配置数据界面　　　　图 10-38　设置本交换局信令点配置数据界面

2) 邻接交换局

　　邻接交换局是指和本交换局之间有直达话路连接或者有直达信令链路连接的交换局。邻接交换局配置邻接交换局的局向、交换局类别、区域编码、子业务字段 SSF、信令点编码 DPC、网络类别、信令点类型、与本交换局的连接方式、测试标志和有关的 SSN 位图等数据。邻接交换局界面如图 10-39 所示。

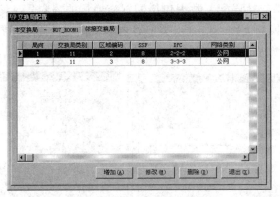

图 10-39　邻接交换局配置界面

　　单击"增加"按钮，进入增加邻接交换局界面，如图 10-40 所示。根据界面提示输入相应的内容或根据其下拉式按钮进行选择。单击"确定"按钮完成操作，单击"返回"则放弃操作。选中局向号，单击"修改"按钮，进入修改邻接交换局属性界面，操作与增加

邻接交换局类似。单击"删除"按钮，进入删除邻接交换局界面，选中欲删除项(按 Shift +
↑或↓键或 Ctrl + 鼠标左键可一次选择多个)后，再单击"删除"按钮并对提示框进行确认
即可完成删除操作，若不确认或直接单击"返回"按钮则放弃操作。删除邻接交换局界面
如图 10-41 所示。

图 10-40　增加邻接交换局界面　　　　　　　　　图 10-41　删除邻接交换局界面

3. 物理配置

ZXJ10B 程控数字交换机本身的配置关系描述了交换机的各种设备(如交换网、用户处
理器、用户电路板等)连接成局的方式。在本系统中这种关系共分为三种：缺省物理配置、
普通物理配置和兼容物理配置，下面以普通物理配置为例讲述。物理配置管理界面的主要
功能有：浏览交换局的物理结构(如模块、机架、机框、电路板的层次结构等)；修改交换
机物理配置(如增加、修改或删除模块、机架、机框、电路板等)；数据生成(根据用户要求，
生成默认的物理配置等)。物理配置是按照"模块→机架→机框→板位"的顺序进行配置的，
删除操作与配置操作顺序相反。用户在进行配置操作或删除操作时必须严格按照顺序进行。

1) 交换机配置

ZXJ10B 程控数字交换机由多个模块连接组成，配置什么样的交换模块，如何连接是交
换机组网的首要问题。模块管理主要包括模块的增加、删除和属性修改。在后台维护系统
的"数据管理"菜单的"基本数据管理"子菜单中打开"物理配置"界面，如图 10-42 所示。

图 10-42　物理配置界面

在"中兴交换机"(即 ZXJ10B 程控数字交换机)中单击鼠标右键，在弹出菜单中选中"新

增模块",或选中"中兴交换机"后直接单击"新增模块"按钮,即可进入新增加模块界面,如图 10-43 所示。用户根据界面提示选择模块号和模块种类,再选择交换网类型(仅对交换网络模块)和组网计划(仅对远端/外围交换模块)后,单击"确定"按钮完成操作,单击"取消"按钮则放弃操作。

在图 10-43 中,"模块号"的取值范围为 1~63,并且 1 号模块固定为消息交换模块,2 号模块固定为操作维护模块(可同时作为交换网络模块)。用户在配置模块时,外围、远端模块(V4.X)和外围、远端模块(V10.0)四种类型只能选择其中一种。在选择 No.7 信令模块时,需同时选择外围交换模块。

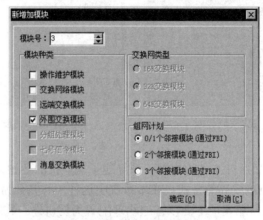

图 10-43　新增加模块界面

2) 模块配置

模块配置界面如图 10-44 所示。

图 10-44　模块配置界面

选中相应的模块后,单击鼠标右键,通过弹出菜单可以查看模块属性、通信板配置、单元配置,还可以删除模块或新增机架等。也可以分别单击"模块属性"、"通信板配置"、"单元配置"、"删除模块"或"新增机架"等按钮来完成相应操作。

(1) 模块属性的查看及修改。模块属性界面随着模块类型的不同而不同。对于消息交换模块,仅能查看而不能做任何修改,其属性界面如图 10-45 所示。对于交换网络模块,可以调整 HW 时延、改变组网连接关系,其属性界面如图 10-46 所示。

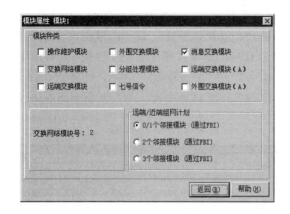
图 10-45　消息交换模块属性界面

图 10-46　交换网络模块属性界面

对于外围交换模块，可以进行近远端转换、调整 HW 时延、改变组网连接关系，其属性界面如图 10-47 所示。

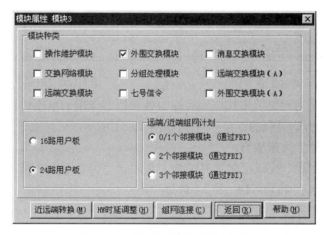
图 10-47　外围交换模块属性界面

(2) 通信板配置。选中某模块，单击"通信板配置"按钮，将弹出如图 10-48 所示的界面，再单击"通信板端口默认配置"按钮，系统将按缺省方式配置通信板端口。选中某端口号，单击"删除通信板端口"按钮并确认后，则完成删除，如果此端口正在使用，则系统将予以提示，并放弃操作。

图 10-48　通信板端口配置图

(3) 单元配置。选中某模块，单击"单元配置"按钮，单元配置界面如图 10-49 所示。已经存在的单元将在左侧列表中显示。选中某单元，其属性将随之显示；单击"增加所有无 HW 单元"按钮并确认后，系统将自动增加无 HW 的单元；单击"增加"按钮，则"增加单元"界面如图 10-50 所示。在选择"单元编号"和"单元类型"之后，本模块可供分配的单元项将在左侧列表中显示。选中某项，单击">>"按钮分配，分配给此单元的单元项在右侧显示，选中某项，单击"<<"按钮释放。

图 10-49　单元配置界面

图 10-50　增加单元界面

以数字中继单元为例说明增加单元界面中各按钮的作用。单击"子单元配置"按钮，可进一步配置子单元(如果有的话)，其界面如图 10-51 所示。选择完毕后，单击"确定"按钮确认，单击"取消"按钮放弃。

单击"HW 线配置"按钮可配置 HW 线。可单击"缺省 HW 配置"按钮采用缺省值，也可给出"网号"和"物理 HW 号"。最后单击"确定"按钮确认，单击"取消"按钮放弃。

单击"通信端口配置"按钮可配置通信端口。可单击"使用缺省值"按钮使用缺省值，也可给出"端口号"。最后单击"确定"按钮确认，单击"取消"按钮放弃。

在如图 10-49 所示界面中单击"修改单元"选项卡，其界面如图 10-52 所示。

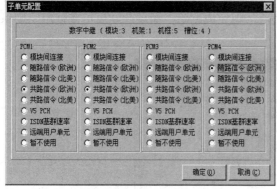

图 10-51　子单元配置界面

图 10-52　修改单元界面

在如图 10-49 所示界面中单击"删除单元"选项卡，其界面如图 10-53 所示。单击"删除所有无 HW 单元"按钮并确认后，系统将删除所有无 HW 的单元。选中一单元，单击"删除"按钮并确认后，系统将删除指定单元。如果因此单元正在使用而不能被删除，系统将予以提示。

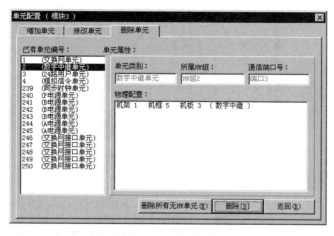

图 10-53　删除单元界面

（4）删除模块。在如图 10-44 所示界面中选中模块，单击"删除模块"按钮并确认后，此模块将被删除。如果被选中的模块还配备有机架，则应首先删除机架，否则模块不能被删除。

3）机架配置

机架配置界面如图 10-54 所示，可以进行删除机架和增加机框等操作。

（1）删除机架。选中某机架，单击"删除机架"按钮，则该机架将从模块中被删除。如果机架中配备了机框，则系统将提示应首先删除机框。

（2）新增机框。选中某机架，单击"新增机框"按钮，选择机框号并选定机框类型后，单击"增加"按钮即可。新增加机框界面如图 10-55 所示。如果所指定机框号已存在，系统将提示重新选择。

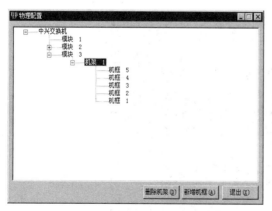

图 10-54　机架配置界面

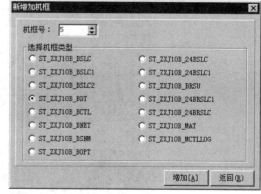

图 10-55　新增加机框界面

4）机框配置

机框配置界面如图 10-56 所示。

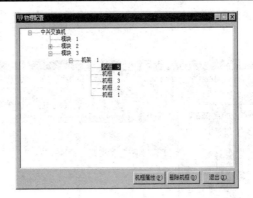

图 10-56　机框配置界面

　　选中某机框，机框属性界面如图 10-57 所示。单击"默认配置"按钮，首先弹出"默认安装进度"进度条，系统按照"参考配置"配备该机框，其界面如图 10-58 所示。

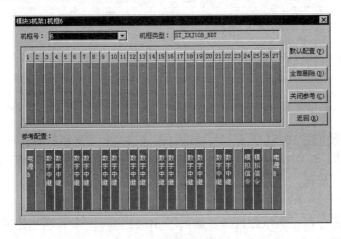

图 10-57　机框属性界面

图 10-58　参考配置界面

　　单击"全部删除"按钮，系统将删除该机框中所有电路板；单击"关闭参考"按钮，界面下方的参考配置将关闭。此时，此按钮变为"参考配置"按钮，单击该按钮，将恢复初始界面。

如果用户想操作单块电路板，则需用鼠标右键单击该板，在弹出菜单中选择相应的功能；选中"插入电路板"，将弹出一个对话框。在选定电路板种类后，单击"确定"按钮确认，单击"取消"按钮放弃(如当前位置只能插一种板，则此按钮功能同"插入默认的电路板")；选中"插入默认的电路板"，系统将按照参考配置在当前位置插入电路板；选中"删除电路板"，该电路板将从机框中删除。如不能删除，系统将予以提示。

10.5.2　用户数据管理

ZXJ10B 程控数字交换机的用户数据管理功能包括：本局号码资源配置、号码分析表构造、本局用户线分配关系、用户属性管理和用户群数据管理。下面从号码分析、号码管理、用户属性和用户群数据这几个方面来介绍用户数据管理功能。

1. 号码分析

号码分析主要用来确定某个号码流对应的网络地址和业务处理方式。号码分析器如图10-59 所示。

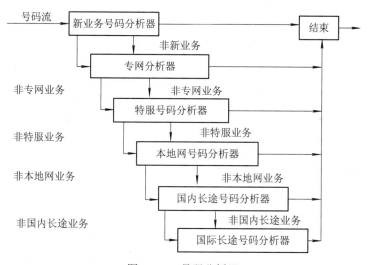

图 10-59　号码分析器

ZXJ10B 程控数字交换机系统提供 7 种号码分析器：新业务号码分析器、Centrex 号码分析器、专网分析器、特服号码分析器、本地网号码分析器、国内长途号码分析器和国际长途号码分析器。对于某一指定的号码分析选择子，号码严格按照固定的顺序经过选择子中规定的各种分析器，由分析器进行号码分析并输出结果。

在后台维护系统的"数据管理"菜单的"基本数据管理"子菜单中打开"号码管理"的"号码分析"菜单项，其界面如图 10-60 所示，共分两个页面：

(1) 号码分析选择子：维护(增加、删除或修改)号码分析选择子。

(2) 分析器入口：维护(增加、删除或修改)号码分析器。

单击"号码分析选择子"选项卡，其界面如图 10-61 所示。

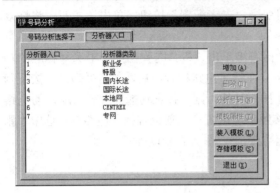
　　图 10-60　号码分析界面

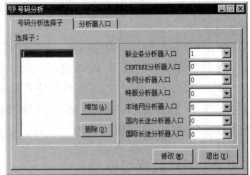
　　图 10-61　号码分析选择子界面

　　选中某选择子，系统将显示它所包含的分析器。若某分析器为 0，则表示该类分析器没有配置，使用此选择子的号码流不进行该类分析(后面的号码分析器称为前面的后续号码分析器)。

　　1) 号码分析选择子

　　(1) 增加号码分析选择子。单击"增加"按钮，弹出如图 10-62 所示的界面。

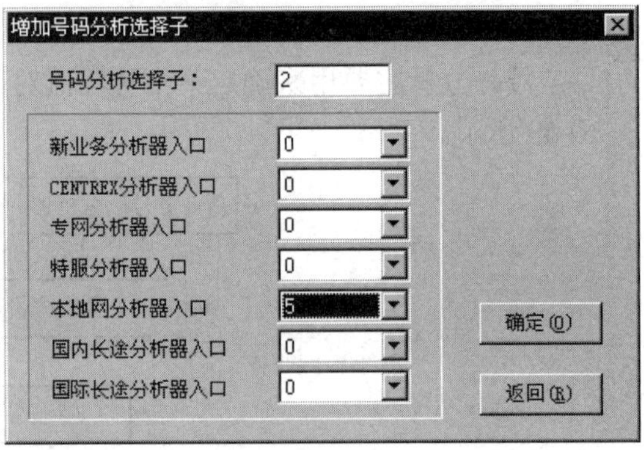

　　在根据实际情况进行选择之后，单击"确定"按钮即可完成。确认所有选择子增加完毕后，单击"返回"按钮即可。

　　(2) 修改号码分析选择子。选中某选择子，完成对其所包含的分析器的修改，单击"修改"按钮并确认后，即可修改该号码分析选择子。

　　(3) 删除号码分析选择子。选中某选择子，单击"删除"按钮并确认后，即可删除该号码分析选择子。在删除号码分析选择子时，应注意用户属性和中继管理属性的变化。

　　2) 号码分析器

　　单击"分析器入口"选项卡(缺省)，其界面如图 10-63 所示。

　　(1) 增加号码分析器。单击"增加"按钮，弹出如图 10-64 所示的界面。

　　图 10-62　增加号码分析选择子界面

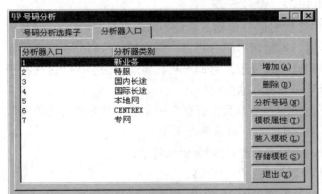
　　图 10-63　号码分析界面

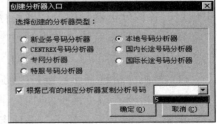
　　图 10-64　创建分析器界面

　　选择要创建的分析器类型(如果需要继承已有的同类型分析器，则应选中"根据已有的相应分析器复制分析号码"，并给出其入口号)，单击"确定"按钮即可完成，单击"取消"按钮则放弃。每当创建一个号码分析器时，系统将自动地将模板中相应类型的数据读入。

　　(2) 删除号码分析器。选中某分析器，单击"删除"按钮并确认后，即可删除该号码分析器。系统最后将会提示注意相应的分析选择子。需要注意的是，所有使用此号码分析器的号码分析选择子相应入口清零。

　　(3) 浏览被分析号码属性。选中某分析器，单击"分析号码"按钮，可以浏览该分析器中的被分析号码。本地网被分析号码界面如图 10-65 所示。单击"增加"按钮，可以增加被分析号码。根据实际需要选择/输入后，单击"确定"按钮即可。确定被分析号码增加完毕，单击"返回"按钮即可。

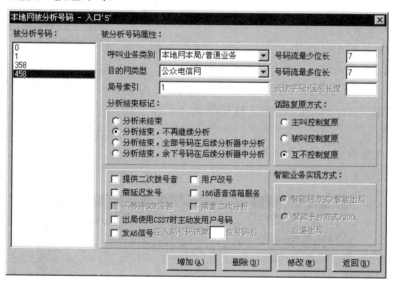

图 10-65　本地网被分析号码属性界面

　　选中某被分析号码(按 Shift + ↑或↓键或 Ctrl + 鼠标左键可一次选择多个)，单击"删除"按钮并确认后即可删除该被分析号码。

　　选中某被分析号码，根据实际需要进行修改后，单击"修改"按钮并确认，即可修改该被分析号码的属性。

2. 号码管理

　　在 ZXJ10B 程控数字交换机中，所有本局局号统一编号，称为本局局码(NOC)，其范围为{1，2，3，……}，并且本局局号与本局局码呈一一对应关系。一个本局局号对应的本局电话号码长度是确定的，不同本局局号对应的本局电话号码长度可以不等。

　　在后台维护系统的"数据管理"菜单的"基本数据管理"子菜单中打开"号码管理"的"号码管理"菜单项，其界面如图 10-66 所示，分为两个页面：

　　(1) 本局局号索引：维护(增加、删除)本局局号索引。

　　(2) 本局用户号码：维护(增加、删除)百号组并管理(放号、删除、更改)用户线。

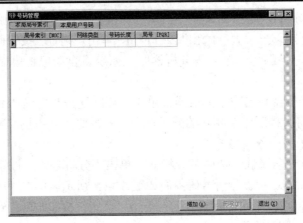

图 10-66 本局局号索引界面

1) 本局局号索引

(1) 增加局号索引。选中"本局局号索引"页面，单击"增加"按钮，弹出如图 10-67 所示的界面。

在用户输入"局号索引"、"局号"、"号码长度"，并选择了"网络类型"后，单击"确定"按钮确认，单击"取消"按钮放弃。

(2) 删除局号索引。单击"删除"按钮，弹出如图 10-68 所示的界面。

图 10-67 增加局号索引界面

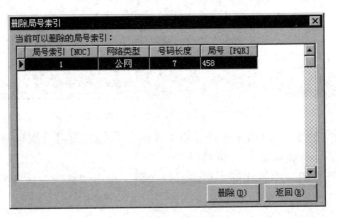

图 10-68 删除局号索引界面

选中某局号索引(按 Shift + ↑ 或 ↓ 键或 Ctrl + 鼠标左键可一次选择多个)，单击"删除"按钮后并确认后，即可完成删除局号索引的操作。

2) 本局用户号码

在 ZXJ10B 程控数字交换机中，确定一个用户线端口号需要两个步骤：一是确定用户号码分配的交换模块号；二是确定用户线端口号。

根据用户号码确定交换模块号，是按照用户百号组来确定用户号码分配的模块号。一个用户号码百号组是指相对某个本局局号的用户号码的千位号和百位号。选中"本局用户号码"页面，其界面如图 10-69 所示。

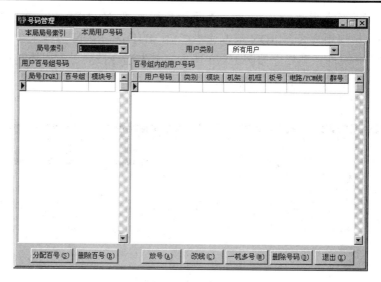

图 10-69 本局用户号码界面

其中，"用户类别"包括：所有用户、PSTN 模拟用户、ISDN 基本速率接口(2B+D)、ISDN 基群速率接口(30B+D)、V5 用户、引示线号码、已改号用户号码、未使用号码。

(1) 分配百号。单击"分配百号"按钮，弹出如图 10-70 所示的界面。选择局号和模块号后，待分配和已分配但尚未放号的百号组将分左右两列显示；选中某待分配的百号组(按 Shift + ↑ 或 ↓ 键或 Ctrl + 鼠标左键可一次选择多个)，单击"分配"按钮或直接将其拖至"尚未放号的百号组"一栏中，即可完成操作；选中某尚未放号的百号组，(按 Shift + ↑ 或 ↓ 键或 Ctrl + 鼠标左键可一次选择多个)，单击"释放"按钮或直接将其拖至"待分配的百号组"一栏中，即可完成操作。

(2) 删除百号。单击"删除百号"按钮，弹出如图 10-71 所示的界面，选择欲删除的百号组(按 Shift + ↑ 或 ↓ 键或 Ctrl + 鼠标左键可一次选择多个)，单击"删除"按钮并确认后，即可完成删除操作。

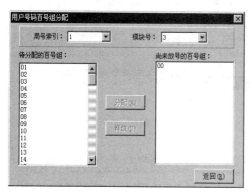

图 10-70 分配百号组界面

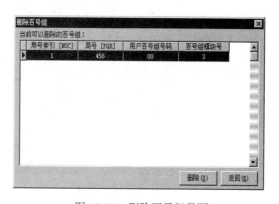

图 10-71 删除百号组界面

(3) 放号。放号是指将某一用户号码与一条物理用户线对应起来。只有放号后的用户号码才能使用。放号有三种方式：自动放号、批量用户线放号和单个用户线放号。单击"放号"按钮，弹出如图 10-72 所示的界面。

不论采用何种形式放号方式,都应先选择用户线类型。ZXJ10B 数字程控交换机中有三种用户线类型:模拟用户线、ISDN 基本速率接口(2B+D)和 ISDN 基群速率接口(30B+D)。选中"自动放号"页面,其界面如图 10-73 所示。首先选择按局号索引还是按模块号放号,并选定局号索引和模块号,已分配的百号组号码将会显示出来。在选择某个百号组后,单击"放号"按钮即可自动放号。

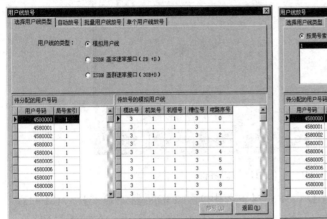

图 10-72   放号界面

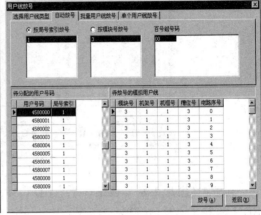

图 10-73   自动放号界面

(4) 改线。改线是指改变用户号码和用户线之间的对应关系,包括批量用户号改线和单个用户号改线两种,实际上是改变用户号码对应的物理位置。在图 10-69 所示界面中,选中某用户号码,单击"改线"按钮,用户号码改线界面如图 10-74 所示。

(5) 删除号码。删除号码是指删除电话号码与对应物理位置的关联。在图 10-69 所示界面中,选中某用户号码,单击"删除号码"按钮,删除非缺省号码,界面如图 10-75 所示。

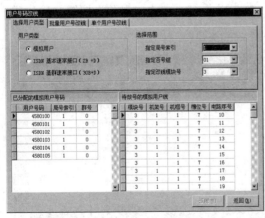

图 10-74   用户号码改线界面

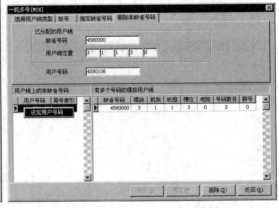

图 10-75   删除非缺省号码界面

首先需要选择"用户类型",然后选定列表中号码显示方式(按局号索引、百号组或模块号显示),最后选定待删除的用户号码(按 Shift + ↑ 或 ↓ 键或 Ctrl + 鼠标左键可一次选择多个),单击"删除"按钮并确认即可。删除用户号码界面如图 10-76 所示。

图 10-76　删除用户号码界面

(6) 用户线改号。在某些特殊情况下，对于已经放号的用户线，可能需要改变其用户号码。为了满足这一要求，ZXJ10B 数字程控交换机提供了"用户线改号"功能。

在后台维护系统的"数据管理"菜单的"基本数据管理"子菜单中打开"号码管理"的"用户线改号"菜单项。其界面如图 10-77 所示，其共有两个页面。

图 10-77　用户线改号界面

3. 用户属性

用户属性主要涉及和用户本身有关的数据及相关属性的配置问题。它分为用户属性模板定义和用户属性定义两个部分。在用户确定模板类别之后，便可根据其实际要求添加用户属性。用户也可以自定义新模板添加用户属性。用户属性管理结构如图 10-78 所示。

图 10-78　用户属性管理结构

设计用户属性模板可以方便用户进行操作，减少重复性工作。这样，用户不必经过烦琐的配置过程就能完成配置任务。当号码管理生成新用户时，也会从缺省模板中取出相应值作为缺省值。若用户不想再增添新属性，就不必启动"用户属性"功能。

1) 用户属性

在后台维护系统的"数据管理"菜单的"基本数据管理"子菜单中打开"用户属性定义"菜单项，其界面如图 10-79 所示，共分为两个页面：

(1) 用户属性模板定义：维护(增加、修改、删除)用户属性模板。

(2) 用户属性定义：维护(增加、修改、删除)用户属性。

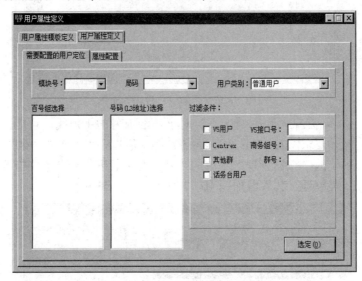

图 10-79　用户属性定义界面

选中"用户属性模板定义"页面，其界面如图 10-80 所示。

(1) 增加模板。在用户属性模板定义界面中，单击"增加"按钮，在弹出的对话框中输入新模板的名字并确认后，系统将以当前属性模板为样板生成新模板。用户可以对其属性做出相应调整。

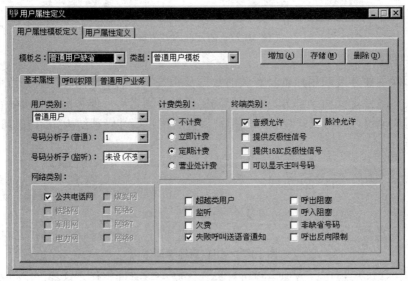

图 10-80　用户属性模板定义界面

(2) 存储模板。对于新增加的或修改过属性的模板，确认完成后单击"存储"按钮即可保存。

(3) 删除模板。选中欲删除的模板，单击"删除"按钮并确认后即可删除该模板。

2) 普通用户缺省模板

ZXJ10B 程控数字交换机共提供了三种缺省用户属性模板，即普通用户缺省模板、ISDN 号码用户缺省模板和 ISDN 端口用户缺省模板。若不能完全满足需求，用户也可以增加模板或修改系统原有的模板。下面以普通用户缺省模板为例做简单的介绍。

普通用户缺省模板包括三个部分，即基本属性、呼叫权限和普通用户业务。

(1) 基本属性。基本属性包括用户类别(普通用户、第一类优先用户、第二类优先用户、测试呼叫用户、数据呼叫用户和传真用户以及标准话务台用户)、网络类别、计费类别、终端类别、普通/监听号码分析子以及其他属性(是否为超越类用户、是否需要监听、是否欠费、呼叫失败是否送语音通知、是否呼出/入阻塞、是否为非缺省号码以及呼出是否反向限制)等。

(2) 呼叫权限。呼叫权限分为呼入权限和呼出权限，依次包括本局本模块、本局出模块、市话、农话、国内(大区内)长途、国内(大区间)长途、国际长途、收费特服和呼出商务组等。其中"网络类别"应与基本属性中的"网络类别"一致。呼叫权限界面如图 10-81 所示。

(3) 普通用户业务。用户在此可以选择所申请的新业务种类(无条件转移、遇忙转移、无应答转移、遇忙寄存、遇忙回叫、缺席、呼出限制、多用户号码、闹钟、免打扰、查找恶意呼叫、三方通话、会议电话、呼叫等待、缩位拨号和主叫号码显示等)、主叫号码显示限制种类以及热线种类。普通用户业务界面如图 10-82 所示。

图 10-81　呼叫权限界面

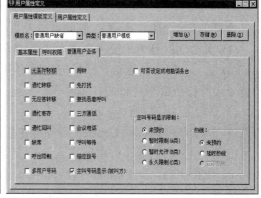

图 10-82　普通用户业务界面

需要注意的是，只有选择了新业务种类中的"主叫号码显示"，才能选择其限制方式；否则限制方式无任何作用。其中有些业务是互斥的，在此界面不加以限制，但互斥的业务不会同时生效。

4. 用户群数据

ZXJ10B 程控数字交换机的"用户群"是指由其若干个本局用户构成的一个逻辑单位，共分为小交换机用户群(PABXG，即 PABXGroup)、特服群、Centrex 商务群三种类型。

　　每个 PABXG 配备一个引示线号码，群内的用户还可以单独配置号码。如果群内用户线不配置用户号码则等同于引示线号码。

　　Centrex 商务群包含群内普通分机用户和话务台(坐席)用户两类用户和一个或多个商务群的引示线号码。商务群的引示线号码是专门配备的 PSTN 号码，它不是该群某个普通分机用户的 PSTN 号码，也不是该群某个话务台用户的 PSTN 号码。商务群的话务台用户和普通分机用户都配有 PSTN 号码和群内专用的分机号码。任一分机用户都可以随时设定或撤销为该商务群的话务台坐席。

　　在后台维护系统的"数据管理"菜单的"基本数据管理"子菜单中打开"用户群数据"菜单项，弹出群管理界面，如图 10-83 所示。

图 10-83　群管理界面

1) 群管理

群管理包括增加、修改、删除群以及群用户管理功能。其界面中的各选项含义如下：

(1) 群类别：分为小交换机群、商务群和特服群三种。

(2) 群号：对于特服群，群号与此群的引示线号码相同(编码范围为 100～199)。其余群的群号为除特服群号之外的任意号码。

(3) 群名：用户自行定义。

(4) 引示线号码：此 Centrex 商务群在公网中的号码。

(5) 号码分析选择子：由前定义。

(6) 出群字冠：此 Centrex 商务群用户出群时的拨号字冠(编码范围为 1～99)。

　　需要注意的是，对"引示线号码"的理解可分为两种情况，即"面向用户"和"面向数据库管理系统(DBMS)"。引示线号码含义如表 10.1 所示。

表 10.1　引示线号码含义

群类型	面向用户	面向 DBMS
特服群 113	113(非规范化 PSTN 号码)	4580113(规范化 PSTN 号码)
Centrex 商务群 1	4580001(规范化 PSTN 号码)	4580001(规范化 PSTN 号码)
PBX 群 2	4588899(规范化 PSTN 号码)	4588899(规范化 PSTN 号码)

由此可知，仅特服群的两种引示线号码是不同的。后台维护系统是为前台数据库服务

的，因此它的引示线号码含义应为虚拟的 PSTN 号码(面向 DBMS)，不占用用户逻辑号(SLN)。每个群必须拥有至少一个引示线号码。

引示线号码总是可以连选的，非引示线号码缺省为不连选，但也可以设为连选。引示线号码不能被删除，但可以改变。

(1) 增加群。单击"增加群"按钮，弹出如图 10-84 所示的界面。用户根据实际需要输入或选择(商务群还应输入拨号字冠)，最后单击"确定"按钮即可完成。

(2) 修改群。选中欲修改的群，单击"修改群"按钮。

(3) 删除群。选中欲删除的群，单击"删除群"按钮并确认后，即可完成。

2) 群用户管理

对于特服群/小交换机群，群用户管理功能比较简单，而商务群则比较复杂。选中欲维护的特服群/小交换机群，单击"群用户管理"按钮，弹出如图 10-85 所示的界面。

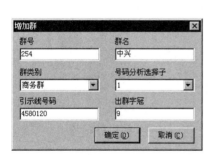

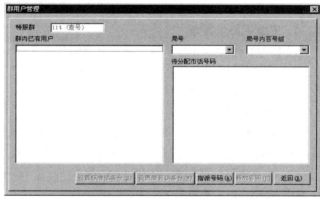

图 10-84 增加群界面   图 10-85 群用户管理界面

选择局号、局号内百号组后，待分配市话号码将显示出来。选择市话号码，并单击"指派号码"按钮将其加入群内(默认属性为"简易话务台")。

10.5.3 中继数据管理

中继电路组简称中继组，是 ZXJ10B 程控数字交换机的一个交换模块和邻接交换局之间的具有相同电路属性(如信道传输特性、局间对电路选择等)约定的一组电路的集合。在 ZXJ10B 程控数字交换机中，一个目的码出局的所有路径由出局路由链标识。其中，每个出局路由链包括 4 个路由组，每个路由组由多个路由组成，每个路由对应一个中继组，同一个路由组的各个路由/中继组之间话务实行负荷分担。一个中继组限制在一个交换模块内。一个交换模块内的中继组统一编号，数量可以达到 255 个。不同交换模块的中继组编号彼此独立。这样做的目的是为了便于中继组的管理，同时由于有路由数据配合使用，又保证了中继电路管理的灵活性，实现统一路由中中继电路的负荷分担。

ZXJ10B 程控数字交换机的中继管理功能包括：增加、删除、修改中继电路组；分配、释放中继电路；增加、删除、修改出局路由；增加、删除、修改出局路由组；增加、删除、修改出局路由链。在后台维护系统的"数据管理"菜单的"基本数据管理"子菜单中打开"中继管理"菜单项，其界面如图 10-86 所示。

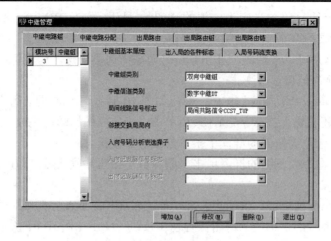

图 10-86　中继管理界面

1. 中继电路组管理

选中"中继电路组"页面，中继电路组参数主要有中继组基本属性、出入局的各种标志、入局号码流变换。

1) 中继电路组参数

(1) 中继组基本属性。

① 中继组类别：分为入向、出向和双向三种中继组。

② 中继信道类别：分为数字、模拟等 12 种中继。

③ 局间线路信号标志：分为共路 TUP、共路 ISUP、随路等 32 种局间信令。

④ 邻接交换局局向：参见相关章节。

⑤ 入向号码分析选择子：参见相关章节。

⑥ 出(入)向记发器信号标志：分为多频互控 MFC、多频脉冲 MFP、双音多频 DTMF 和直流脉冲 DP 四种标志，仅适用于随路信令。

(2) 出入局的各种标志。出入局的各种标志的界面如图 10-87 所示。出入局各种标志包括 34 种。

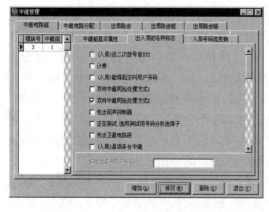

图 10-87　出入局的各种标志界面

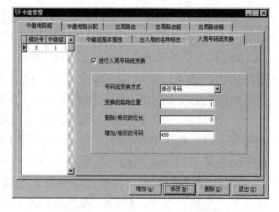

图 10-88　入局号码流变换界面

(3) 入局号码流变换。入局号码流变换界面如图 10-88 所示。"号码流变换"是对一个给定的号码流进行变换。主要应用在两个方面：一是入局后为了方便处理，先对号码流进行号码变换再进行号码分析，称为入局号码流变换；二是号码流在选定出局中继组后，为了和对端交换局配合而进行必要的号码流变换，称为出局号码流变换。号码流变换方式包括增加、删除、修改号码这三种方式，增加/修改的号码最多 5 位号码。

2) 增加中继电路组

单击"增加"按钮，弹出如图 10-89 所示的界面。选中模块号后，系统会按顺序自动分配中继组编号。然后再选择/输入中继组基本属性、出入局的各种标志和相应的入局号码流变换。此操作可重复进行。确定无误后，单击"增加"按钮确认，单击"返回"按钮放弃。

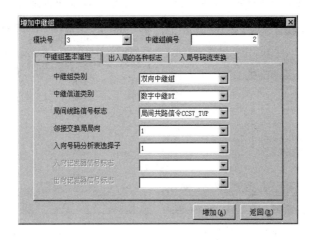

图 10-89　增加中继组界面

3) 修改中继电路组

选中中继组后，单击"修改"按钮，其后操作与增加中继组类似。

4) 删除中继电路组

单击"删除"按钮，弹出如图 10-90 所示的界面。选中所要删除的中继组后(按 Shift + ↑ 或 ↓ 键或 Ctrl + 鼠标左键可一次选择多个)，单击"删除"按钮并确认后即可完成。

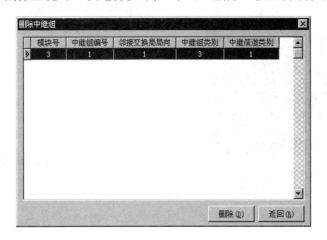

图 10-90　删除中继组界面

2. 中继电路分配

(1) 显示中继电路分配关系。在定义中继组后，便可以对该中继组分配中继电路。如果该中继组中已有中继电路，将显示在"中继组的中继电路"页面中，如图 10-91 所示。"本模块所有中继电路"页面显示本模块中全部分配和未分配的中继电路。其中，"所属中继组"属性为 0 表示此电路尚未分配，其余数字表示此电路所属的中继组号，如图 10-92 所示。

(2) 修改中继组配置。单击"修改"按钮，弹出如图 10-93 所示的界面。选中中继组号，"中继组内已有的中继电路"中显示该中继组内已有的电路(刚刚创建的中继组为空)，而"尚未分配的中继电路"中则显示目前可以分配给该中继组的电路。

图 10-91　中继电路分配界面　　　　　　图 10-92　本模块所有的中继电路界面

在"尚未分配的中继电路"页面中选定电路(按 Shift + ↑ 或 ↓ 键或 Ctrl + 鼠标左键可一次选择多个)后，单击"分配"按钮即可将电路分配给该中继组。

在"中继组内已有的中继电路"页面中选定电路后，单击"释放"按钮并确认后即可从该中继组中删除电路，如图 10-94 所示。

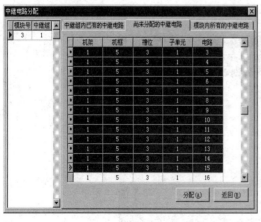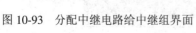　　

图 10-93　分配中继电路给中继组界面　　　　　图 10-94　释放中继电路界面

3. 出局路由管理

选中"出局路由"页面，其界面如图 10-95 所示。选中路由号，在该界面上即可直接观察其有关属性(如对应中继组、号码发送方式等)。

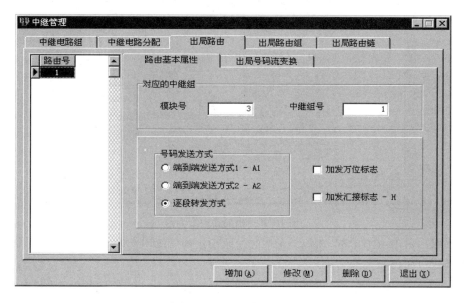

图 10-95 出局路由界面

(1) 增加出局路由。单击"增加"按钮，弹出如图 10-96 所示的界面。路由编号由系统自动给出。在选择/输入了路由基本属性和出局号码流变换之后，单击"增加"按钮即可完成。

(2) 修改出局路由。选中路由号，单击"修改"按钮，其后操作与增加出局路由类似。

(3) 删除出局路由。单击"删除"按钮，弹出如图 10-97 所示的界面。选定待删除的路由号(按 Shift + ↑ 或 ↓ 键或 Ctrl + 鼠标左键可一次选择多个)后，单击"删除"按钮并确认后即可删除。

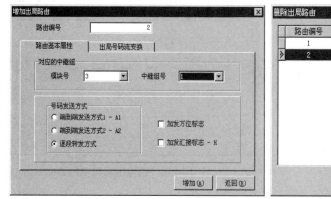

图 10-96 增加出局路由界面

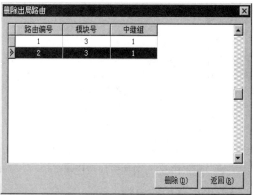

图 10-97 删除出局路由界面

4. 出局路由组管理

选中"出局路由组"页面，其界面如图 10-98 所示。

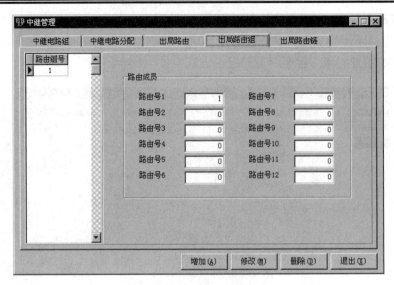

图 10-98 　出局路由组界面

一个路由组由至少 1 个、最多 12 个同级路由组成。路由之间存在先后次序，并且路由号可以重复以便均衡话务。

(1) 增加出局路由组。单击"增加"按钮，弹出如图 10-99 所示的界面。路由组号由系统自动给出，依次选择该组的路由成员后，单击"增加"按钮即可完成。此操作可重复进行。

(2) 修改出局路由组。选中路由组号，单击"修改"按钮，其后操作与增加出局路由组类似。

(3) 删除出局路由组。单击"删除"按钮，弹出如图 10-100 所示的界面。选中待删除的路由组(按 Shift + ↑ 或 ↓ 键或 Ctrl + 鼠标左键可一次选择多个)，单击"删除"按钮并确认后即可。

图 10-99 　增加出局路由组界面

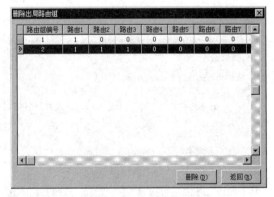

图 10-100 　删除出局路由组界面

5. 出局路由链管理

选中"出局路由链"页面，其界面如图 10-101 所示。一个出局路由链由至少一个、最多四个出局路由组组成。路由组之间存在先后次序，并且路由组号可以重复。

(1) 增加出局路由链。单击"增加"按钮，弹出如图 10-102 所示的界面。路由链号由系统自动给出。依次选定路由组号后，单击“增加”按钮即可。

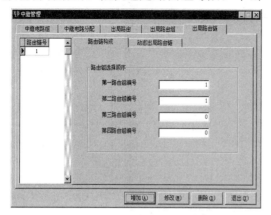

图 10-101　出局路由链界面

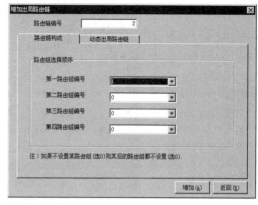

图 10-102　增加出局路由链界面

(2) 修改出局路由链。选择路由链号后，单击“修改”按钮，其后操作与增加出局路由链类似。

(3) 删除出局路由链。单击“删除”按钮，弹出如图 10-103 所示的界面。选中待删除的路由链(按 Shift + ↑ 或 ↓ 键或 Ctrl + 鼠标左键可一次选择多个)，单击“删除”按钮并确认后即可。

6. 出局路由链组管理

在“中继管理”界面选择“路由链组”页面。将路由链加入路由链组中，路由链组可以由一个或多个路由链组成，各路由链之间为负荷分担的关系。

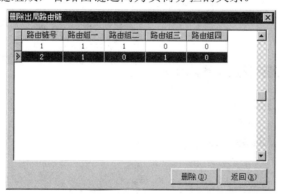

图 10-103　删除出局路由链界面

10.5.4　No.7 信令数据管理

No.7(七号)信令数据管理系统包括共路 MTP 数据、共路 SCCP 数据和共路 SSN 数据的管理三种。No.7 信令数据管理结构如图 10-104 所示。

1. 共路 MTP 数据

在后台维护系统的“数据管理”菜单的“No.7 信令数据管理”子菜单中打开“共路 MTP 数据”

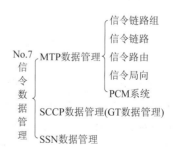

图 10-104　No.7 信令数据管理结构

菜单项，其界面如图 10-105 所示。

图 10-105　七号信令 MTP 管理界面

1) 信令链路组

(1) 增加信令链路组。选中"信令链路组"页面，单击"增加"按钮，弹出如图 10-106 所示的界面。单击"增加"按钮即可完成，单击"返回"按钮则放弃操作。

(2) 修改信令链路组。选中欲修改的信令链路组，单击"修改"按钮，操作与增加信令链路组类似。

(3) 删除信令链路组。单击"删除"按钮，弹出如图 10-107 所示的界面。选中欲删除的信令链路组，单击"删除"确认后即可。

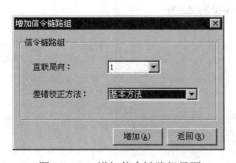

图 10-106　增加信令链路组界面

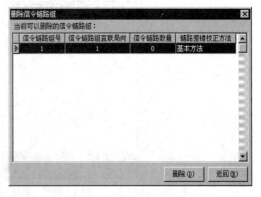

图 10-107　删除信令链路组界面

2) 信令链路

选中"信令链路"页面，其界面如图 10-108 所示。

(1) 增加信令链路。单击"增加"按钮，弹出如图 10-109 所示的界面。根据需要按照界面提示选择链路组号、信令链路号、信令链路编码和模块号后，单击"增加"按钮即可。需要注意的是，"信令链路编码"一定要与邻接局约定。

(2) 删除信令链路。单击"删除"按钮，弹出如图 10-110 所示的界面。选中待删除的信令链路后，单击"删除"按钮并确认即可。

图 10-108 信令链路界面

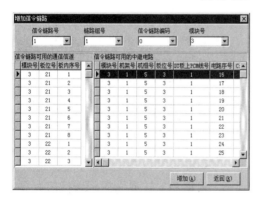

图 10-109 增加信令链路界面

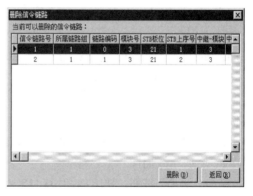

图 10-110 删除信令链路界面

3) 信令路由

选中"信令路由"页面,其界面如图 10-111 所示。

(1) 增加信令路由。单击"增加"按钮,弹出如图 10-112 所示的界面。

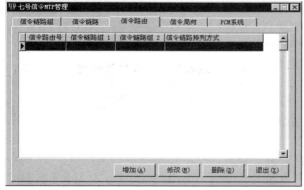

图 10-111 信令路由界面

图 10-112 增加信令路由界面

根据需要按界面提示选择路由号、链路组 1、链路组 2 和链路排列方式后,单击"增加"按钮即可。注意"链路排列方式"按局方要求选定。一般可选"任意排列"。该选项只有在该路由中同时包括"信令链路组 1 和 2"时才有效。

(2) 修改信令路由。选中路由号，单击"修改"按钮其后操作与增加信令路由类似。需要注意的是，路由号不能修改，只能通过先删除、再创建的方式才能改变。

(3) 删除信令路由。单击"删除"按钮，弹出如图 10-113 所示的界面。选中待删除路由号，单击"删除"按钮并确认即可。

4) 信令局向

选中"信令局向"页面，其界面如图 10-114 所示。

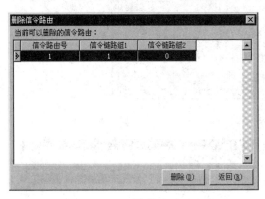

图 10-113　删除信令路由界面

图 10-114　信令局向界面

在 ZXJ10B 程控数字交换机中，对某一个目的信令点，有四级路由可供选择，即：正常路由、第一迂回路由、第二迂回路由、第三迂回路由。每级路由都由若干链路组组成，同级路由间所有信令链路以话路分担方式工作。

(1) 增加信令局向。

单击"增加"按钮，弹出如图 10-115 所示的界面。根据需要按界面提示选择信令局向，正常路由，第一、第二、第三迂回路由后，单击"增加"按钮即可完成。此操作可重复进行。

(2) 修改信令局向。选中信令局向号，单击"修改"按钮，其后操作与增加信令局向类似。需要注意的是，信令局向号不能修改，只能通过先删除、再创建的方式才能改变。

(3) 删除信令局向。单击"删除"按钮，选中待删除的信令局向后，单击"删除"按钮并确认后即可。

5) PCM 系统

选中"PCM 系统"页面，其界面如图 10-116 所示。

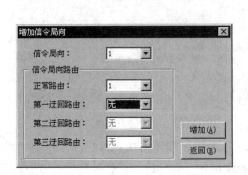

图 10-115　增加信令局向界面

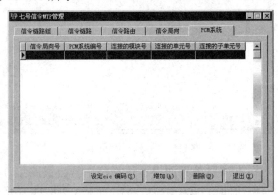

图 10-116　PCM 系统界面

PCM 系统的功能主要是用来确定"TUP"和"ISUP"需要使用的 CIC 值。

(1) 增加 PCM 系统。单击"增加"按钮，弹出如图 10-117 所示的界面。根据需要按界面提示选择信令局向号、PCM 系统编号和子单元后，单击"增加"按钮即可。需要注意的是，"PCM 系统编号"一定要与邻接局约定。

(2) 修改 CIC 编码。选中某 PCM 系统，单击"修改 cic 编码"按钮，弹出如图 10-118 所示的界面。

图 10-117　增加 PCM 系统界面

图 10-118　修改 CIC 编码界面

在一般情况下，直接采用系统默认值即可(强烈建议不要改变 PCM 系统时隙的编码)。如果确有特殊要求，则可以改变 PCM 系统中第 1~31 时隙的编码(编码范围 0~31)。需要注意的是，PCM 系统第 0 时隙固定用于帧同步，不能进行编码。

(3) 删除 PCM 系统。单击"删除"按钮，弹出如图 10-119 所示的界面。选中待删除的 PCM 系统，单击"删除"按钮并确认后即可。

2. 共路 SCCP 数据

在后台维护系统的"数据管理"菜单的"No.7 信令数据管理"子菜单中打开"共路 SCCP 数据"菜单项，其界面如图 10-120 所示。

图 10-119　删除 PCM 系统界面

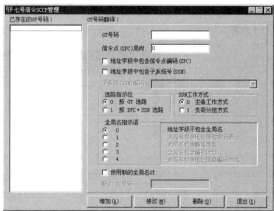

图 10-120　七号信令 SCCP 管理界面

GT(全局码)主要是始发节点不知道目的地节点地址时由 SCCP 使用的某种编号计划中的号码。SCCP 的 GT 翻译功能就是完成 GT 到 DPC+SSN 的变换。对于一个给定的 GT，逐位翻译最终得到结果。

(1) 增加 GT 号码。单击"增加"按钮，弹出如图 10-121 所示的界面。

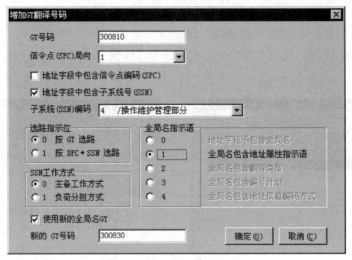

图 10-121　增加 GT 翻译号码界面

根据需要输入或选择 GT 号码、信令点局向(0 为本局)、地址字段中是否包含 SPC/SSN、选路指示位、SSN 工作方式、全局名指示语以及是否使用新的 GT 后，单击"确定"按钮即可。需要注意的是，如果全局名指示语选择 0，则"使用新的全局名 GT"复选框不能选中。

(2) 修改 GT 号码。选中一个已存在的 GT 号码，单击"修改"按钮，其后操作与增加 GT 号码类似。需要注意的是，该 GT 号码本身不能修改。

(3) 删除 GT 号码。选中待删除的 GT 号码，单击"删除"按钮并确认后即可。

3. 共路 SSN 数据

SSN 是 SCCP 使用的本地寻址信息，用于识别一个节点中的各个 SCCP 用户。SSN 备用关系的功能是描述本信令点和邻接信令点的各个子系统的状态。在后台维护系统的"数据管理"菜单的"No.7 数据管理"子菜单中打开"共路 SSN 数据"菜单项，其界面如图 10-122 所示。

图 10-122　七号信令 SSN 管理界面

(1) 增加子系统。单击"增加"按钮，弹出如图 10-123 所示的界面。根据需要选择局向号、SSN 编码和是否有备用子系统(如有，还需选择备用 SSN 局向号)后，单击"确定"按钮即可。需要注意的是，备用 SSN 编码不能选择，只能和选定的 SSN 编码相同。

(2) 删除子系统。选中待删除的记录，单击"删除"按钮并确认后即可。

(3) 修改子系统。选中某记录，单击"修改"按钮，弹出如图 10-124 所示的界面。

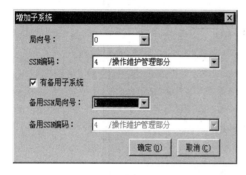

图 10-123 增加子系统界面

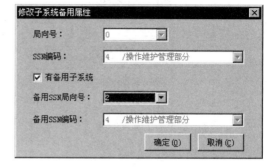

图 10-124 修改子系统界面

按照需要决定是否选中"有备用子系统"复选框(如果选中，还可修改备用 SSN 局向号)。需要注意的是，局向号、SSN 编码、备用 SSN 编码不能修改。

4. 信令转接点管理

ZXJ10B 程控数字交换机不但具有完善的 No.7 信令 SP 功能，还提供灵活、强大的 No.7 信令 STP 功能。它既可作为综合 STP，也可以作为独立的 STP 使用。为了便于管理和维护，后台维护系统设计了相应的管理功能。

后台维护系统的 STP 管理功能主要指的是 No.7 信令网提供的"屏蔽"功能，它包含两个部分：MTP 屏蔽和 SCCP 屏蔽。

1) MTP 屏蔽

在后台维护系统的"数据管理"菜单的"信令转接点管理"子菜单中打开"MTP 功能屏蔽"菜单项，其界面如图 10-125 所示。如果存在已建立的屏蔽，则选中屏蔽号后，可以在界面上观察其内容。

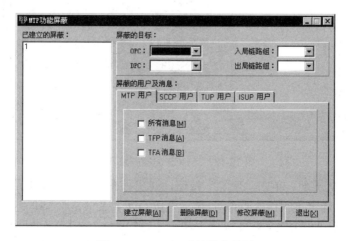

图 10-125 MTP 功能屏蔽界面

(1) 建立 MTP 屏蔽。单击"建立屏蔽"按钮，弹出如图 10-126 所示的界面。输入屏蔽号，选定屏蔽目标(OPC、DPC、入局链路组和出局链路组等)和屏蔽的用户及消息(MTP 用户、SCCP 用户、TUP 用户和 ISUP 用户等)后，单击"确定"按钮即可。需要注意的是，"屏蔽目标"中的"不限"也是一个选项，表示全部 SPC 或全部链路组。

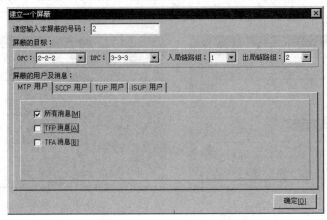

图 10-126　建立一个屏蔽界面

(2) 删除 MTP 屏蔽。选定待删除的屏蔽号，单击"删除屏蔽"按钮并确认后即可。

(3) 修改 MTP 屏蔽。选定屏蔽号，并做出相应的修改后，单击"修改屏蔽"按钮并确认后即可。

2) SCCP 屏蔽

在后台维护系统的"数据管理"菜单的"信令转接点管理"子菜单中打开"SCCP 功能屏蔽"菜单项，其界面如图 10-127 所示。

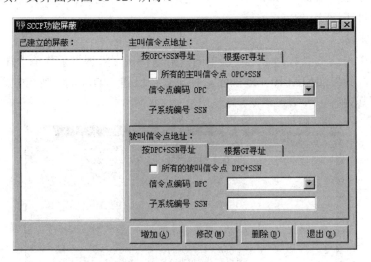

图 10-127　SCCP 功能屏蔽界面

(1) 增加 SCCP 屏蔽。单击"增加"按钮，弹出如图 10-128 所示的界面。

输入屏蔽号，选定主叫信令点地址(包括"按 OPC+SSN 寻址"和"按 GT 寻址")和被叫信令点地址(包括"按 DPC+SSN 寻址"和"按 GT 寻址")后，单击"确定"按钮即可。

对于主(被)叫信令点地址，如果选中"所有的主(被)叫信令点"复选框，还需要选择/

输入"信令点编码"和"子系统编号"。

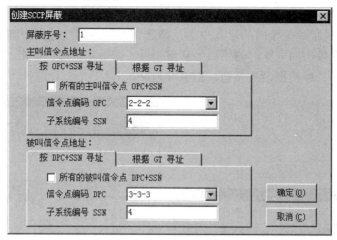

图 10-128 创建 SCCP 屏蔽界面

(2) 修改 SCCP 屏蔽。选中屏蔽号,单击"修改"按钮,其后操作与增加 SCCP 屏蔽类似。

(3) 删除 SCCP 屏蔽。选中屏蔽号,单击"删除"按钮并确认后即可。

10.5.5 信令跟踪

1. 随路信令跟踪

随路信令跟踪可以实时观察和记录局间随路信令的互控变化过程,从而为开局和维护提供可靠、直观的参考依据。在后台维护系统浮动菜单选择"业务管理(V)→随路信令跟踪(X)",将弹出随路信令跟踪界面,如图 10-129 所示。

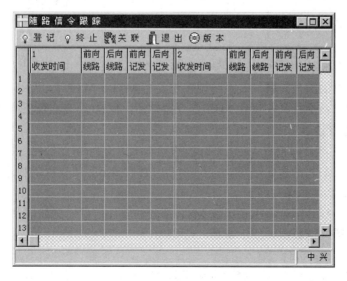

图 10-129 随路信令跟踪界面

在信令跟踪主界面单击"登记"按钮,将弹出如图 10-130 所示的界面。

单击"增加"按钮，将弹出如图 10-131 所示的界面。如果希望跟踪出中继或入中继，请在该对话框的上半部分输入局向号、模块号、中继群号(也可以指定具体电路号进行跟踪)；如果希望同时跟踪汇接时的出入中继，请选中"跟踪汇接出局中继电路"；并输入汇接出局局向号、汇接出局中继群的模块号和索引号。编辑完毕后，单击"编辑确认"按钮，确认并返回；单击"编辑撤消"按钮，放弃并返回。

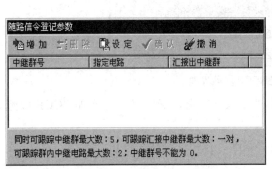

图 10-130　设置跟踪参数界面　　　　　图 10-131　随路信令登记参数界面

在设置跟踪参数界面(如图 10-130 所示)中单击"删除"按钮可删除选中的记录；单击"设定"按钮可将结果存储为文件；单击"确认"按钮，跟踪工具将会对设定的参数进行跟踪；单击"撤消"按钮则取消登记。

2. 共路信令跟踪

共路信令系统维护共分为两个部分，即 No.7 信令部分和 V5 信令部分，下面以 No.7 信令部分为例介绍。

1) 功能介绍

(1) 信令跟踪部分。主要功能为跟踪链路上的信令消息，并显示出相应解释，便于维护人员发现信令上的配合问题。本系统现在可支持 MTP、MTP 测试、TUP、ISUP、SCCP 和 TCAP 消息跟踪；另外，在设置 No.7 信令跟踪后，MTP 第三级所丢弃的信令消息(正常丢弃消息除外)也将显示出来。

(2) MTP 维护部分。查看 MTP 第三级的动态配置信息(信令链路、信令链路组、信令路由组等)；查看 MTP 的报警记录，定位 MTP 故障；No.7 信令板的状态监视以及板状态的查看，进行 MTP 第二级的维护。

(3) No.7 信令统计部分。主要提供 MTP 部分的统计信息，例如信令链路的故障次数，倒换、倒回次数等性能数据，便于维护。

2) No.7 信令系统界面

在后台维护系统浮动菜单选择"业务管理(V)→No.7 信令跟踪(N)"，将弹出"七号，V5 维护"界面，即 No.7 信令系统界面，如图 10-132 所示。

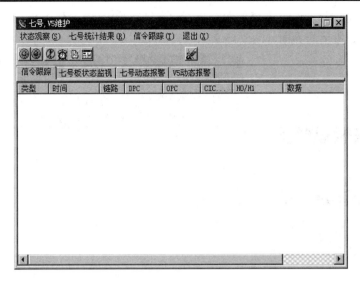

图 10-132　No.7 信令系统界面

3) 状态观察

本系统支持从信令链路、信令链路组和信令路由组三个层次观察 No.7 信令 MTP 的状态。

(1) No.7 链路状态的观察。在 No.7 信令系统界面中选择"状态观察(S)→No.7 信令 MTP 状态观察…",将弹出如图 10-133 所示的界面。

在"观察类型"下拉列表框中选择需要的观察类型,在"序号"显示框中选择信令链路、信令链路组或信令路由组的序号并双击,即可进行观察;结束观察,则应单击"返回"按钮,将关闭该对话框。

(2) 信令板状态观察。在 No.7 信令系统界面选择"状态观察(S)→信令板状态观察…",将弹出如图 10-134 所示的界面。

图 10-133　七号链路状态界面

图 10-134　信令板状态观察界面

根据实际情况选择信令板类型,当然也可选择 V5 信令板,在输入模块号和板号后,单击"查询"按钮,对话框左边的显示区将显示指定信令板上的具体信息。如果被观察的信令板与 MP 双口 RAM 通信不好时,将查询不到任何信息。结束观察时只需单击"返回"按钮即可。

(3) No.7 信令板状态监视。No.7 信令板状态监视开始/结束,可以监视 No.7 信令板状态的实时信息。在 No.7 信令系统界面选择"状态观察(S)→No.7 信令板状态监视开始",将弹出如图 10-135 所示的界面。

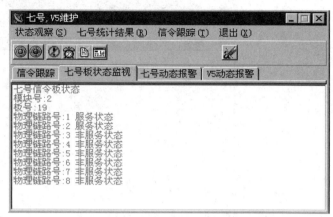

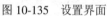

图 10-135　设置界面

图 10-136　七号板状态监视界面

输入欲观察的模块号、板号后,单击"确认"按钮,进入七号板状态监视界面,如图 10-136 所示。

在此界面可能会监视到的状态有:电源断电、非服务状态、初始定位、定位完成、定位未完成、服务状态、处理器故障。

4) No.7 信令跟踪

对于 No.7 信令跟踪设置,可以选择根据链路或根据号码两种跟踪方式。

(1) 根据链路跟踪。在 No.7 信令系统界面选择"信令跟踪→七号信令跟踪设置→根据链路",即进入跟踪数目设置界面,如图 10-137 所示。选择跟踪链路数目后,单击"确认"按钮,进入七号信令跟踪设置界面,如图 10-138 所示。此方式可跟踪的消息类型有 MTP、SCCP、TUP 和 ISUP 四种。

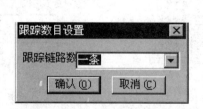

图 10-137　跟踪数目设置界面

图 10-138　七号信令跟踪设置界面

根据实际要求进行输入或选择后,单击"确认"按钮,回到信令跟踪界面,如图 10-139 所示。在 No.7 信令系统界面选择"信令跟踪→信令跟踪开始",即可进行信令跟踪观察。在如图 10-139 所示的界面上显示的信令消息内容包括类型、时间、链...(链路号)、DPC、OPC、SLS、CIC...、H0H1、数据。此时选择"信令跟踪暂停"或"信令跟踪继续"按钮可以使观察界面暂停或继续。双击信令消息类型还可以观察其具体内容,如图 10-140 所示。

图 10-139　信令跟踪界面

图 10-140　信令跟踪结果界面

在 No.7 信令系统界面选择"信令跟踪
→信令跟踪结束",即可结束信令跟踪观察。

(2) 根据号码跟踪。此方式一般用于跟
踪与呼叫相关的 TUP/ISUP 消息。在 No.7
信令系统界面选择"信令跟踪→信令跟踪设
置→根据号码",系统弹出如图 10-141 所示
的界面。

根据实际要求进行输入或选择后,单击
"确认"按钮,回到信令跟踪界面。

图 10-141　"TUP,ISUP 跟踪设置"界面

10.6　程控交换设备工程设计

程控交换设备工程设计涉及机房环境/建筑要求、网络构成、信号方式、号码资源配置、
编号、设备配置、设备布局、局间中继、用户类别、交换系统计费、同步、电源、接地、
维护系统网络地址等多项内容。

10.6.1　机房要求

1. 机房选址要求

根据通信网络规划和通信设备的技术要求,综合考虑水文、地质、地震、电力、交通
等因素,选择符合程控设备工程良好运行要求的地址。具体要求如下:

(1) 机房远离污染源,对于冶炼厂、煤矿等重污染源,应距离至少 5 km;对化工、橡
胶、电镀等中等污染源应距离至少 3.7 km;对食品、皮革加工厂等轻污染源应距离至少 2 km。
如果无法避开这些污染源,则机房一定要选在污染源的常年上风向,使用高等级机房或选
择高等级防护产品。

(2) 机房进行空气交换的采风口一定要远离城市污水管的出气口、大型化粪池和污水处理池，并且保持机房处于正压状态，避免腐蚀性气体进入机房，腐蚀元器件和电路板。

(3) 机房应避免选在禽畜饲养场附近，如果无法避开，则应选建于禽畜饲养场的常年上风向。

(4) 机房不宜选在尘土飞扬的路边或沙石场，如无法避免，则门窗一定要背离污染源。

(5) 机房要远离工业锅炉和采暖锅炉。

(6) 机房最好位于二楼以上的楼层，如果无法满足，则机房的安装地面应该比当地历史记录的最高洪水水位高 600 mm 以上。

(7) 避免在距离海边或盐湖边 3.7 km 之内建设机房，如果无法避免，则应该建设密闭机房，空调降温，并且不可取盐渍土壤为建筑材料。

(8) 机房一定不能选择过去的禽畜饲养用房，也不能选用过去曾存放化肥的仓库。

2. 机房建筑要求

通信机房的房屋建筑、结构、采暖通风、供电、照明、消防等项目的工程设计一般由建筑专业设计人员承担，但必须严格依据通信设备的环境设计要求设计。通信机房设计应符合工企、环保、消防、人防等有关规定，符合国家现行标准、规范以及符合特殊工艺设计中有关房屋建筑设计的规定和要求。

1) 面积

机房的最小面积应能容纳相应的通信设备。机房的面积应考虑终局容量时能容下通信设备的主体设备和辅助设备。

第一排机柜前至少留出 1.5 m 的距离，便于开门及维护。在布置多排机柜时，第一排机柜的正面对着操作维护台，两排机柜同向布置，前排机柜的后边缘与后排机柜的前边缘之间距离不小于 1.2 m，每排机柜的左右侧与墙壁的距离不小于 1 m，最后一排机柜的后边缘与墙壁的距离不小于 1.2 m。机房布置要求示意图如图 10-142 所示。

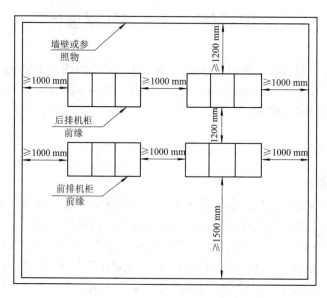

图 10-142　机房布置要求示意图

2) 净高度

净高度指机房顶部最低点到机房底部最高点的距离，要求净高度不低于 3 m(无架空地板时为 3 m；有架空地板时，为 2.7 m)。

3) 房内地板

机房地板一般要求铺设防静电活动地板。地板板块铺设应严密坚固，每平方米水平误差应不大于 2 mm。当没有活动地板时，应铺设导静电地面材料(体积电阻率应为 $1.0 \times 10^7 \sim 1.0 \times 10^{10}$)。导静电地面材料或活动地板必须进行静电接地，可以经限流电阻及连接线与接地装置相连，限流电阻的阻值为 1 MΩ。

主机房地板的承载能力大于 450 kg/m^2，辅助机房的地板承载能力大于 300 kg/m^2。地板的铺设和支撑必须平整、坚固、稳定，地板应平整光洁，板块之间间隙小于 2 mm。

地板高度以 300 mm 或 330 mm 为宜，地板表面涂料要求无反光、无有害气体的挥发，地板下面要采取防潮、防鼠和防蛀措施。

当采取下走线方式时，地板下面是否预留暗管、地槽和孔洞，以及暗管、地槽和子公司的数量、位置和尺寸均应满足布放各种线缆的要求，并且有利于维修和扩容时的线缆布放。

4) 门窗

机房门窗布局要合理，建议门和窗采用双层玻璃，加防尘橡胶条密封，并应经常清除灰尘。门窗要具备安全防盗功能，推荐安装防盗报警装置。门的有效高度不低于 2.2 m，宽度不小于 1.8 m，或者以不妨碍设备搬运为准。

5) 墙面

墙壁已充分干燥，机房的墙面宜使用防吸附、防火、防潮的涂料或壁纸，也可以刷无光漆，但不宜刷易粉化的涂料。

6) 房内的沟槽

沟槽用于铺放各种电缆，内面应平整光洁，预留长度、宽度和孔洞的数量、位置、尺寸均应符合传输设备布置摆放的有关要求。机房的电线电缆特别多，布线时必须全盘考虑。电源线和信号电缆要分开布线，间距要符合标准。在适当的地方开好电缆进出机房的墙孔，墙孔大小应留有余量。

7) 给排水要求

给水管、排水管、雨水管不宜穿越机房，消防栓不应设在机房内，应设在明显而又易于取用的走廊内或楼梯间附近。

8) 楼板承重及防震

对于 2 楼及以上楼层的机房，楼板的承载能力必须大于 500 kg/m^2，达不到承重要求的，必须进行加固，确保能够抗 7 级地震。

3. 机房环境要求

1) 温度、湿度要求

交换机工作环境应满足以下要求：

(1) 长期工作条件：温度为 15℃～30℃，湿度为 30%～70%。

(2) 短期允许条件：温度为 0℃～45℃，湿度为 20%～90%。

(3) 短期工作条件是指连续不能超过 48 小时和全年累计不得超过 15 天。

2) 洁净度要求

机房内要求不得有爆炸性、导电性、导磁性及带腐蚀的尘埃，更不能有有害全局的腐蚀性气体和损害绝缘性的气体。机房内要求直径大于 5 μm 灰尘的浓度小于 18 000 粒/cm³；灰尘粒子应为非导电、导磁性和非腐蚀性的。

4．电磁环境要求

1) 防电磁辐射干扰

机房应远离强功率无线电发射台、雷达发射站和高频大电流设备，机房所受的辐射电场强度应控制在 300 mV/m 以下，机房周围的磁感应强度应小于 11×10^{-4} T。

2) 防静电

机房使用的地面材料、天花板材料和墙壁面料要符合防静电要求。具体要求如下：

(1) 地面材料要求使用导(静)电地板，并接地良好。禁止直接使用木质地板或铺设毛、麻、化纤地毯及普通地板革。

(2) 天花板材料应选用抗静电型材料制品，在一般情况下，允许使用石膏板，禁止使用普通塑料制品。

(3) 墙壁面料应使用抗静电型墙纸，在一般情况下，允许使用石膏涂料或石灰涂料粉刷墙面，禁止使用普通墙纸及塑料墙纸。

另外，机房应有防静电标志。

5．消防要求

根据当地有关部门消防法规，配备相应的消防器材和预留足够的消防通道，在适当位置悬挂"重点防火单位"的标牌。机房和辅助机房内严禁存放易燃、易爆等危险品，并在显著位置张贴"禁止吸烟"或"严禁烟火"的告示牌。

消防器材应放置在便于取用的位置，消防栓不应设在机房内。要安装烟雾、高温等告警装置，并经常检查，确保其性能良好。

6．照明要求

在机架间合适的位置安装白炽灯(或配置应急照明设备)，应避免灯光和阳光长期照射设备，以防引起电路板和元器件因处于高温状态而老化、变形。

建议窗户使用有色玻璃并安装非浅色透明窗帘。机房主体照明采用镶入天花板的日光灯，平均照度以 150 lx～200 lx 为宜。

7．电气要求

1) 直流电源要求

(1) 机房电源设备供给交换的电压标称值为 –48 V，允许变动范围为 –57 V～–40 V。

(2) 直流电源电压所含杂音电平指标应满足原邮电部总技术规范要求。

(3) 直流电源应具有过压/过流保护及指示。

2) 交流电源要求

(1) 三相电源：380 V±10%，50 Hz±5%，波形失真<5%。

(2) 单相电源：220 V±10%，50 Hz±5%，波形失真<5%。

(3) 备用发电机：电压波形失真为 5%～10%。

3) 接地要求

机房地线布置要采用辐射式或平面式，并独立布放接地线，不能通过建筑钢筋连接形成电气通路或通过机架形成通路。

机房的工作地、保护地、防雷地应尽可能分别接地，接地电阻一般小于 3 Ω～5 Ω，万门以上程控机房的接地电阻要求小于 1 Ω。如果采用综合接地方式，接地电阻也应小于 1 Ω。接地线的截面应按承受最大电流值来确定，最好采用铜制护套线，不能使用裸铜线。

10.6.2　机房布置

1. 布置原则

通信机房一般采取功能分区布置原则，分主机房和辅助机房。主机房用于安装主体通信设备，辅助机房用来安装操作维护后台、人工坐席、不间断电源和蓄电池组等配套设备。要求主机房和辅助机房分开，但必须安排紧凑，使连线尽量缩短。

机房最好设计成套间，里间装机器，外间为控制室，里外间的隔墙可做成铝型材玻璃墙或普通砖墙加装宽幅玻璃窗，操作维护台的布置应该使操作维护人员面对主体设备的正面，便于维护人员在外屋隔着玻璃观察机器的工作状况。

机房内设备布放一般包括多种形式，即矩阵形式布放、面对面形式布放和背靠背形式布放，通常以矩阵形式布放居多。

设备应随机房格局采用统一的列柜或承载机台(柜)布置，设备侧间距应根据使用、维护要求确定，保证设备距墙应不小于 0.8 m，室内走道净宽应不小于 1.2 m。

在安装设备列柜时，设备上下间应留有一定的空隙，特别是在南方地区，应充分考虑设备的通风、散热、防潮、除湿等问题。

机房的电线、电缆特别多，布线时必须全盘考虑。电源线、网线和中继电缆要分开布线，间距要符合标准。在适当的地方开好电缆进出机房的墙孔，墙孔大小应留有余量。

2. 机房平面设计要求

在机器安装之前，应首先进行机房的平面设计。在进行机房平面设计时应考虑以下因素：

(1) 机框排列的合理性、充分考虑到机架之间连线最短。

(2) 机框之间的空间，包括机框与空调设备、墙壁以及门窗之间的空间，便于维护和空气流通。

(3) 机柜走线合理性，包括地线、电源线、网线、光纤、电话电缆的合理性。

程控机房选用 ZXJ10B 程控数字交换机，其机柜排列及机房布置示意图如图 10-143 所示。其机柜名称及安装器材分别如表 10.2、表 10.3 所示。图 10-143 中操作维护终端说明为：A 为服务器终端；B 为操作维护终端；C 为计费终端；D 为故障申告终端。

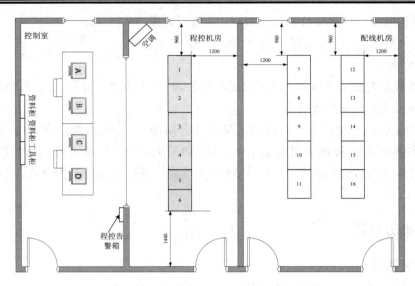

图 10-143　机柜排列及机房布置示意图

表 10.2　ZXJ10B 程控数字交换机机柜名称表

序号	名　称	序号	名　称
1	ZXJ10B 控制机柜	9	语音配线架 1
2	ZXJ10B 用户机柜	10	语音配线架 2
3	ZXJ10B 用户机柜	11	语音配线架 3
4	扩容机柜(备用)	12	语音配线架 4
5	网络配线架	13	语音配线架 5
6	直流分配柜	14	语音配线架 6
7	数字配线架 1	15	光配线架 1
8	数字配线架 2	16	光配线架 2

表 10.3　ZXJ10B 程控数字交换机安装器材表

序号	名称	规格型号	单位	数量	备注
1	程控数字交换机	ZXJ10B: 800 mm × 600 mm × 2000 mm(长 × 宽 × 高)	架	1	7680L+960DT
2	服务器	DELL	台	1	
3	网络交换机	H3C	台	1	
4	维护终端	DELL	台	1	
5	计费终端	DELL	台	1	
6	112 终端	DELL	台	1	
7	告警箱		个	1	
8	用户电缆 BY1	SBVV-32 × 2 × 0.4sn	根	240	
9	用户电缆 BY2	SBVV-32 × 2 × 0.4sn	根	240	
10	用户电缆 BY3	SBVV-32 × 2 × 0.4sn	根	240	
11	数字中继电缆	SYV75-2-2 × 8	对	8	

10.6.3　工程设计内容

1. 电话网话务量统计

话务量是电话用户呼叫并占用交换设备形成的。但是，每一个呼叫的过程并不完全相同，例如，有些呼叫以完成通话而结束，有些呼叫则因某种原因不能达到通信目的而中途中断，归纳起来有 5 种情况，分别为：主、被叫用户接通，实现通话；被叫用户忙，不能通话；被叫用户久不应答，不能通话；主叫中途挂机；由于网络忙，不能与被叫用户接通。因这 5 种情况所占比重各不相同，每种情况所占用的时长也不相同，所以应该分别计算其话务量。对已有网络的话务量的统计方法是记录一定长时间内的话务量，并采用统计的方法计算出每个用户的平均话务量。在进行交换网络规划设计时要根据原有网络中用户平均话务量的统计结果，再根据发展趋势进行一定的预测得到规划设计中应取的平均话务量数值。

在电信网中，话务量大小反映为单位时间内呼叫次数的多少和每次呼叫的占用时间。话务量的单位有 3 个：小时呼(TC)或占线小时，用爱尔兰(Erl)表示；分钟呼或占线分钟；百秒呼或占线百秒，用 CCS 表示。如无特殊说明即指以爱尔兰为单位的小时呼。

话务量的取值根据勘察时用户方提供的数据而定，也可按一般原邮电部规范标准而定。通常工程上将程控市话局用户话务量取定为 0.12 Erl/户，其中，发话话务量为 0.06 Erl/户，受话话务量为 0.06 Erl/户。每一个用户的长途自动呼出话务量取定为 0.015 Erl。特种业务比重按用户呼出话务量的 3%计算。

2. 交换局容量设计

交换局的容量是以当前电话用户数与近期发展的容量之和再计入 30%的备用量来确定的，即：初装容量 = 1.3 × (当前电话数 + 近期发展数)。

交换局的近、远期容量可参考城市发展规划和电话普及率指标确定，若缺乏资料，可按接近值的 150%~200%确定。交换机的实装用户限额为 80%，高于该值时，就考虑扩容。

中继线路应考虑用户外线、用户交换机、远端模块、远端用户单元、数据通信、移动通信、会议电话等所有用到外线的因素，在不能确定时，应留有一定的余量，可按中继线路的 150%左右考虑。

交换机容量的年平均增长速度为

$$\omega = \sqrt[T]{\frac{N_0 + N_T}{N_0}} - 1 \qquad (10.1)$$

式中，ω 为年平均增长速度，T 为预测年限，N_0 为现在调查的电话需要数量，N_T 为 T 年的增量，则 T 年后的总装机户数为

$$N_T = N_0(1 + \omega)^T \qquad (10.2)$$

3. 交换局中继设计

1) 中继方式

中继方式有三种：半自动直拨中继方式，即 DOD2+BID 中继方式(中继线可以是单向/双向/部分双向传输)；全自动直拨中继方式，即 DOD1+DID 中继方式(中继线是单向传输)

和 DOD2+DID 中继方式(中继线是单向传输)；混合中继方式，指在呼入时 DID 与 BID 混合使用，如单向中继(DOD2+BID)方式、部分双向中继(DOD2+BID)方式。

2) 呼损指标

呼损指标参考原邮电部规范标准：

(1) 本地网局间中继呼损指标：$P = 10‰$。

(2) 长市局间中继、长途特服中继呼损指标：$P = 5‰$。

为了保证局间中继有一定的过负荷能力，中继群的平均每回线负荷话务量均不大于 0.7 Erl。

3) 中继数量的计算

根据话务数据及用户意见，考虑现有设备的实际负荷能力以及电话网扩大后，网络功能的改善等诸方面因素，综合取定各局的话务流量比例；各局用户忙时平均发话话务量可以依据爱尔兰呼损公式(Erlang)进行计算，得出各对接局的中继数量。

而全利用度爱尔兰呼损公式，可准确地表现电话随机服务系统中呼叫损失率 B(服务质量等级)、话务量 ρ 以及电路(服务台)数 n 之间的关系，其具体关系式为

$$B = E(n, \rho) = \frac{\rho^n / n!}{\sum_{k=0}^{n} \rho^k / k!} \tag{10.3}$$

由于公式(10.3)计算非常复杂，通常可以查全利用度爱尔兰呼损表获取中继数量。

4. 程控交换设备性能及配置设计

在确定了程控交换设备的型号后，设备性能在其说明书中已有详细规定，但是配置要经过适当的计算完成，即根据初步设计中已确定的初装容量和终局容量，结合话务量情况对交换机的各种单板、机柜数等进行详细计算。

由于各种程控交换机系统结构不同，因此其机柜形式、机内模块数、印制板数、板上所含用户电路数均不相同，尤其是公共控制设备在不同容量情况下，所需数量也不同，因此设备数量计算必须针对具体机型进行。下面以 ZXJ10B(V10.0)程控数字交换机 SM8C 为例来说明设备的具体配置计算。

1) 条件设定

设某单位将安装一部容量为 4800 线的中兴 SM8C 端局模块，假设用户线话务量为 0.12 Erl/线，中继线话务量为 0.7 Erl/线，其中，出局话务量占全局话务量的 30%，入局话务量占全局话务量的 25%。试对其相关设备进行配置。

2) 用户电路板

因为已确定机型，每块用户电路板可容纳 24 个用户，所以共需要 4800 / 24=400 块用户电路板。则用户单元为 400/20/2 = 10 个。

3) 出、入中继电路板

(1) 全局话务量：$4800 \times 0.125 = 576$ Erl。

(2) 出局话务量：$576 \times 30\% = 172.8$ Erl。

(3) 入局话务量：$576 \times 25\% = 144$ Erl。

对于出、入中继电路板，如选用 TRK 模拟中继，每块板装有 12 个接口；如选用 DTI

板，每块板装有 4 个 2M 接口(每个 2M 口有 30 条中继线)。由于出、入中继线每线话务量允许为 0.7 Erl，可算出中继电路板数：

(1) 模拟出中继器电路板数：172.8/0.7/12≈21 块。

(2) 模拟入中继器电路板数：144/0.7/12≈18 块。

本地网局间中继呼损指标 $P = 10‰$，查询全利用度爱尔兰损失公式可得出：数字出中继器电路数为 193 条，相当于 7 个 2M 口，需要 2 块 DTI 板；数字入中继器电路数为 163 条，相当于 6 个 2M 口，2 块 DTI 板。

4) SP 板及 SPI 板

因为每个用户单元分为上下两层，共 40 块用户电路板，每个用户单元需主/备用户单元处理器板各 1 块，即每两个用户单元处理器板可以负责 960 个模拟用户接口，所以共需 $(4800/960) \times 2 = 10$ 块。SPI 板为 SP 与 SLC、MTT 提供联络通道，其数量和 SP 板数量一致，需要 10 块。

5) MTT 板

MTT 板主要用于单元内模拟用户内线、外线及用户终端的测试。另外，在远端用户单元自交换时，MTT 板可提供 TONE 信号音资源及 DTMF 收号器等，具有 112 测试功能、诊断测试功能及 DTMF 收号功能等。每个单元配置 1 块，故需要 4800/960 = 5 块。

6) ASIG 模拟信令板

ASIG 模拟信令板为 ZXJ10B(V10.0)程控数字交换设备提供 TONE 信号音资源及语音发送、DTMF 收发号、MFC 收发号、CID 传送、忙音检测、会议电话等功能，并方便于以后新功能的扩展和添加。

DTMF 收号器及 CID 的流入话务量的计算公式为

$$A_{\text{DTMF}} = \frac{N \times K \times [T_1 + T_2 \times L_1 \times Y + T_2 \times L_2 \times (1-Y)]}{3600} \tag{10.4}$$

$$A_{\text{CID}} = \frac{N \times K \times T_1}{3600} \tag{10.5}$$

式中，N 为用户数；K 为每个用户忙时呼叫次数，查询技术手册取值为 8；T_1 为每次呼叫听拨号音时长，一般取 3 s；T_2 为按钮话机每位时长，一般取 0.8 s；L_1 为本地呼叫号长，一般取 8；L_2 为长途呼叫号长，一般取值为 16；Y 为所有呼叫中本地呼叫所占的比例，一般取 80%。

那么本交换设备的 DTMF 收号器及 CID 的流入话务量的计算公式为

$$A_{\text{DTMF}} = \frac{4800 \times 8 \times [3 + 0.8 \times 8 \times 80\% + 0.8 \times 16 \times (1-80\%)]}{3600} = 113.92 \, \text{Erl}$$

$$A = \frac{4800 \times 8 \times 3}{3600} = 32 \, \text{Erl}$$

考虑 25% 的话务余量，则

$$A_{\text{DTMF}} = 113.92 \times 1.25 = 142.4 \, \text{Erl}$$

$$A_{\text{CID}} = 32 \times 1.25 = 40 \, \text{Erl}$$

按呼损 $P = 0.001$，查 Erl 表可得

$$N_{\text{DTMF}} = 175; \quad N_{\text{CID}} = 60$$

按 DTMF、CID 60 套为一单元，取值 $N_{\text{DTMF}} = 180$，$N_{\text{CID}} = 60$。

当交换设备之间采用随路信令时，需要 MFC 收号器，MFC 收号器的流入话务量为

$$A_{\text{MFC}} = \frac{N \times K \times [T_1 \times Y + T_1(1-Y)]}{3600} \tag{10.6}$$

式中，N 为中继数；K 为每条中继忙时呼叫次数，一般取 36 次；T_1 为本地通话 MFC 占用时长(收完再发)，一般取值为 4 s；T_2 为长途通话 MFC 占用时长(边收边发)，一般取值为 20 s；Y 为出局呼叫中本地呼叫所占的比例，一般本地通话比例占 80%。

那么本交换设备的 MFC 收号器的流入话务量的计算公式为

$$A_{\text{MFC}} = \frac{480 \times 36 \times [4 \times 80\% + 20 \times (1-80\%)]}{3600} = 34.56 \text{ Erl}$$

考虑 25% 的话务余量，则

$$A_{\text{MFC}} = 34.56 \times 1.25 = 43.2 \text{ Erl}$$

按呼损 $P = 0.001$，查 Erl 表可得

$$N_{\text{MFC}} = 63$$

按 MFC 60 套为一单元，取值 $N_{\text{MFC}} = 60$。

综上所述，该设备需要 TONE 单元 1 个，DTMF 单元 3 个，CID 单元 1 个，MFC 单元 1 个，会议电话 1 个，按照每 ASIG 模拟信令板 2 个单元计算，共需要 ASIG 模拟信令板 4 块。

7) SCOMM 通信板

当 SCOMM 通信板作为 No.7 信令板时，每块处理 8 条链路；当作为 V5 信令板时每块处理 16 条链路；若有多模块，则需 SCOMM 通信板 2 块；当 SCOMM 通信板作为模块内处理机时，则以 $\Delta = (\text{DTI+ASIG}) \times 1 + (\text{用户单元数}) \times 2$ 的值计算，若 $\Delta \leqslant 24$，则 SCOMM 通信板需 2 块；若 $24 < \Delta \leqslant 56$，则 SCOMM 通信板需 4 块；若 $\Delta > 56$，则 SCOMM 通信板需 6 块。最后，SCOMM 通信板的总数量取以上四者之和。

当程控交换设备之间采用共路信令时，根据《No.7 信令网技术体制》及《No.7 信令网工程设计规范》，一条 64 kb/s 的信令链路可以控制的业务电路数为

$$C = \frac{A \times 64\,000 \times T}{e \times M \times L} \tag{10.7}$$

式中，C 为业务电路数；A 为 No.7 信令链路正常负荷(Erl/线)，暂定为 0.2 Erl/线；T 为呼叫平均占用时长(s)；e 为每中继话务负荷(Erl/中继)，可取 0.7 Erl/中继；M 为一次呼叫单向平均 MSU(信令信息处理量)的数量(MSU/呼叫)；L 为平均 MSU 的长度(bit/MSU)。

根据《No.7 信令网维护规程(暂行规定)》中规定，对于独立的 STP 设备，一条信令链路正常负荷为 0.2 Erl，最大负荷为 0.4 Erl；当信令网支持 IN、MAP、OMAP 等功能时，一条信令链路正常负荷为 0.4 Erl，最大负荷为 0.8 Erl。

对于电话网用户部分(TUP)的信令链路负荷计算，普通呼叫模型涉及的参数做以下取定：呼叫平均占用时长对于长途呼叫取 90 s，对于市话呼叫取 60 s；一次呼叫单向平均 MSU 的数量对于长途呼叫取 3.65 MSU/呼叫，对于市话呼叫取 2.75 MSU/呼叫；平均 MSU 的长度对于长途呼叫取 160 bit/MSU，对于本地呼叫取 140 bit/MSU。

根据以上参数取值，可计算得到本地电话网中一条信令链路在正常情况下可以负荷本

地呼叫的 2850 条话路,在长途自动呼叫时一条信令链路正常情况下可以负荷 2818 条话路。因此该端局采用 No.7 信令时需要 2 条 No.7 信令链路。

当 SCOMM 作模块内处理机时,则 $\Delta = (DTI + ASIG) \times 1 + (用户单元数) \times 2 = (4 + 4) \times 1 + 5 \times 2 = 18$,故需要 SCOMM 板 2 块。

由于该端局只是单模块系统,不需要 V5 信令板,因此 SCOMM 通信板的总数量为 3 块。

8) DSND 板

DSND 板主要完成时隙交换功能,容量为 $8K \times 8K$,为了系统的可靠运行需要主/备用工作,故需要 2 块 DSND 板。

9) PMON 板

PMON 板对程控交换机房的环境进行监控,并把情况实时地上报 MP 板,确保系统安全运行。整个系统需要 1 块 PMON 板。

10) 主处理机系统

主处理机系统包括 MP 板和 SMEM 共享内存板。MP 板位于控制层,是 ZXJ10B 程控数字交换机的中央控制部分,主要完成呼叫处理和系统管理功能。为了系统的可靠运行需要主/备用工作,故需要 2 块 MP 板;SMEM 共享内存板是为了方便主/备 MP 的快速倒换而专门设计的,需配置 1 块。

11) 电源板

(1) POWA 板是用户层集中供电电源,每个用户单元需 4 块。故需(4800/960) × 4=20 块。

(2) POWB 板为控制层、网层及数字中继层、光接口层供电,由于 ASIG 模拟信令板和 DTI 板数量的原因,需要专门增加数字中继层 1 层,故需要 $2 \times 2 = 4$ 块。

(3) POWT 板是双路输入电源检测板,包括双路输入−48 V 电源指示,过欠压检测以及风扇供电、检测和保护电路,每个机架配置 1 块。机架共 2 个,故需要 2 块。

整个系统配置如表 10.4 所示。

表 10.4　4800 线用户中继混装配置表

序号	部件名称	代号	单位	数量	备　注
1	BDT 背板	BDT	块	1	
2	控制层背板	BCP	块	1	
3	用户层背板	BSLC	块	10	
4	主处理器板	MP	块	2	
5	共享内存板	SMEM	块	1	
6	通信板	SCOMM	块	3	
7	监控板	PMON	块	1	
8	8K × 8K 网板	DSND	块	2	
9	数字中继板	DTI	块	4	
10	模拟信令板	ASIG	块	4	DTMF: 3, MFC: 1, TONE: 1　CIG: 1
11	用户处理器板	SP	块	10	

序号	部件名称	代号	单位	数量	备　　注
12	用户处理器接口板	SPI	块	10	
13	多功能测试板	MTT	块	5	
14	模拟用户板	ASLC	块	200	
15	A 电源	POWA	块	20	
16	B 电源	POWB	块	4	
17	P 电源盒	POWP	个	2	
18	机架		个	2	

5. 程控交换设备电源设计

1) 电源配备原则

为了满足程控交换设备电源高稳定、长寿命、无阻断的要求，电源设备本身应符合规定的技术指标，在电源的配置使用方面还要采取一些相应措施，具体措施包括：

(1) 程控交换设备在采用交流供电时，交流电源宜按二级负荷供电。当交流电源的电压波动超过交流用电设备正常工作范围时，应采用交流稳压设备；当两路及以上交流电流供电时，宜选用自动切换的电源设备；当交流电源为三级负荷时，宜采用不间断电源设备 (UPS)或与计算机合用 UPS 向用电设备供电。应保证输出电压为 380 V ± 10%，220 V (+10%～−5%)，频率为 50 Hz±5%。

(2) 程控交换设备的电源配置和设备容量有关，在选用整流器和蓄电池容量时，主要考虑交换设备满容量时的功耗，并加上适当的安全系数，同时考虑将来可能要进行的扩容等因素。

(3) 一般采用整流器和蓄电池并用的全浮充供电方式，当交流电源停电机会较多或容量在 1000 门以上时，可采用双套整流器和蓄电池的双套冗余供电方式。整流器的容量应该大于交换机耗电电流和蓄电池充电电流之和，否则停电后再来交流电就有可能损坏整流器或其他设备。

(4) 推荐采用全密封免维护的蓄电池组，使用寿命长，土建投资节省，维护工作量小。为保护好电池，电池每次放电不能放至终止电压。故电池容量以 70%作为实际使用容量。蓄电池容量至少保证能够连续放电 4 h，保证系统正常工作。在个别市电不能保证的情况下，要加大蓄电池容量，蓄电池的放电电流与放电时间乘积就是蓄电池的放电安时。

(5) 直流配电屏的容量应按终期容量选择，直流配电屏的容量应大于整流器和蓄电池容量之和。

2) 程控交换设备供电系统设计

程控交换设备通常采用浮充供电方式。供电系统由交流配电屏、整流器、直流配电屏、蓄电池组组成，机内电源包括 DC-DC 变换器以及 DC-AC 逆变器。程控交换设备供电系统关系图如图 10-144 所示。

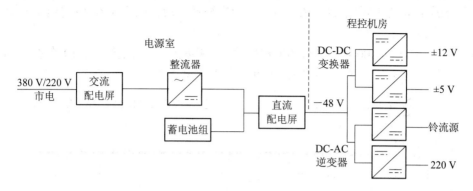

图 10-144 程控交换设备供电系统关系图

(1) 交流配电屏。配电屏上装有输入额定电压为三相 380V/220V 的三极刀熔式开关，此开关供整流器配电用。交流配电屏上装有电压表及频率计，用转换开关测量三相电压和频率。此外还有一些电源指示灯等。

(2) 整流器。整流器是输入三相 380V/220V 交流电、输出 −48 V 直流电的变换设备。根据交换机的容量选择整流器的额定输出电流，可以根据交换设备的每线耗电量再加上一定的余量进行设计；也可以进行估算，如规定的交换设备一般为 10A/机柜，8 个机柜就需要 80 A，考虑 20%的余量后，配备额定输出电流为 100 A 的整流器就可以满足当前的需要。

(3) 直流配电屏。直流配电屏有 400 A、800 A 及 1600 A 几种规格，交换机容量在 10 000 线以下均可采用 400 A 的直流配电屏(直流配电屏容量应大于整流器与蓄电池容量之和)。直流配电屏包括蓄电池熔断器及配电熔断器、−48 V 电源控制设备、蓄电池充电控制电路、监视电路及仪表指示和告警。

(4) 电源系统操作。

① 正常操作：当交流电源正常时，整流器向负载供电，并向两组蓄电池浮充，浮充电压为 −53.5(1 ± 0.5%)V，若以 24 节电池计算，每节为 2.22 V～2.24 V；若用 2 节免维护电池，每节为 25.17 V～28.09 V。

② 交流电源中断或整流器故障：此时整流器不工作，由蓄电池对负载供电。蓄电池放电最低电压为 −43.2 V(−48 V 电源)，相当于每节电池为 1.8 V(按 24 节考虑)。必要时补偿器自动投入工作，提高输出电压。

③ 交流电源恢复供电：此时整流器开启，以浮充方式工作。开始时整流器处于限流工作状态，缓慢向蓄电池充电；当蓄电池电压升至正常状态 −48 V 时，电源为 −53.5 V，整流器从限流工作状态切换到稳压工作状态，补偿器自动切断。

3) 电源线的选择举例

某单位安装一台 ZXJ10B 程控数字交换机，计划用户 19 200 线，其配置示意图如图 10-145 所示。请计算电源线径。

(1) 电流计算(估算)。

总电流用以下公式计算：

$$总电流 = 机架数(除电源架) \times 6 + 用户数 \times 22 \times 10^{-3} \times 系数 \qquad (10.8)$$

需要注意的是，该系数是指局内最大忙时同时在使用的用户同全局用户的比例，一般取 40%~50%；每用户耗电 22 mA，每个机架电源耗电最大电流为 6A(满配置，平均每个机框耗电 1 A)。

由于用户数为 19 200 线，ZXJ10B 程控数字交换机的中心机房配有 10 个机架(8 个满配置，2 个机架有 4 个机框)，则整机总电流的计算公式为

$$\sum I = (8 \times 6) + (2 \times 4) + (19\,200 \times 22 \times 10^{-3} \times 50\%) = 267 \text{ A}$$

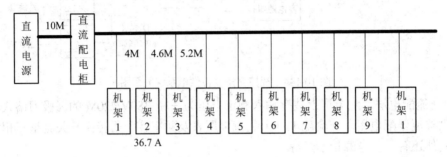

图 10-145　直流电源至各机架配置示意图

(2) 馈电电压降分配(固定降压法)。

总压降为 1.6 V(可随意在各段中分配，但不能相差太大)；

电池→直流电源：$\Delta U \leqslant 0.2$ V；

直流电源：$\Delta U \leqslant 0.2$ V；

直流电源→直流配电柜：$\Delta U \leqslant 0.8$ V；

直流配电柜→交换机机架：$\Delta U \leqslant 0.4$ V。

(3) 电源线径计算。

根据电流及压降(ΔU)可得电源线径为

$$S = \sum I \times \frac{2L}{\rho} \times \Delta U \tag{10.9}$$

① 机架电源线径计算。机架 1 到直流配电柜距离 $L = 4$ m，$\sum I = (2880$ 用户线$) \times (50\%$ 最大话务量$) \times ($每线耗电量 22 mA$) + (6$ 层电源耗电量 6 A$) = 37.68$ A(用户柜满配置)，$U = 0.4$ V。

电源线截面积 $S = 37.68 \times 2 \times 4$ m$/0.4 \times 57 \approx 13.2$ mm^2；电源线的规格有 1、1.5、2.5、4、6、10、16、25、35、50、70、95、120、185…(单位：mm^2)，应选截面积为 16 mm^2 的电源线(其余机架电源线的线径均按此算法)。

② 直流电源到直流配电柜电源线(铜)线径计算。直流电源到直流配电柜的距离 $L = 10$ m，$\sum I = 267$ A，$U = 0.8$ V。

电源线截面积 $S = 267 \times 2 \times 10/0.8 \times 57 \approx 117$ mm^2；电源线的规格有 1、1.5、2.5、4、6、10、16、25、35、50、70、95、120、185…(单位：mm^2)，则应选截面积为 120 mm^2 的电源线。

4) 蓄电池的配置与计算

(1) 电池数目。

一组电池串联，电池数用的计算公式为

$$N = \frac{U_{最小} + \Delta U_{最大}}{\Delta U_{放终}} \tag{10.10}$$

式中，N 为蓄电池个数；$U_{最小}$ 是指设备允许最低工作电压；$\Delta U_{最大}$ 是指设备与直流分配柜之间允许最大压降；$U_{放终}$ 是指蓄电池设备最终放电电压。

ZXJ10B 程控数字交换机采取−48 V 供电模式，电压浮动为−57 V～−40 V；要求采用程控设备与直流分配柜之间允许最大压降为 1.5 V，单个电池的最终放电电压为 1.8 V。

$$N = \frac{U_{最小} + \Delta U_{最大}}{\Delta U_{放终}} = \frac{40 + 1.5}{1.8} \approx 23.05$$

取整得到 24 个蓄电池。

(2) 电池容量。

蓄电池的总容量为

$$Q \geqslant \frac{K \times I \times T}{\eta_e \times \eta_q \times [1 + \alpha(t - 25)]} \tag{10.11}$$

式中，Q 为蓄电池容量(A • h)；K 为安全系数，取 1.25；I 为负荷电流(A)，T 为放电小时数(h)；η_e 为衰老系数，全浮充新电池取 1；η_q 为放电容量系数(根据设计规范取值,参考表 10.5)；t 为温度调节系数；α 为电池温度系数，以 25℃ 为标准时每上升或者下降 1℃，铅酸蓄电池容量增加或者减少与其额定值之比，取 0.006～0.008。

表 10.5　放电容量系数表

电池放电小时数/h	0.5		1	2	3	4	6	8	10	≥20
放电终止电压/V	1.70	1.75	1.75	1.8	1.8	1.8	1.8	1.8	1.8	≥185
放电容量系数/η_q	0.45	0.4	0.55	0.45	0.61	0.75	0.79	0.88	0.94	1.00	1.00

5. 空调设置

1) 通信机房热量来源

通信机房的热量主要来自两个方面：一是机房内部产生的热量，包括机房内通信设备的发热量、机房辅助设施发热量(包括供电电源自身发热)、照明发热、工作人员身体散发的热量。二是机房外部产生的热量，包括通过建筑物本体侵入的热量，如从墙壁、屋顶、隔断和地面传入机房的热量(传导热)；由于太阳照射从玻璃窗直接进入房间的热量，即放射热(也称为辐射热)；从门窗等缝隙侵入的高温室外空气(也包含水蒸气)所产生的热量，即对流产生的热量；为了使室内工作人员减少疲劳和有利于人体健康而引入的新鲜空气所产生的热量。

2) 空调设置要求

根据机房环境要求，机房空调系统应具有恒温恒湿和空气净化能力，建议采用恒温恒湿专用空调，并且需要 24 h 连续工作，以满足机房环境要求。在主机房应设置常年运转的空调装置，在其他辅助机房也要根据条件(包括气候条件和设备运营商的经济条件)设置季节性空调装置。

空调通风系统容量要计算系统主设备的发热量并加上外部热源的热量(如阳光透过窗户和墙壁进入机房的热量、维护人员在机房内的发热量及进出机房内带进的热量)。机房空调应考虑主、备用，每套系统的容量至少大于总空调需求容量的一半。

机房的密封不能因安装空调设备而破坏，同时送入机房的新鲜空气的含量比率不得少于 5%，以保证空气适当的新鲜程度。机房内还应防止有害气体如 SO_2、H_2S 等的侵入。

当安装集中式中央空调系统时，宜采用下送上回的通风方式，进风口在活动地板下，这样有利于设备散热。送风管不在高处安装，保证在任何情况下不会产生结露现象。大型机房应安装带湿度调节的空调机，而小型机房安装一般的柜式或窗式空调机即可。

空调装置的基本要求是调节湿度范围为 30%～70%、调节温度范围为 15℃～25℃。空调安装位置应避免空调出风直接吹向设备。

3) 空调容量计算

机房空调负荷，主要来自通信设备及附属设备的发热量，大约占总热量的 80%以上，其次是照明热、传导热、辐射热等。通信设备通常根据耗电量计算其发热量，空调机的制冷量要略大于机房总热量。而机房总热量估算由以下经验公式推导，即

$$Q_{机} = 0.86 \times U \times I \times h_1 \times h_2 \times h_3 (\text{W}) \tag{10.12}$$

式中，U——直流电源电压(取 53.5 V)；

I——平均耗电电流(A)；

h_1——同时使用系数；

h_2——利用系数；

h_3——负荷工作平均系数。

机房内通信设备的总功率应以机房内各种设备的最大功耗之和为准，但这些功耗并未全部转换成热量，需要用以上三种系数来修正，这些系数又与通信设备的系统结构、功能、用途及所用电子元件有关，总系数一般取 0.6～0.8 之间为好。则机房总热量为

$$Q = \frac{Q_{机}}{80\%}$$

这种方式是计算空调设备的制冷量，除以能效比参数，可以估算出空调设备功耗。精确一点的计算包括机房中工作人员人体发出的热负荷，以 100 W/人计，照明用白炽灯(热负荷为 40 W/盏)和日光灯(热负荷为 20 W/根)，向阳的墙壁吸热量按照 300 W/m²、玻璃吸热量按照 200 W/m² 来估算，等等。但一般简单的冷量估算以 350 W/m² 作为通信机房空调配置的标准参考值。

复习思考题

1. ZXJ10B 程控数字交换机的系统特点有哪些？
2. ZXJ10B 程控数字交换机的构成模块有哪些？

3. 简述 ZXJ10B 程控数字交换机性能指标。

4. 简述话务台转接一个外线电话的操作过程。

5. 用户召集一个会议电话的步骤有哪些?

6. 如果被叫分机忙,而你又有急事相商,你该如何处理?

7. 简述几种呼叫转移的区别。

8. 简述如何创建本局号码。

9. 如何增加一个局的局容量数据配置?

10. ZXJ10B 程控数字交换机的"用户群"含义是什么?有哪些类型?

11. ZXJ10B 程控数字交换机的中继管理功能有哪些?

12. ZXJ10B 程控数字交换机信令跟踪有哪些类型?它们的作用是什么?

13. 简述 ZXJ10B 程控数字交换机机房有哪些要求?

14. 某单位安装 ZXJ10B 程控数字交换机 SM8C 模块,计划用户 2400 线,数字中继 240 线。请给出需要的单板类型数量以及机架图,并绘制程控机房布置图,估算空调功率,估算电源整流器功率及蓄电池数目。

15. 假设某设备机房通信设备工作于 $-57\text{ V} \sim -40\text{ V}$,额定功率为 1000 W,线缆压降为 1.5 V。机房面积约为 30 m², 操作维护人员有 5 名,照明灯管有 10 根(热负荷为 20 W/根)。试分析估算满足该机房负荷要求的空调的功率。

16. 某通信设备采取 -48 V 供电模式,电压浮动为 $-57\text{ V} \sim -40\text{ V}$,功率为 1000 W; 要求该通信设备与直流分配柜之间允许最大压降为 1.5 V。试计算:(1) 如果配置蓄电池应急供电,假设单个电池最终放电电压为 1.8 V,确定蓄电池的个数;(2) 该设备工作需要的直流电源线截面积。

第 11 章　交换技术的演变与发展

要点提示: ✍

　　交换技术正在从传统的电路交换向宽带 IP 交换、元交换、软交换和星上交换演进,并将按下一代网络(NGN)框架在控制、业务等层面进行融合。本章以交换技术的发展为脉络,通过对比,对现代网络中使用的各种交换技术进行介绍。

11.1　交换方式的技术特征

1. 面向连接和面向无连接

　　面向连接是指两个用户之间的通信信息沿着预先建立的通路传输;面向无连接是指依靠路由来完成选路工作。

2. 物理连接和逻辑连接

　　物理连接是建立专用的物理链路;逻辑连接不独占线路,是在一条物理链路上建立多条虚链路。

3. 同步时分交换和异步时分交换

　　同步时分是指每个连接属于不同的呼叫,它们在信道中各自占用不同的时间,但属于同一呼叫的连接位置是固定的,交换时按照时间位置来区分每个连接;异步时分是指每个连接所占用的时间、位置都不固定,属于某个呼叫的连接是根据该连接所需的带宽和路由灵活分配的。

11.2　交换技术的演变

　　交换系统的功能最终可归纳为两种不同的描述:一种功能是在网络的入端和出端之间建立连接,即交换系统好比一堆开关,当需要时把一个入端和一个出端连接起来;另一种功能是交换系统好比一个信息转运站,它把网络入端的信息根据需要分发到网络不同的出线上。交换技术的发展就是建立在上述功能的基础上的,它的演变经历了电路交换→报文交换→分组交换→ATM 交换的发展过程。

1. 电路交换

1) 电路交换的定义

电路交换是以电路连接为目的的交换方式。

2) 电路交换的通信过程

电路交换的通信过程分为三个阶段：电路建立阶段、消息传输阶段和电路拆除阶段。

3) 电路交换的特点

(1) 电路交换是面向物理连接的交换。在发送消息前，必须建立起点到点的物理通路。

(2) 电路交换采用静态复用、预分配带宽并独享通信资源的方式，即交换机根据用户的呼叫请求，为用户分配位置固定、带宽恒定(通常是 64 kb/s)的电路。

4) 电路交换的优点和缺点

(1) 消息传输的延迟较短。对于每个用户来说，其信道是按时隙周期性分配的，故消息传输的时延小(最大时延为 125 μs)，对一次接续而言，消息传输的时延固定不变。

(2) 控制简单。在消息传输期间，交换节点对消息不存储、不分析、不处理，不进行任何干预，也没有差错控制措施，即透明传输。

(3) 建立物理通路的时间较长(以秒为单位)。

(4) 电路资源被通信双方独占，话路接通后，即使无消息传输，也需要占用电路，因此电路的利用率低。

(5) 不同类型和特性的用户终端之间不能互通，这是因为电路交换要求通信双方在消息传输、编码格式、同步方式、通信协议等方面完全兼容。

(6) 呼损严重，即由于对方终端忙或交换网络负载过重而接续失败。

综上所述，电路交换适用于话音等实时性业务。

2. 报文交换

1) 报文交换的定义

信息以报文(逻辑上完整的信息段)为单位进行存储转发的方式被称为报文交换。

2) 报文交换的通信过程

报文交换的通信过程分为四个阶段：接收和存储报文→处理机加工处理(给报文加上报头符号和报尾符号)→将报文送到输出队列上排队→输出线空闲时发送报文。例如，A 用户向 B 用户发送信息，A 用户不需要接通与 B 用户之间的电路，而只需要与交换机接通，由交换机暂时把 A 用户要发送的报文接收并存储起来，交换机根据报文中提供的 B 用户的地址在交换网中确定路由，并将报文送到下一个交换机，最后送到终端用户 B。

3) 报文交换的特点

在报文交换中，通信的信息以"报文"为基本单位在电路中传输。一份报文包括以下三部分：

(1) 报头：包含发信站地址、终点收信站地址等。

(2) 正文：用户所发出的信息(报文内容)。

(3) 报尾：报文的结束标志。

4) 报文交换的优点和缺点

(1) 在报文交换方式中，两个终端间的线路和交换机不必同时空闲。

(2) 允许各种不同类型的终端相互通信。因为报文交换机有对信息进行存储、处理的功能，所以交换机可以对各种不同速率、不同代码、不同通信协议的终端进行转换。

(3) 信息传输的时延长(特别是当报文很长时)，不利于交互式的业务通信。

(4) 对处理机要求高。要求处理机具有较大的存储容量和高速的处理能力。

因此，报文交换技术主要用于非交互式通信中，如电报业务和数据通信中的信箱通信业务等。

3. 分组交换

1) 分组交换的定义

信息以分组为单位进行存储转发的方式被称为分组交换。

2) 分组交换的通信过程

分组交换的通信过程分为四个阶段：信息打包→数据分组→排队处理→信息转发。分组交换机也叫做数据包交换处理机，该处理机将要传送的数据裁剪并封装成若干较短的、长度不等的数据块，并在每个数据块中加上必需的控制信息(如初始分组标志、源地址、目的地址、控制信息、逻辑信道编号、分组编号、最末分组标志等)，然后按规定的格式进行排列组成一个个数据分组。交换机根据每个分组的地址信息，为分组寻找输出的通路并将它们发送(或转发)至目的地。到达目的地后由分组交换机拆包，然后根据分组头的附加控制信息重新按顺序装配成一个个完整的信息。

3) 分组交换的优点

分组交换技术较好地解决了电路交换和报文交换技术存在的问题。其优点可归纳为以下几个方面：

(1) 不预先分配资源，带宽可变，可向不同速率的数据终端提供相互通信的通信环境。

(2) 电路资源被多个用户所共享，电路的利用率高。

(3) 与报文交换相比，信息被裁剪成较短的分组，信息的传输时延较小。

(4) "分组"格式统一，便于交换机处理。

电路交换、报文交换和分组交换的区别如图 11-1 所示。

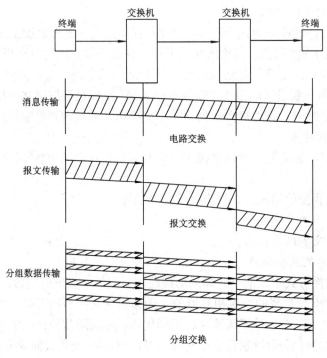

图 11-1 电路交换、报文交换和分组交换的区别

目前电信网中广泛应用的交换方式为电路交换方式和分组交换方式。

4. ATM 交换

在 B-ISDN(Broadband Integrated Services Digital Network)环境下的交换采用异步传送模式(ATM，Asynchronous Transfer Mode)，这是一种新型的交换方式，这种方式具有以下优点：

(1) 可以把不同种类(如话音、数据、图像)、不同速率(固定、可变)、不同性质(突发性、连续性)以及不同性能要求(时延要求、误码率要求)的信息在网内实现透明传输。

(2) 能对通信网中各种各样的信息(包括话音、数据、图像)进行综合交换和传输。

(3) 能按需要提供不同的带宽和不同的业务等级，使网络的资源得到充分利用。

(4) 能够比较容易地增加新业务。

ATM 采用的是一种统计时分复用技术，在这种模式中，虽然保持了时隙的概念，但取消了同步传输模式(STM，Synchronous Transfer Mode)中帧的概念，在 ATM 时隙中实际存放的是信元(Cell)。用户的信息被裁剪组织成 53 个字节固定长度的短信元格式，且来自同一用户的信息(信元)并不需要周期性，在一帧中占用的时隙数也不固定，可以有一至多个时隙，从这个意义上说，这种转移模式是异步的。各时隙之间也不要求连续，纯粹是"见缝插针"，因此信号传输速度快，电路的利用率高。

表 11.1 归纳了电路交换、分组交换和 ATM 交换的特点、优点及缺点。

表 11.1 电路交换、分组交换和 ATM 交换比较

交换技术	特 点	优 点	缺 点
电路交换	(1) 呼叫建立时刻进行网络资源分配； (2) 通信过程中执行端到端协议，数据透明传输； (3) 采用同步时分复用技术，带宽固定分配	(1) 信息交换的时延小； (2) 对话音信息控制简单，当电路接通之后，交换机的控制电路不再干预消息的传输	(1) 通路的建立时间长； (2) 带宽利用率低； (3) 不同类型和特性的用户终端不能互通
分组交换	(1) 呼叫建立时刻不进行网络资源分配，电路资源被多个用户所共享； (2) 带宽可变，用可变比特率传送信息； (3) 采用面向无连接的传输方式； (4) 网络交换节点之间需进行流量、差错控制	(1) 可向不同速率的数据终端提供通信环境； (2) 带宽统计复用，信道利用率高； (3) 采用逐段链路的差错控制和流量控制，出现差错可以重发，可靠性高； (4) 线路动态分配，当网中线路或设备发生故障时，"分组"可以自动地避开故障点	(1) 对实时性业务的支持不好； (2) 附加的控制信息较多，传输效率较低； (3) 协议和控制复杂
ATM 交换	(1) 采用时隙划分的方法进行统计时分复用； (2) 采用面向连接并预约传输资源的工作方式，在传输用户数据之前先建立端到端的虚连接	(1) 带宽可变,支持综合业务的接入； (2) 以固定长度的短信元为传输单位, 响应时间短, 网速快； (3) 信元中不含数据校验，简化了交换机的功能	

11.3　ATM 交换技术

11.3.1　ATM 信元与复用

ATM 本质上是一种寻址型特殊分组转移模式,它使用异步时分复用技术将不同速率的数字业务(如话音、数据、视频)的混合信息流分割成固定字节长度的信元,在 B-ISDN 中进行快速分组传输和交换。也就是说,进入 B-ISDN 的信息流是一串串的信元流。

B-ISDN 与用户间的接口也规定为以信元为基础单位。B-ISDN 用的 ATM 终端其自身具有信元接口。不具有信元接口功能的终端,如目前电信网中所用的各种终端,则在入网前必须经信元装拆设备进行信元化(即规格化)后才能进入网中。

1. ATM 信元结构

ATM 的基本单位是信元,每个信元长度固定为 53 个字节,前 5 个字节为信头(Header),后 48 个字节为信息域(数据块)。信元的大小与业务类型无关,任何业务的信息都经过切割封装成相同长度、统一格式的信息分组。ATM 信元结构如图 11-2 所示。

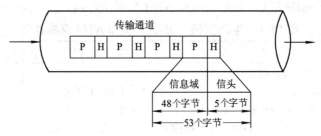

图 11-2　ATM 信元结构

路由的选择由信头中的标号决定。发送的顺序是从信头的第 1 个字节开始,其余字节按增序方式发送。在一个字节内,发送的顺序是从第 8 个比特开始,然后递减。对于各域而言,首先发送的比特是最高有效位(MSB,The Most Significant Bit)。由于 ATM 是面向接续的技术,因此同一虚接续中的信元顺序保持不变。

ATM 信元的信息域包括用户数据、维护数据、信令信息等,它们透明地穿过网络,网络内没有差错控制处理。为了支持各种业务,根据业务特性定义了几种类型的 ATM 适配层(AAL),以便将信息装入 ATM 信元,并提供特定的业务功能(如时钟恢复、信元丢失恢复等)。AAL 的特殊信息包含在 ATM 信元的信息域中。

ATM 采用 5 个字节的信头和短小的信息域,比其他通信协议的信息格式都小得多,这种小的固定长度的数据单元就是为了减少组装、拆卸信元以及信元在网络中排队等待所引入的时延,确保更快、更容易地执行交换和多路复用功能,从而支持更高的传输速率。这好比火车上的每节车厢,无论是客车还是货车,其车厢大小都是一样的,从而方便了火车中转时灵活、快速地加挂或减少车厢。

2. ATM 信元复用

目前,电话网中的数字信号复用基本属于同步传递方式(STM),其特点是在由 N 路原始信号复合成的时分复用信号中，各路原始信号的出现呈周期性。所以只要根据时间就可以确定现在传输的是哪一路原始信号。

异步传送模式(ATM)的各路原始信号不一定按照一定的时间间隔周期性地出现，每个数据单元可以处在任何传输帧的任何位置，来自不同信息源(不同业务和不同发源地)的信元汇集到一起，在一个缓冲器内排队，队列中的信元逐个输出到传输线路，在传输线路上形成首尾相接的信元流。信元的信头中写有信息的标志，说明该信元去往的地址，网络根据信头中的标志来转移信元。

由于信息源产生信息是随机的，信元到达队列也是随机的，因此速率高的业务信元来得十分频繁，十分集中，速率低的业务信元则来得很稀疏。具有同样标志的信元在传输线路上并不对应着某个固定的时间(时隙)，也不是按周期出现的。也就是说，信息和它在时域中的位置之间没有任何关系，这种复用方式被称为统计复用(Statistic Multiplex)。可见，统计复用是按需分配带宽的，可以满足不同用户传递不同业务的带宽需要。

图 11-3 所示为待发送的用户信息被分解成信元并进行多路复用的示意图。

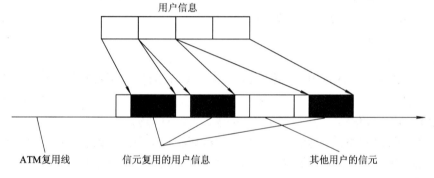

图 11-3　用户信息被分解成 ATM 信元

ATM 信元复用与电路交换中的时分复用(TDM)比较，TDM 采用周期为 125 μs 的帧结构，发送信息以比特形式固定加入到每帧内的相应时隙，在连接建立后，不论有无信息发送，其时隙必定属于该连接。这种依据帧内的时隙位置来识别通路的复用方式称为"位置"复用。ATM 复用方式与分组复用方式有些类似，只要信道上存在空闲位置就可将信息组成的信元加入信道，显然，信元的复用无周期性和固定位置。由于 ATM 依靠信头内的通路标记进行信元的识别、传送和交换，因此也被称为"标记"复用。但 ATM 信元复用不完全与分组交换中的分组复用一样，这是因为每个分组在信道上的出现是任意的，而 ATM 信元却像 TDM 时隙一样定时出现，这使得硬件电路可高速地对信头进行识别、复/分接和交换处理。由此说明，ATM 复用技术融合了电路交换和分组交换的优点。

11.3.2　ATM 网络连接

传统的数据网络采用无连接的呼叫接续方式，它假设目的端点可接收信息，每一分组一边寻找空闲信道一边完成传输。每个端点必须检查每一分组的路由标记，以确定是否接收该分组。信元形式的 ATM 网络和传统数据网络的本质区别是：ATM 网络采用面向连接的呼叫接续方式，通信前必须在源端和目的端之间建立"连接"。需要强调的是，这个"连接"也不同于电路交换中的电话呼叫接续过程，ATM 网络连接是一种"虚连接"。所谓"虚连接"，是指网络依据 VCI/VPI(虚信道标识符/虚通路标识符)对信元进行处理。有关 ATM 网络"虚连接"中 VCI/VPI、VC/VP、VPC/VCC 的解释如下所述。

1. VCI/VPI——虚信道标识符/虚通路标识符

VPI(VP Identifier)、VCI(VC Identifier)是 ATM 技术中两个最重要的概念，VCI/VPI 用于表示信元的逻辑路由地址。对于一个给定的接口，在两个方向上都将可能存在不同的虚通路(VP，Virtual Path)，若干虚通路被复用在一条物理层连接上，而在每条虚通路内部又可能含有许多条虚信道(VC，Virtual Channel)。属于同一 VC 的信元群拥有相同的虚信道标识符(VCI)，属于同一 VP 的不同 VC 拥有相同的虚通路标识符(VPI)。VCI 和 VPI 都作为信头的一部分与信元同时传输。

VPI、VCI 的取值规则：在组成一个连接的各个链路上，VPI/VCI 的取值是相互独立的，从而可达到充分利用 VPI/VCI 资源的目的。

2. VC/VP——虚信道/虚通路

VC、VP 是表示 ATM 信元传输的两种逻辑子信道，都用来描述 ATM 信元单向传输的路由。在 ATM 中，一个物理传输通道被分成若干虚通路(VP)，一个 VP 又由多个甚至上千个虚信道(VC)所复用。

1) 虚信道(VC)

在一个虚通路连接(VPC)中，传送具有相同 VCI 的信元所占有的子信道称为虚信道(VC)。在 ATM 中，因为每条链路容易被该链路上的各种接续共享，而不是固定分配，所以每个接续被称为虚信道，信元流通过一条虚信道进行传输。

虚信道是 ATM 网络链路端点之间的一种逻辑联系，是在两个或多个端点之间传送 ATM 信元的通信通路，可用于用户到用户、用户到网络、网络到网络的信息转移。

2) 虚通路(VP)

在一条通信线路上具有相同 VPI 的信元所占有的子信道称为虚通路(VP)。ATM 中传输通道、虚通路(VP)和虚信道(VC)的关系如图 11-4 所示。

图 11-4　ATM 中传输通道、虚通路(VP)和虚信道(VC)的关系

3. VPC/VCC——虚通路连接/虚信道连接

ATM 中的虚通路连接和虚信道连接如图 11-5 所示。

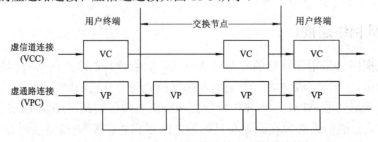

图 11-5　ATM 中的虚通路连接和虚信道连接

1) 虚信道连接(VCC)

一个或多个级联的 VC 链路构成一个 VCC。VCC 的作用是为 ATM 虚信道(VC)建立一条虚电路。该虚电路连接可用在以下三个方面:

(1) 用户到用户应用:VCC 跨越连接两个端点上的用户设备,信息将以 ATM 信元的形式直接从一个用户设备传到另一个用户设备。

(2) 用户到网络应用:VCC 处在用户设备和一个网络节点之间,实现用户到某一网络单元的接入。

(3) 网络到网络应用:VCC 位于两个网络节点之间。

2) 虚通路连接(VPC)

一个或多个级联的 VP 链路构成一个 VPC。VPC 的作用是为 ATM 虚通路(VP)建立一条虚电路。该虚电路连接同样可以应用于用户到用户、用户到网络和网络到网络的信息传递。

当对信元进行交换或复用时,首先必须在虚通路连接(VPC)基础上进行,然后才是虚信道连接(VCC)。一个端到端的连接由源和目的地之间的一系列串联链路(Link)组成。这就是说,虚信道连接(VCC)将划分成若干不同段的虚信道链路(VCL),每一段虚信道上都标识以唯一的 VCI 值,从一段虚信道链路到另一段虚信道链路 VCI 的值将被翻译改变。同样的道理也适合于虚通路连接(VPC)和虚通路链路(VPL)。

VPC、VCC 的建立和释放由网络管理者或网络信令系统来完成。

11.3.3　虚通路交换与虚信道交换

ATM 的呼叫接续不按信元逐个地进行选路控制,而采用分组交换中虚呼叫的概念,也就是在传送之前预先建立与某呼叫相关的信元接续路由,同一呼叫的所有信元都经过相同的路由,直至呼叫结束。其接续过程是:主叫通过用户网络接口 UNI 发送一个呼叫请求的控制信号,被叫通过网络收到该控制信号并同意建立连接后,网络中的各个交换节点经过一系列信令交换就会在主叫与被叫之间建立一条虚电路。虚电路是用一系列 VPI/VCI 表示的。在虚电路建立过程中,虚电路上所有的交换节点都会建立路由表,以完成输入信元 VPI/VCI 值到输出信元 VPI/VCI 值的转换。

虚电路建立起来以后,需要发送的信息被分割成信元,经过网络传送到对方。若发送端有一个以上的信息要同时发送给不同的接收端,则可建立到达各自接收端的不同虚电路,并将信元交替送出。

在虚电路中,相邻两个交换节点之间信元的 VCI/VPI 值保持不变。这两点之间形成一条 VC 链,一串 VC 链相连形成 VC 连接(VCC)。VP 链和 VP 连接(VPC)也以类似的方式形成。ATM 信元的交换既可以在 VP 链上进行,也可以在 VC 链上进行。

当两个终端建立连接时,根据信令信息,在该连接中的每个交换节点上建立转发表。该转发表包含输入端口号和输出端口号。在输入端口或者输出端口中,不同的信元流有不同的 VCI/VPI 值转换。当某一个信元进入交换模块时,交换模块通过识别信头的 VCI/VPI 查找转发表,找出对应的输出端口以及输出信元的 VCI/VPI 值,将输入信元的 VCI/VPI 值改变为相应输出信元的 VCI/VPI 值,并控制交换网络将信元交换到对应的输出线上。

1. VP 交换

VCI/VPI 值在经过 ATM 交换节点时，该 VP 交换点根据 VP 连接的目的地，将输入信元的 VPI 值改为新的 VPI 值赋予信元并输出，该过程称为 VP 交换。VP 交换的实现比较简单，往往只是传输通道的某个等级数字复用线的交叉连接，如图 11-6 所示。

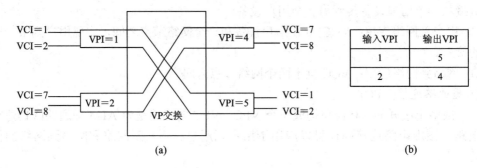

图 11-6　VP 交换过程

(a) VP 交换；(b) VPI 转发表

由图 11-6 可见，VP 交换将一条 VP 上所有的 VC 链路全部送到另一条 VP 上，而这些 VC 链路的 VCI 值保持不变。

2. VP/VC 交换

VC 交换要和 VP 交换同时进行，因为当一条 VC 链路终止时，VP 连接(VPC)就终止了，这个 VPC 上的所有 VC 链路将各自执行交换过程，加到不同方向的 VPC 中，如图 11-7 所示。

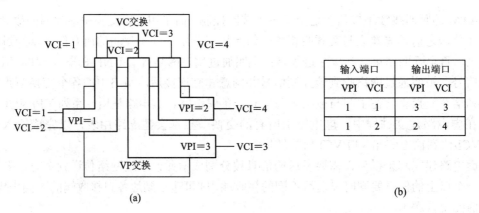

图 11-7　VP/VC 交换过程

(a) VP/VC 交换；(b) VP/VC 转发表

3. VP 交换与 VP/VC 交换比较

对于 VP 交换，其内部包含的所有 VC 捆绑在一起选择相同的路由，穿过交换节点后并不拆散。相应地，VP 链路内的每个 VCI 的值保持不变。VP/VC 交换则不同，一个进入交换节点的 VP 中的某 VC 链路被交换到另一输出 VP 中，不但 VPI 值发生了改变，而且对应的 VCI 的值也被更换。

从上述交换过程可以看出,虽然 ATM 交换是异步时分交换(时隙交换)有相似之处,区别在于用 VCI/VPI 代替了时隙交换中时隙的序号。

VP 交换是由 B-ISDN 协议分层模型的管理平面控制负责完成的,VP/VC 交换则由 B-ISDN 协议分层模型的控制平面负责完成(管理平面、控制平面的相关内容将在 11.4 节中讲述)。VP 交换设备(通常是交叉连接器和集中/分配器)仅对信元的 VPI 进行处理和变换,功能较为简单;VC 交换设备(ATM 交换机、复接/分接器)则要同时对 VPI/VCI 进行处理和变换,功能较为复杂。VPI 和 VCI 只有局部意义,每个 VPI/VCI 在相应的 VP/VC 交换节点被处理,相同的 VPI/VCI 值在不同的 VP/VC 链路段并不代表同一个"虚连接"。由于 VP 交换简单,因而在早期可率先在网上投入使用,其容量也容易做得较大。另外,在 B-ISDN 骨干网高层节点,业务流量可以按局向划分,这一点正符合 VP 交换的特性。所以,在 B-ISDN 网络中,VP 交换与 VP/VC 交换都是需要的。

11.3.4 ATM 信头的功能

ATM 信头用来标志异步时分复用信道上属于同一虚通路的信元,并完成适当的路由选择。ATM 层的全部功能均由信头来实现。在传送信息时,网络只对信头进行操作而不处理信息域的内容。接收端对信元的识别不再靠严格的参考定时,而靠信元中的信头标记信息来识别该信元究竟属于哪一个连接。图 11-8(a)、(b)分别是用户–网络接口(UNI)的信头结构和网络节点接口(NNI)的信头结构。

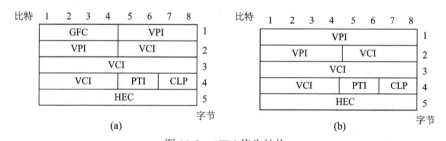

图 11-8 ATM 信头结构

(a) UNI 信头结构; (b) NNI 信头结构

ATM 信头各部分的功能解释如下所述。

GFC(General Flow Control):一般流量控制,占 4 bit,只用于 UNI 接口。在 B-ISDN 中,为了控制共享传输媒体的多个终端的接入而定义了 GFC。由 GFC 控制可产生用户终端方向的信息流量,从而减小用户侧出现的短期过载。

VPI(Virtual Path Identifier):虚通路标识符,对 VP 进行识别。在 UNI 信元中,VPI 为 8 bit,表示一条 ATM 链路最多可以包括 $2^8 = 256$ 条虚通路。在 NNI 信元中,VPI 为 12 bit,表示一条 ATM 链路最多可以包括 $2^{12} = 4096$ 条虚通路。

VCI(Virtual Channel Identifier):虚信道标识符,用于虚信道路由选择。在 UNI 和 NNI 信元中,VCI 字段都为 16 bit,故对每个 VP 定义了 $2^{16} = 65\,536$ 条虚信道。

VCI 和 VPI 结合,可在 UNI 信元中标识 16 777 216(256×65 536)条连接,在 NNI 信元中标识 268 435 456(4096×65 536)条连接。

PTI(Payload Type Identifier)：信息类型指示段，也叫做净荷类型指示段，占 3 bit，用来标识信息字段中的内容是用户信息还是控制信息。

CLP(Cell Loss Priority)：信元丢失优先级(或优先权)，占 1 bit，用于表示信元的相对优先等级。在 ATM 网络中，接续采用统计多路复用方式，所以当发生超限过载和拥塞而必须扔掉某些信元时，首先丢弃的是低优先级信元。CLP 的意义就是确保重要的信元不丢失。当 CLP = 0 时，信元具有高优先级，应保留；当 CLP = 1 时，信元为低优先级，应丢弃。

HEC(Header Error Control)：信元头(简称信头)差错控制，占 8 bit，用于错误信头的监测、纠正。HEC 还被用于信元定界，这种无需任何帧结构就能对信元进行定界的能力是 ATM 特有的。

与分组交换分组头的功能比较，ATM 信头的功能简化了许多。例如，在 ATM 信头中不进行逐条链路的差错控制，HEC 只负责信头的差错控制，即只进行端到端的差错控制。另外，只用 VPI、VCI 标识一个连接，不需要源地址、目的地址和包序号，信元的顺序由网络保证。由于信头得到简化，因而大大简化了网络的交换和处理功能。

11.4　基于 ATM 的 B-ISDN 协议模型

ATM 技术的目的是给出一套对 B-ISDN 用户进行服务的系统，通常这些服务系统是由基于 ATM 的 B-ISDN 协议模型的定义给出的。该模型描述了 ATM 网络的功能，它包括三个平面四个层，如图 11-9 所示。

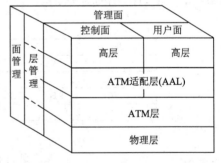

1. 平面的划分

平面主要是根据网络中不同的传送功能、控制功能和管理功能以及信息流的不同种类来划分的。ATM 协议模型的三个平面分别为用户面、管理面和控制面。控制面、用户面都分为四个层，管理面不分层。

图 11-9　基于 ATM 的 B-ISDN 协议分层模型

(1) 用户面(User)：主要提供用户信息流的传输，以及相应的控制(如流量控制、差错控制等)。通常的数据协议、话音和视频等业务应用都包括在这个区域。

(2) 控制面(Control)：提供呼叫连接的控制功能，主要用于信令传输，完成网络与终端间的呼叫建立和撤销等功能。

(3) 管理面(Management)：是性能管理、故障管理以及各个面间综合管理的网管协议。它提供两种功能，即面管理功能和层管理功能。

① 面管理功能：负责对各个面间的信息进行综合管理。面管理功能不分层。

② 层管理功能：层管理功能是一个分层的结构，主要用于各层内部的管理，监控各层的操作，完成与协议实体内的资源和参数相关的管理功能，处理与特定的层相关的操作维护(OAM)信息流。

2. 各层的功能

协议参考模型的分层结构从下到上依次为：物理层、ATM 层、ATM 适配层(AAL)和高层四个层次。ATM 协议模型各层间的数据传输如图 11-10 所示。

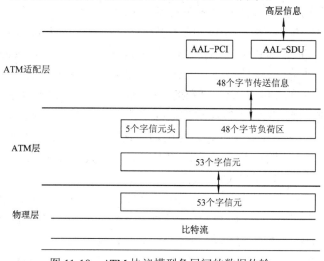

图 11-10　ATM 协议模型各层间的数据传输

1) 物理层

物理层是承运信息流的载体，位于 B-ISDN 的最底层，主要负责信元编码，将 ATM 层送来的逻辑比特或符号转换成相应的物理传输媒介可传送的信号，并正确地收/发这些物理信号。为了实现信元的无差错传输，物理层又被分为物理媒体相关子层和传输会聚子层，由它们来分别保证信元的正确传送。

(1) 物理媒体子层(PM，Physical Media)。PM 子层处理具体的传输介质，它只支持与物理媒体有关的比特功能，因而它取决于所用的传输媒质(光缆、电缆)。其主要功能有：比特传送、比特同步、比特定时、比特定位校准、线路编码和光/电转换等。其中，比特定时功能主要完成产生和接收适于所用媒质的信号波形、插入或抽取比特定时信息以及线路编码和解码。

(2) 传输会聚子层(TC，Transmission Convergence)。传输会聚子层的主要功能是：帧的适配、信元定界、信头差错控制校验等。其功能与物理媒体无关。

TC 子层所做的工作实际上是链路层的工作。它负责将 ATM 信元嵌入正在使用的传输媒体的传输帧中，或用相反的方法从传输媒体的传输帧中提取有效的 ATM 层信元，完成 ATM 信元流与物理媒体上传输的比特流的转换工作，即把从 PM 子层传来的光电信号恢复成信元，并将它传送给 ATM 层处理或进行相反的操作。

在 TC 子层，ATM 层信元嵌入传输帧的过程为：ATM 信元解调(缓存)→信头差错控制(HEC)产生→信元定界→传输帧适配→传输帧生成。

从传输帧中提取有效 ATM 信元的过程为：传输帧接收→传输帧适配→信元定界→信头差错控制(HEC)检验→ATM 信元排队。

2) ATM 层

ATM 层为异步传递方式层，位于物理层之上，负责生成与业务类型无关的、统一的信元标准格式，提供 ATM 业务数据单元的公共传送功能。它还完成信元的复用与分解，路由选择/交换，信头的产生、提取和一般流量控制等功能。

ATM 层利用信头中各个功能字段可实现下列四种功能。

(1) 信元的复用与分解。ATM 层相当于网络层，主要做路由工作，它提供了虚通路(VP)和虚信道(VC)两种逻辑信息传输线路。信元发送时由多个 VP 和 VC 合成一条信元流，接收时进行相反的操作，由一条信元流分解成多条 VP 和 VC。

(2) 利用 VPI 和 VCI 寻路。路由功能由虚通路标识符(VPI)和虚信道标识符(VCI)完成。在虚通路处理设备(VPH，VP Handler)和虚信道处理设备(VCH，VC Handler)中读取各个输入信元的 VPI 和 VCI 值，根据信令建立的路由在 ATM 交换区域或 ATM 交叉节点处完成对任意输入的 ATM 信元的 VPI 和 VCI 值变换(每一输入信元的 VPI 域值在虚通路节点被译为新的输出 VPI 域值，虚通路标识符和虚信道标识符的值在虚信道交换节点处也被译为新域值)，更新各输出信元的 VCI 和 VPI 值。路由功能设置 VPI、VCI 两层是为了得到一种高效的路由方法，避免为计算路由花费大量的 CPU 资源，因此，ATM 交换机之间可以只用 VP 交换，ATM 与用户端之间再用 VC 交换。

(3) 信头的产生和提取。信头的产生和提取在 ATM 层和上层的交互位置完成。在发送端，从 ATM 适配层接收信元信息域以后，添加一个相应的 ATM 信头(不包括信头校验编码 HEC 序列)；在接收端，抽掉 ATM 信头部分，并将信元信息域内容提交给上一层 ATM 适配层。简单地说，就是在将信元递交给适配层之前去掉信头，而在相反的方向上加上信头。

(4) 一般流量控制。在用户-网络接口上实现流量控制，这个功能是由信头中的 GFC 支持的。

用户设备中的 ATM 层与网络节点中的 ATM 层所完成的功能有所区别。对于用户设备中的 ATM 层来讲，它所完成的核心功能在于给 ATM 层适配所形成的信息帧加上信头，从而形成能够在 ATM 网络中传送的信元。与此同时，通过分配和识别信头中的 VPI 与 VCI 值完成信元的复接和分接功能；网络节点中的 ATM 层所完成的核心功能在于信头的变换，通过变换信头实质上完成了 VP 交换与 VC 交换的功能。

3) ATM 适配层(AAL)

ATM 适配层(AAL)介于 ATM 层和高层之间，执行高层协议的适配，负责将高层的信令或不同类型业务的用户消息分段适配成 ATM 信元。

适配的原因是各种业务(如话音、数据和图像等)所要求的业务质量(如时延、差错率等)不同。ATM 网络要满足宽带业务的需求，使业务种类、信息转移方式、通信速率与通信网设备无关，保证网络传输的透明度和灵活性，就要通过 AAL 完成适配，消除各种业务信号在质量条件上的差异。换个角度说，ATM 层只统一了信元格式，为各种业务提供了公共的传输能力，并没有满足大多数应用层(高层)的要求，故需用一个适配层作为 ATM 层与应用层连接的"桥梁"。

由此可见，AAL 是为 ATM 网络适应不同类型业务的特殊需要而设定的，它不仅支持用户面的高层功能，还支持控制面(信令)和管理面(OAM)的高层功能，以及 ATM 网络与非ATM 网络(窄带 ISDN、CATV、LAN 及电话网等)的互通。

AAL 按其功能可以进一步分为两个子层：信元拆装子层和会聚子层。

(1) 信元拆装子层(SAR，Segmentation And Reassembly)：SAR 子层位于 AAL 层下面，其主要目的是将高层信息拆开装到一个适当的虚连接上连续的 ATM 信元中；在相反方向上，将一个虚连接的全部信元内容组装成数据单元并交给高层。

(2) 会聚子层(CS，Convergence Sublayer)：CS 子层位于 AAL 层上面，其作用是根据业务质量要求的条件控制信元的延时抖动和信元丢失，在接收端恢复发送端的时钟频率，并对帧进行流量控制和差错控制。

ITU-T 定义了四类 ATM 适配功能，即 AAL1、AAL2、AAL3/4、AAL5。这四类功能分别对应 ATM 层上传送的 A、B、C、D 四种业务。A、B、C、D 四种业务是根据三个基本参数来划分的，这三个参数分别是：源和目的之间的定时、比特率和连接方式。

表 11.2 所示为三个基本参数，A、B、C、D 四种业务，AAL 适配类型以及服务质量的对应关系。

表 11.2　三个基本参数，A、B、C、D 四种业务，AAL 适配类型以及服务质量的对应关系

四种业务 基本参数	A 类	B 类	C 类	D 类
源和目的之间的定时	需要		不需要	
比特率	恒定	可变		
连接方式	面向连接			无连接
AAL 适配类型	AAL1	AAL2	AAL3	AAL4
			AAL5	
用户业务举例	电路仿真	运动图像视频/声频	面向连接数据传输	无连接数据传输
服务质量	QoS1	QoS2	QoS3	QoS4

- AAL1：第一类 AAL，恒定比特率实时业务适配协议，用于适配 ATM 层的 A 类业务(恒定比特率业务 CBR)。常见业务为 64 kb/s 话音业务、固定码率非压缩的视频通信及专用数据网的租用电路。AAL1 的功能包括用户信息的分段和重组、丢失和误插信元的处理、信息到达延迟时间的处理以及在接收端恢复源端时钟频率。

- AAL2：第二类 AAL，可变比特率实时业务适配协议，用于适配 ATM 层的 B 类业务(可变比特率业务 VBR)。常见业务为压缩的分组话音通信和压缩的视频传输。该业务具有传递界面延迟特性，其原因是接收器需要重新组装原来的非压缩话音和视频信息。AAL2 的功能与 AAL1 相似。

- AAL3/4：第三/四类 AAL，数据业务传送适配协议，由 AAL3、AAL4 合并而成，用于适配 ATM 层的 C、D 两类业务(可变比特率业务 VBR)。该协议支持面向连接和无连接的数据业务和信令，具有可变长度用户数据的分段、重组及误码处理等功能，适用于文件传递和数据网业务。

- AAL5：第五类 AAL，高效数据业务传送适配协议。该协议对应 ATM 层的 D 类业务，支持无连接数据业务，常见业务为数据报业务和数据网业务。

4) 高层

高层是各种业务的应用层，它根据不同业务(如数据、信令或用户消息等)的特点，完成端到端的协议功能，如支持计算机网络通信和 LAN 的数据通信，支持图像和电视业务、电话业务等。

上述物理层、ATM 层和 AAL 层的功能全部或部分地呈现在具体的 ATM 设备中。例如，在 ATM 终端或终端适配器中，为了适配不同的应用业务，需要 AAL 层功能来支持不同业务的接入；在 ATM 交换设备和交叉连接设备中，要用到信头的选路信息，必须有 ATM 层功能的支持；在传输系统中，则需要物理层功能的支持。

表 11.3 归纳了 ATM 协议模型中的各层功能。

表 11.3　ATM 协议模型中的各层功能

		高　层	高　层　功　能
层 管 理	AAL 层	会聚子层 (CS)	会聚功能，即将业务数据变换成 CS 数据单元； 处理信元丢失、误传，向高层用户提供透明的顺序传输； 处理信元延迟变化； 流量/差错控制
		信元拆装 子层(SAR)	以信元为单位对 CS 数据分段或重组，产生 48 个字节的 ATM 信元有效负载； 把 SAR-PDU(协议数据单元)交给 ATM 层； 把 SAR-SDU(业务数据单元)交给 CS； 在发送端发生拥塞时监测信元的丢失； 在接收端接收信元的有效负载
	ATM 层	异步传递 方式层	一般流量控制； 信头产生和提取； 信元 VCI、VPI 翻译； 信元 VP/VC 交换； 信元复用与分解
	物理层	传输会聚 子层(TC)	信头差错校正； 信元同步； 信元速率适配； 传输帧生成； 信元定界
		物理媒体 子层(PM)	比特定时(位同步)； 传输物理媒体

11.5　星上交换技术

星上(星载)交换技术在克服时延、解决频率使用效率、解决大容量的信息高速交换方面具有显著的作用，也是交换技术的一个新的应用方向。

11.5.1　星上交换技术的发展原因

卫星通信系统同地面电信系统一样，致力于建立一个系统的网络体系，使更大范围内的人们分享最大数量的通信资源，实现资源互通和共享，并建立起一个高效率、高质量和低干扰的综合业务个人通信环境,而提高通信服务质量的重要手段之一就是采用星上交换。将交换功能放到卫星上,可使卫星通信系统的效率大大提高,满足用户使用灵活性和便利性的需要。开发星上交换技术、建立基于直接星上交换的卫星系统是未来卫星通信的发展方向。

未来的通信卫星不但具有传统的中继功能,还具有强大的星上交换功能,具备直接为大量的终端用户提供接入链路的能力,成为真正面向用户的"空中交换机",即由过去仅仅是一个太空中的透明转发器(Repeater)逐渐转变成具有星上处理(On-Board Processing)、星上交换/星上路由(On-Board Switching or On-Board Routing)、多点波束(Multiple Spot Beams)、卫星间可以通过星际链路(ISL)相互通信等能力的下一代卫星系统(Next-Generation Satellite Systems)。

"透明"卫星转发器对信号仅进行透明传输,不涉及对信息本身的处理。近几年出现的再生卫星系统中,卫星转发器对信号进行处理,使得信息传输质量和系统灵活性大大提高,有些系统还能够提取出基带原始信号,利用其中的信息进行路由交换、系统配置,使得系统功能更加强大。目前透明传输的卫星系统和具有星上基带处理的卫星系统共存发展,前者有 2005 年 8 月 11 日发射升空的 IPStar 卫星,后者有 2002 年 8 月 21 日发射的热鸟-6 和 2005 年 3 月 11 日发射的 Inmarsat-4 卫星等。

推动新一代通信卫星研究的动力主要来自三个方面:一是现有的通信卫星不能以费用合理有效的方式支持新的业务需求;二是星上处理是实现卫星与地面宽带网络综合的重要方式;三是星上处理功能可极大地增强卫星网络应用的灵活性,为大量分散的中、小业务量地面终端提供廉价的传输业务,并能适应不断出现的新的业务需求。将卫星通信的复杂性从地面转移到星上,既可弥补光纤通信的不足,又可使卫星通信适应未来通信网络的发展需要。因此,多波束和星上交换处理代表了先进通信卫星技术的发展方向,并且这种类型的通信卫星将成为未来固定业务通信卫星增长的主流。

11.5.2　星上交换系统的组成和分类

1. 星上交换系统的组成

在一般情况下,现代的大容量宽带卫星都需要很高的有效全向辐射功率(EIRP)和卫星接收机性能指数(G/T)值,因而点波束天线的应用非常广泛。信息的交换不但在同一波束内的用户之间进行,同时还要在不同波束用户之间进行。显然,在星上实现信息交换,就是基本取消了用户和卫星通信系统中心站的直接联系,而将这种联系由星上交换设备直接完成,即星上交换设备根据用户信息的不同种类、目标,完成信息的分类、打包,安排合适的传输路径,从而完成高效的信息传输。

星上交换是星上处理重要的组成部分。由于篇幅所限,本章主要讨论星上交换问题。

此处以基带交换为例说明星上交换系统的组成。要完成星上基带信息交换,首先要将射频信号变成中频,并且进一步提取出基带信号。这些基带信号是带有目标信息的,根据这些目标信息,星上处理开关将具有同一目标的信息打包,提供给相应的转发器,经过调制和上变频后,发往相应的目标。

星上基带交换系统主要由变频器、调制/解调器和基带路由交换开关组成。变频器先将高频载波变成中频,再经过调制/解调后取出基带部分并送至基带路由交换开关,路由交换开关根据 VPI 标识(或分组头部)所指明的目的地址转发信息至相应输出端口,如图 11-11 所示。

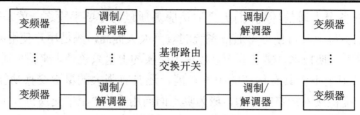

图 11-11　星上交换系统组成示意图

星上交换的优点主要有以下几个:

(1) 组网灵活,信息传输效率高。由于信息的交换中心置于星上,因此无论卫星通信系统是星状网、网状网还是混合结构网,都能以卫星为交换中心来完成,且许多传统的两跳通信都可以在一跳内完成。

(2) 有效载荷上行和下行可以选择不同的频段、不同的带宽,且用户和用户之间的信息交换不必经过中心站或关口站进行,从而使频率的利用率得到了提高。

(3) 由于星上交换技术的信息处理在基带进行,因而有利于对信息进行其他处理,如再生技术的应用可以改善信息传输质量,加密技术的应用可以增强信息传输的安全,等等。

正因为这样,星上交换技术引起了人们越来越多的关注。

2. 星上交换系统的分类

1) 根据星上交换的实现方式分类

星上交换存在两种实现方式:一种是基于传统透明转发的射频微波交换体制,其对多路信号在射频、微波频段进行交换,对信号不进行基带处理;另一种是基于星上处理(OBP)的基带交换体制,这种方式基于星上基带处理建立,随着星上处理技术的迅速发展日益受到业内人士和各卫星制造商的重视,被看成是未来卫星通信实现大容量、高性能的关键技术之一。

两种星上交换方式各有优势和缺陷,各自又依据不同的交换策略细分为不同的交换体制,在具体选取交换体制时,需要从技术角度、实现角度和发展角度综合考虑与研究。

(1) 透明转发(射频微波交换体制)。采用射频微波交换的星上交换体制基于透明传输方式,不涉及对信息本身的处理,所有的信息处理集中在地面系统中,相当于射频空分交换。射频处理直接处理上行的射频信号,并在射频上进行转接。

目前射频处理技术使用较少,主要用在星上用微波开关矩阵耦合上下行链路,以改进卫星的互连性。对这种处理器的要求是:轻质量、低功耗和高可靠性。其频率与射频信号的进出频率有关,带宽与被转接信号的数据率有关,处理速度取决于开关改变状态的速率。

射频微波交换体制的优点是地面网络无需太大改造,可相对自由地组织网络形式,缺点是卫星系统缺乏网络灵活性。Intelsat VI 卫星、美国的 ACTS 卫星均采用了这种技术。

(2) 基于星上处理(OBP)的基带交换体制。与基于直接转发的交换相比,星上基带交换具有较高的通信质量和频谱利用率。星上基带交换根据是否对基带信号进行解调、解码可划分为两类:一类是仅对信号进行一定的处理,不进行解调、解码,不提取译码后的数据信息,如 SS-CDMA 交换体制;另一类是对信号进行完全的恢复处理,使用译码后原始信号中的信息来进行动态路由选择或相应设置,可以更有效地利用卫星资源,如时隙交换方式、卫星 ATM 方式等。基带交换体制由于改双跳链路为单跳链路,无线链路的数目减少了一半,传输延迟也减少了一半,从而大大降低了传输误码率,提高了通信传输质量。

① 卫星时隙交换(SS-TDMA, Satellite-Switched TDMA)。卫星时隙交换方式在地面电

信网络中应用广泛,针对特殊的卫星环境,借助其技术成熟可靠、发展潜力大等特点,在星上交换中也发挥了其独特的优势。

TDMA 信号的形成原理是:一路基带信道信号一旦占用了一帧中的某个时隙,它随后所有的编码抽样都将位于该时隙。时隙交换的任务就是完成这些信道的相互交换,即实现信号由一个时隙至另一个时隙的迁移。基于时隙交换方式的卫星转发器中的交换网络主要完成各路 TDMA 信号、各时隙信号之间的交换,完成各地面终端之间及地面终端和关口站之间时隙的交换。

工作过程为:上行信号经变频、群解调、译码后输出基带 TDMA 信号,然后送入交换网络;信号经过交换网络寻路,进行相应的时隙交换,输出时隙移动后的 TDMA 信号并送至发送模块,经编码、调制后发送至射频通道。

② 卫星 ATM 交换。采用具有 ATM 交换功能的卫星执行 ATM 交换、业务接入、QoS管理及网络管理和维护,这样星上 ATM 交换的卫星通信系统可看成是一个基于 ATM 的空间网络。星上处理和 ATM 交换功能是由星上有效载荷完成的,在此过程中也完成卫星信号到基带信号的处理转换,即在星上进行多路复用/分用、信道编/译码及利用多波束配置的星上 ATM 交换,为来自不同波束的信息提供路由交换,实现任一输入波束与任一输出波束间的通信连接,使位于多波束覆盖区域内的所有用户终端都能够互相通信,从而组成一个天地一体的通信体系,而卫星是信息通道交互的中心和网络交换节点。

星上 ATM 技术源于地面 ATM 技术,而地面 ATM 技术的传输基础是高速率、低误码率的光纤信道,面对具有误码率高、传输时延长、上下行速率不对称及广播等特性的卫星信道,原有的 ATM 网络协议体系结构需要进行相应的改动,形成适用于卫星信道的 ATM网络技术。目前主要有两种基于 ATM 交换技术的卫星网络协议方案。

A. ATM 信元封装:对标准 ATM 信元进行封装,形成卫星专用的 ATM 协议信元。

B. S-ATM:定义一个新的卫星 S-ATM 协议层,将业务流通过新协议层形成卫星 ATM信元,如图 11-12 所示。

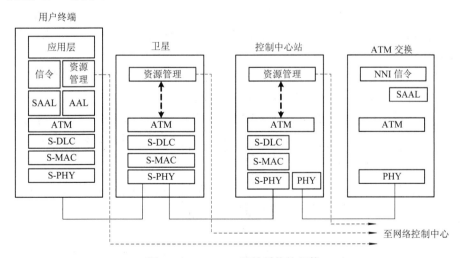

图 11-12 S-ATM 卫星系统协议栈

受目前星上处理能力和现有的用户终端设备技术所限,近年计划的卫星通信系统多采用前一种方案,即采用在卫星专用协议中封装 ATM 信元的方式。随着星上载荷能力的增加及更高频段卫星的发展和广泛使用,未来的卫星网络将会建立在一个新的卫星ATM协议层S-ATM上。

③ 卫星交换–码分多址(SS-CDMA,Satellite-Switched CDMA),SS-CDMA虽然是一种多址技术,但是它能为多波束地球静止卫星提供交换功能,应用于多波束同步轨道卫星。为了在任意用户之间建立连接,有必要引入交换,因此SS-CDMA于1979年最先被推荐使用用在AT&T的话带卫星项目(此项目未完成)中。

SS-CDMA使用多波束天线对每一波束内的可用频谱进行再用,在最少的星上处理和不需要星上缓存的情况下,建立直接的端对端用户路由,可以在端到端用户间建立直达路由,用户既可以与网络内部其他用户端设备(CPE)进行通信,也可以通过网关设备接入外部网络,如PSTN(公共电话网)和PSDN(公共数据网)。SS-CDMA卫星通信网如图11-13所示。该系统采用新开放的Ka波段(28 GHz),为电路交换(话音、数据和视频)提供固定业务,为数据提供分组交换业务。

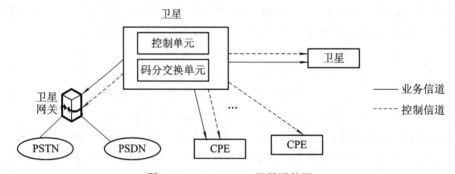

图 11-13　SS-CDMA 卫星通信网

SS-CDMA由多波束卫星和大量地面用户组成。每一卫星波束覆盖一定的区域,而地面用户通过波束采用码分多址的方式接入卫星系统。卫星波束内的每个CDMA用户都配有一个正交码,每一个波束分配一个正交码和PN码,与其他波束分离。星上的交换机为各波束用户间的通信提供传输路由通路。SS-CDMA的星上部分包括星上码分交换单元(CDS)、控制单元(CU)、信道访问接收单元(ACRU)和卫星广播传输单元(SBTU)组成。CDS为业务信道提供路由,而信令控制信息则通过控制信道传输,并在控制单元内处理。其中,码分交换是关键技术。

星上交换系统的设计基于码分复用和按需分配技术。CDS是一个无阻塞的交换结构,如图11-14所示。它负责将业务信号从上行波束交换到下行波束,是星上交换系统的关键设备之一,其通过采用有效CDMA(SE-CDMA)的通用空中接口(CAI)连接卫星与其用户或

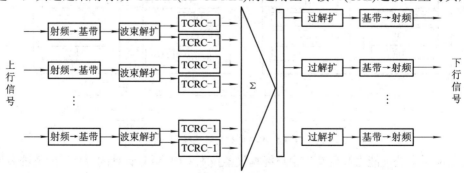

图 11-14　CDS 实现示意图

网关，无需任何信道编解码或星上缓存。另外，按需分配的原则将电路交换和包交换业务集成到一起，最大化地利用了交换资源。星上交换系统不对数据进行解码，仅为业务信道提供路由，而信令控制信息则通过控制信道传输，并在控制单元内处理。

每个 CDS 模块在同一频段内提供 N 个上行波束和 N 个下行波束，同一波束内提供 L 个业务信道，CDS 可在任意波束的上行信道与任意波束的下行信道之间建立通路，因此 CDS 模块的容量为 $NL*NL$。

其工作原理是：每一个上行 CDMA 信道首先被下变频到中频，再变频到基带，并且不解调输入信号(也可以考虑在中频进行交换)，接着每一路用户信号通过上行用户正交码和 PN 波束码解扩恢复(波束解扩)。这部分工作是在 TCRC 中完成的。接下来，业务信号由下行用户正交码和 PN 波束码重新扩频。最后，信号经过过扩频处理，就正交分离了系统中的所有用户信号。其中，过扩频是指利用较高的速率对已经扩频过的信号再进行频谱扩展的过程。重新扩频和过扩频也是在 TCRC 中完成的。其中，过扩频的速率为 N(同时可以对 N 路信号进行过扩频处理)，数值上等于 CDS 的交换端口数，交换机内的交换速率为输入信号速率的 N 倍。过扩频处理之后，所有输入信号被集中送到码分总线(CDB，Code Division Bus)，CDB 负责把所有送往下行方向的信号合并，再通过过扩频解扩恢复出每一波束信号并使其路由到自己的目的端口。接着，信号再次被上变频到射频频率，沿着下行信道发送出去。其中，控制单元向 TCRC 提供扩频和解扩时用到的所有码字，包括正交码、扩频码、伪随机码等。

星上基带交换也有其限制和缺陷：由于空间卫星环境的特殊性，卫星发射升空后，将无法改动硬件设备，交换软件的升级也将很受限制；符合空间环境条件要求的高速率、大带宽数字信号处理产品的选择及其抗辐照设计都是一件难事；由于应用业务流量和特性的不确定性，星上交换系统的交换结构和缓存设计、拥塞控制、流量控制等都需要相当长的研究时间。

2) 根据基带处理和路由方式分类

根据基带处理和路由方式的不同，星上交换的实现技术可分为两种类型：一种基于 TST(Time-Space-Time)电路交换的结构；另一种基于分组交换的结构。图 11-15 给出了这两种结构的交换原理。

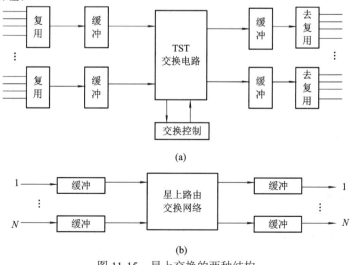

图 11-15　星上交换的两种结构

(a) 电路交换结构；(b) 分组交换结构

TST 电路交换的工作原理与地面数字交换机的工作原理相似。地面用户在通信之前，需要通过信令信道向网络控制中心发出建立呼叫请求申请。若该申请被接收，则网络控制中心一方面向星上交换控制部分发送建立电路连接的指令；另一方面向主叫和被叫双方发送控制信令，以保证它们在指定的时隙内进行通信。双方通信完毕后，发出释放信令，以便网控中心拆除星上的交换连接。

星上分组交换是基于交换网络原理实现的。该交换网络按照各个分组携带的地址信息为它们选择路由，所以不需要使用指令来控制卫星上下行波束之间的连接。这种交换网络实际上可由 ATM 交换模块构成。若为卫星网络中的每个地球站分配一个虚通路标识符(VPI)，则 ATM 交换网络实质上是一台 VP 交换机。因此，由星上 ATM 交换的卫星通信系统构成的通信网络具有 ATM 网络的特点：既能支持电路交换业务，也能支持分组交换业务；既可提供面向连接通信，也可提供无连接通信，适用于综合传输从窄带到宽带的具有不同速率的各种业务。

3) 根据涉及的卫星数目分类

根据涉及的卫星数目是一个或多个，星上交换又可以分为本地交换和星际交换。本地交换使卫星与地面关口站或移动用户之间有通信联系，负责不同移动用户或移动用户之间的数据交换。星际交换是指在星际链路连接的多个卫星之间的数据交换。这样具有星上交换能力的宽带多媒体通信卫星就像一台设在太空中的 ATM 交换机，可为来自不同波束的信息提供路由交换，实现任一输入波束与任一输出波束间的通信连接，使位于多波束覆盖区域内的所有用户终端都能够互相通信，从而组成一个星地一体的宽带多媒体通信网，如图 11-16 所示。在这个多媒体网络中，卫星是所有信息通道交互的中心，是唯一的网络交换节点。

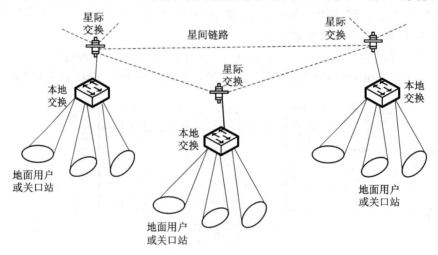

图 11-16　星上交换和本地交换之间的关系

11.5.3　透明转发交换方式

1. 透明转发技术的原理

透明转发(Bent Pipe)技术即"弯管"式处理技术，通常只完成信号放大和频率切换，与信号形式无关，对网络协议透明、简单而灵活。当采用透明转发技术时，星上交换设备主要是交换开关，它由 Modem(调制解调器)部件和基带开关部件所组成。基带开关实际上是一个具有交换功能的受控开关矩阵。

当采用透明转发器时，有以下三种多波束互联方式：

(1) 跳转发式的连接方式。

(2) 星上交换时分多址的连接方式。

(3) 扫描波束的连接方式。

Intelsat Ⅵ 卫星上应用了跳转发器的连接方式，如图 11-17 所示。它只适用于 FDMA 多址接入方式，其跳变连接控制较为简单。但这种波束连接需要的转发器数量等于波束数的平方，开销过大，只适合波束数较少的卫星。

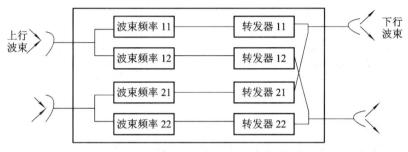

图 11-17　跳转发器的连接方式

星上交换时分多址(OBS-TDMA)互连波束的方式只适合于 TDMA 多址接入，其特点是动态交换矩阵在中频(甚至射频)进行波束切换，如图 11-18 所示。每一个 TDMA 帧内的切换时间和波束互连状态的顺序由星上控制单元根据地面站发送的指令进行控制。因此，各波束内的地面站必须根据本波束与星上切换时间状态一致的 TDMA 子帧发射传输计划。该方式的控制过程同时涉及星上设备和地面站，较为复杂。同时，该方式所需转发器数目与波束数相同。

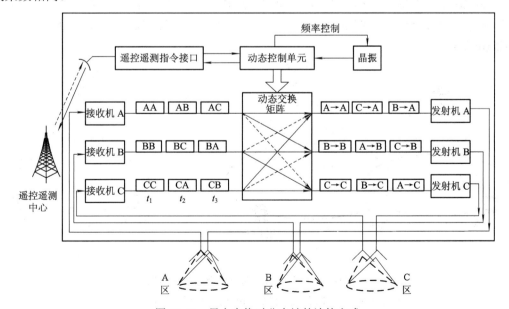

图 11-18　星上交换时分多址的连接方式

波束扫描连接方式主要适用于点波束覆盖通信区域的情况，如图 11-19 所示。扫描波束由星上波束成形天线产生，在一定时间内循环扫过可被该波束照射的区域，能被照射到的地面站才能有效地进行通信。扫描波束在某区域的停滞时间与其照射区域的通信量成正比。该方式至少需要两个扫描波束，才能为不同区域建立链路连接，从而达到波束互连的目的。

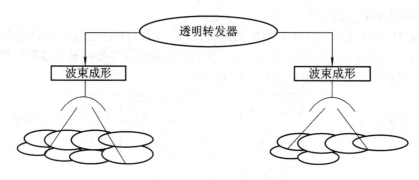

图 11-19　扫描波束的连接方式

2. 终端通信过程

图 11-20 为透明转发交换方式下终端通信的过程。下面以星上交换时分多址连接方式为例进行说明。

若两个用户终端 A、B 属于不同卫星波束覆盖区域，则请求进行通信时由于没有星上处理，星上微波交换矩阵配置受控于地面站，如图 11-20(a)所示。又由于卫星之间没有星际链路，因此进行相互通信时必须通过地面站中继。首先用户 A 通过控制信道向地面站发送与用户 B 建立连接的请求(①、②)，地面站通过控制信道向用户 B 发送建立连接的请求，等待用户 B 响应(③、④)。当用户 B 同意建立连接时，向地面站反馈同意应答(⑤、⑥)。地面站把应答反馈给用户 A(⑦、⑧)。同时，地面站根据卫星 1、2 的信道状态为用户 A、用户 B 分配信道(⑨、⑩)。若两用户终端 A、B 属于同一卫星波束覆盖区域，则其通信建立过程如图 11-20(b)所示。

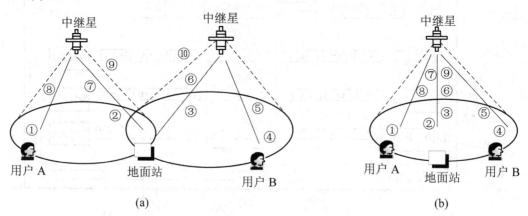

图 11-20　透明转发交换方式下的终端通信

(a) 用户终端属于不同卫星波束覆盖区域；(b) 用户终端属于同一卫星波束覆盖区域

3. 透明转发交换方式的性能

1) 优点

(1) 采用这种"弯管"式处理技术可以不改变现有卫星的协议结构,只是将 ATM 协议放在非 ATM 交换的卫星协议平台上,因此,可通过使用现有卫星实现,卫星技术成熟,可靠性高,技术和商业风险小。

(2) 星上系统是透明的,系统依靠地面主站完成网络控制功能,这样的卫星适应性强,容易利用地面新技术构建先进系统以满足新通信业务的需求。

2) 缺点

(1) 缺乏星上处理和交换,妨碍了卫星网络和地面 ATM 网络之间的完全综合。

(2) 若采用双跳方式,则延迟较大,服务质量不高,灵活性不够好,不能完全体现卫星 ATM 的优越性。

就目前的发展状况来看,转发器跳变连接方式不适合多波束卫星通信的发展方向,因此实际中很少采用这种方式。SS-TDMA 方式和波束扫描方式是真正意义上的星上交换,两者各有优缺点,应用场合也不尽相同。一般而言,SS-TDMA 方式主要用于商业通信,而波束扫描方式主要用于孤立的特定区域的军事通信。

11.5.4 星上 ATM 交换

1. 星上 ATM 交换原理

ATM 是有线网络宽带通信的主要技术,采用异步传输方式,不需要同步码,对时延没有严格要求,具有很强的灵活性和适应性,能向用户提供包括话音、图像和数据在内的综合业务,并能根据需要分配资源,提高资源的利用率。ATM 网络的服务是基于面向连接的,通过虚电路(VC)传输数据,但需要复杂的信令支持;数据封装在 53 个字节的信元中进行传输;同一信道或链路中的信元可能来自不同的 VC,以统计复用的方式进行工作;在 ATM 信元中的负载类型(PT)字段可以为不同信元的服务质量要求提供支持。

在选择适合的星上交换技术时,要针对应用背景来考虑。宽带多媒体卫星通信需要较高的 QoS,同时由于卫星自身寿命、成本等条件的限制,必须采用成熟稳定的设备。

在 QoS 方面,IP 技术显然不如 ATM 以及 MPLS。在实现的复杂性上,ATM 和 MPLS 相近,但是 ATM 要比 MPLS 更加成熟稳定。同时,由于卫星采用了多个空间隔离的波束,需要在波束之间实现波束交换,为减少传播时延的影响,应将交换功能设置在星上。由于卫星上行信号的带宽有限,为保证业务的质量,充分利用传输带宽,ATM 交换是一种非常合适的交换方式。卫星 ATM 网络就是以卫星作为传输手段、用 ATM 交换作为交换技术的宽带综合业务数字网(B-ISDN)。

星上 ATM 交换参考地面 ATM 技术,为卫星网络中的每个地球站分配一个虚通路标识符(VPI),则卫星 ATM 网络实质上是一台 VP 交换机,地球站根据 VPI 标签为卫星进行 ATM 交换路由表的配置。

卫星天线接收到星际链路载波信号后,经过解调、解码,获得 ATM 信元;然后经过 ATM 交换开关发送到相应的目的端口;最后,经过编码、调制后通过天线发送出去。具体工作过程如图 11-21 所示。

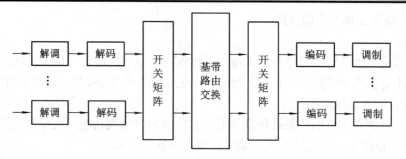

图 11-21 星上 ATM 交换的工作过程

当有多个卫星组成网络或一个卫星覆盖多个波束时,具有星上 ATM 交换功能的卫星通信网络结构如图 11-22 所示。卫星 ATM 网络对上行的 MF-TDMA 信号再生后,送到星上 ATM 交换设备,各信元按照设置的路由交换到相应的输出端口,之后一个端口输出的所有信元合路为 TDM 信号,最后发送到地面终端。为充分利用卫星下行的 EIRP,一般一个波束设置一个下行的 TDM 载波。

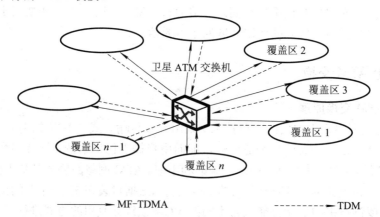

图 11-22 具有星上 ATM 交换功能的卫星通信网络结构

尽管 ATM 技术产生于有线网,但由于卫星 ATM 网络能综合这种技术的优势,以较少的投资就能为更广阔的区域提供 ATM 服务,所以受到了广泛的关注。目前采用星上 ATM 交换的部分卫星通信系统如表 11.4 所示。

表 11.4 部分卫星通信系统

系统名称	运营时间	卫星	高度/km	频段	网络结构	星上交换	接入方案	传输速率/(Mb/s)	业务
Teledesic	2005	288LEO	1375	Ka 60 GHz	IP/ATM ISDN	分组交换	MF-TDMA ATDMA	标准: 0.0162 高速: 155.21244 (13.3 Gb/s)	"空中因特网"、高质量话音、数据、视频
Skybridge	2001	80LEO	1469	Ku	IP/ATM	N/A	CDMA TDMA FDMA	0.016~60	高比特率 Internet 接入、交互式多媒体业务

续表

系统名称	运营时间	卫星	高度/km	频段	网络结构	星上交换	接入方案	传输速率/(Mb/s)	业务
Spaceway	2002	16GEO 20MEC	36 000 10 352	Ka	IP/ATM ISDN 帧中继	基于 ATM	MF-TDMA FDMA	0.016～50 (10 Gb/s)	高速 Internet BoD 多媒体
Astrolink	2003	9GEO	36 000	Ka	IP/ATM ISDN	基于 ATM	MF-TDMA FDMA	0.0168～448 (6.5 Gb/s)	高速多媒体业务
Cyberstar	2001	3GFO	36 000	Ka	IP/ATM 帧中继	分组交换	MF-TDMA CDMA	0.064～622 (9.6 Gb/s)	Internet 接入，VoD 宽带服务

星上 ATM 交换和地面固定 ATM 交换是不同的，由于卫星应用环境的特殊性，星上 ATM 交换的要求如下：

(1) 星上设备应尽可能简单，使硬件的复杂性较低，硬件数目较少。

(2) 在保证系统性能的基础上，星上 ATM 交换信令和管理功能尽量做到简单有效，尽量将复杂的控制功能放在地面实现。

(3) 星上 ATM 交换设备应具有很高的可靠性，在故障发生时，交换设备应有良好的应急设施及良好的重构配置方案。

(4) 应具有良好的星上 ATM 交换性能，使交换时延小，信元丢失率低，路由算法简单可靠。

在设计星上 ATM 交换设备时，应根据上述特点和要求，对星上 ATM 交换机的内部信元格式、交换结构、交换容量、输入/输出端口功能等进行细致的设计，达到星上 ATM 交换的性能要求。

2. 卫星 ATM 网络的特点

卫星 ATM 网络综合了卫星通信和 ATM 交换技术的优势，具有以下特点：

(1) 覆盖面广。卫星可以在包括偏远地区、农村、城市和无人区的广阔地理范围内提供 ATM 业务。

(2) 可适应灵活的路由和业务需求特征。卫星通信系统可以灵活地实现按需分配带宽，它不受复杂的地面网络拓扑的影响，减少了中间多次分配的环节，实现了资源的高效利用。

(3) 利用卫星的点对多点和多点对多点连接能力，可以快速地建立 ATM 网络的多点到多点的应用，为大量用户提供有效的接续。

(4) 新用户的建立和网络的扩展也很容易。用户不用花费太多，就可根据需要进入卫星 ATM 网络，以较小的投入有效地为广域稀散用户和边远地区提供综合业务。

(5) 在不同地点建立 ATM 网络时，卫星通信能够提供十分灵活的网络互联、多点传送和多媒体通信的要求。

(6) 卫星可以作为地面光纤 ATM 网络的安全备份，在地面网出现故障或拥塞时，确保路由畅通，提高了系统的传输特性。

(7) 结合各类接入手段，卫星 ATM 网络可以适应不同比特率用户和系统的接入。

可见，ATM 与卫星相互取长补短的组合，既能发挥卫星投资少、见效快、通信容量大等特点，又能充分发挥 ATM 网络的灵活性和适应性。卫星通信与 ATM 网络的综合为信息时代的人们提供了一个随时随地随意以合理的费用获取信息的良好的宽带网络平台。

但是，卫星 ATM 网络也存在一定的不足：

(1) 卫星网络拓扑的变化使得通信过程存在链路切换问题，需要重路由，既浪费资源又可能产生剧烈的时延抖动。

(2) ATM 不能很好地支持多播业务，如由于有大量用户同时通信的多播应用存在，因此将建大量的双向虚电路，资源浪费严重。

(3) 协议复杂，需要修改现有各种卫星协议和网间接口协议。

3. 星上 ATM 交换的实现

1) 星上 ATM 交换网络协议

在一个高度集成的卫星 ATM 网络方案中，卫星部件利用了 S-ATM 层，S-ATM 层除了替换 MAC 及无线物理层之外，还替换了标准的 ATM 层，因此星上 ATM 交换网络协议与地面 ATM 网络协议有不同之处。

通过一个专用的卫星特有的接口，卫星协议平台可以透明地支持不同的用户终端标准，卫星接入协议在网关站终止且在外部网络不可见。因此，现有协议标准不必进行大幅度修改。当 ATM 协议不是最具优势的传输体制时，这种方法在需容纳大量协议标准的几种不同类型的用户终端系统中具有较大的吸引力。星上交换的方式，包括电路交换、分组交换甚至混合解决方案都可在使用这种类型协议平台的网络中实现。

针对 ATM 协议封装的网络协议体系结构如图 11-23 所示。在该网络协议中，卫星特有的逻辑链路控制(LLC)和媒介访问控制子层(MAC)被划入数据链路控制(DLC)协议层，这是与地面 ATM 协议结构不同的地方。在该协议经空间接口在卫星网络层实体间传输信息的实现中，DLC 是必要的。由于 S-ATM 提供与 ATM 层相同的服务接入点，所以在 S-ATM 协议层上均可以类似的方式支持本地 ATM、TCP/IP 或用户数据报协议 UDP/IP 的应用。

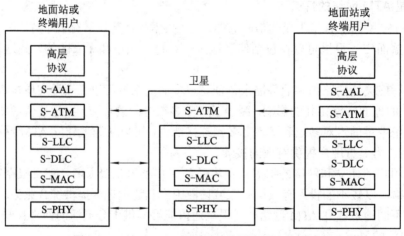

图 11-23　针对 ATM 协议封装的网络协议体系结构

同时，由于系统采用 TDMA 多址接入方式，使得上、下行链路帧结构不同，因此星上 ATM 交换机 MAC 层协议应为 TDMA/TDM，以完成对上行 TDMA 帧的接收和对下行 TDM 帧的发送。ATM 交换节点的任务就是要进行 VPI/VCI 转换，并把信元发送到目的端口，如图 11-24 所示。由图 11-24 可以看出：若将信元头变换和扩展功能划分出去，则交换机只需完成自路由交换的简单功能，将信元的 VPI 值与目的地球站的地址等同后，信头变换和添加路由标签的扩展功能均可放在地球站完成，即星上交换机仅对信元进行中继转发或 VP 路由，这样星上交换控制和处理的复杂度将大为降低。

信元
VCI/VPI
A
信头变换和
扩展
Table
A
B,m,n
B n m
自路由
交换
模块
m
B n
自路由
交换
模块
n
B
输入端信元头的变化:
旧 VPI/VCI
新 VPI/VCI+内部信头

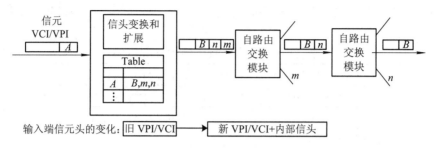

图 11-24 ATM 交换的实现策略

2) 内部信元格式

根据星上 ATM 交换的特点和要求，网络内部信元格式需考虑时延特性、信元纠错、信元多播功能等因素，因此其格式与标准 ATM 信元格式存在一些不同之处。网络内部信元格式如图 11-25 所示。

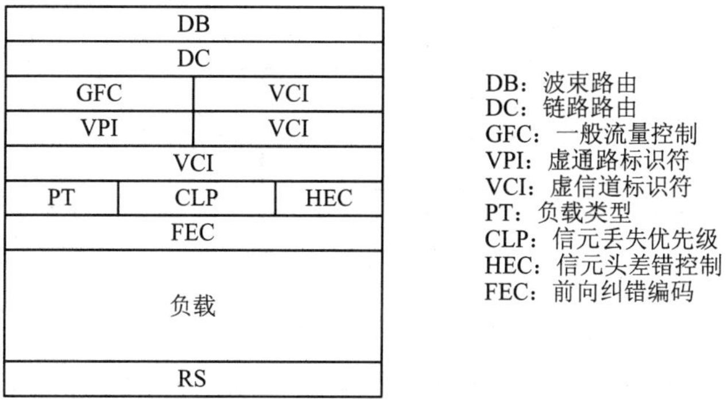

DB
DC
GFC
VCI
VPI
VCI
VCI
PT
CLP
HEC
FEC
负载
RS
DB：波束路由
DC：链路路由
GFC：一般流量控制
VPI：虚通路标识符
VCI：虚信道标识符
PT：负载类型
CLP：信元丢失优先级
HEC：信元头差错控制
FEC：前向纠错编码

图 11-25 网络内部信元格式

改进后的特点如下：

(1) 网络内部信元的长度大于 53 个字节，信头比标准格式增加了 2 个字节作为路由标签，DB 指示波束路由，DC 指示链路路由，二者结合可实现单播 、多播和广播功能，并可使星上交换路由控制变得简单。

(2) 信元最后附加了保护信头和信息域的 RS 码校验字节，以改善卫星链路的传输质量。

(3) 综合采用“RS 外码-字节交织编码-FEC 卷积内码”的双层级联编码方法，可接近于光纤信道的误码性能，可满足对误码率要求较高的业务。

(4) 采用突发统一的连续编码模式，可满足多种不同业务的综合传输并满足较高业务质量的要求。

(5) 信头的其余 5 个字节是标准的 ATM 信头结构，但将 HEC 变更为 FEC 以配合 RS 编码使用。

综上所述，上述内部信元格式设计可最大限度地降低星上 ATM 交换机的复杂度。

在星上 ATM 交换机的前端处理单元中，卫星 ATM 信元还原为标准 ATM 信元。因此进入交换矩阵的是标准的 ATM 信元格式。在进行星上 ATM 交换时,主要处理用户接口(UNI)信元,选择性地处理网络接口(NNI)信元。由于进行的是点波束之间的交换,因此路由表中存储的是待交换单元的输入端口号 VPI/VCI。

同时,一些预分配的信头值保留给物理层的运行、管理和维护(OAM)。带有这些信头值的信元不传递给接收端的 ATM 层。表 11.5 列出了一部分信头值。

表 11.5　物理层所用的预分配信头

信头(十六进制表示)	信元类型(用于物理层)
00 00 00 01	空闲信元
00 00 00 09	物理层用于 OAM 的信元

3) 星上 ATM 交换单元

考虑到星上交换系统需要具有交换处理时延短、非阻塞特性好的特点以及星上交换的广播和组播要求,星上交换方案中选择使用 Crossbar 交换单元。

Crossbar 是一种典型的单级交换单元,其实现方式有:集中方式(输入比输出多)、扩展方式(输入比输出少)、连接方式(输入和输出一样多),一般采用连接方式,由 $N*N$ 交叉矩阵构成,如图 11-26 所示。

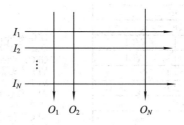

图 11-26　Crossbar 交换单元

Crossbar 是一种严格非阻塞交换单元,可通过输入、输出之间交叉点的闭合,同时提供多条数据通路。交叉点由调度器控制,调度器依据各输入数据队列的信息,经过调度算法得到输入端口和输出端口之间的一个匹配,并配置相应交叉点。调度器的调度效率决定了 Crossbar 交换单元的交换速率。

Crossbar 交换单元的优点在于所有输入、输出之间都存在着独立的交换通道,因此该结构本质上是非阻塞的,并能够方便地实现组播。但 Crossbar 交换单元的可扩展性较差,增加一个端口就可导致交叉点的指数增长,并且数据流通过交换结构的传输延时不定。另外,尽管输入端口是非阻塞的,但如果两个输入数据流具有相同的输出端口,则输出端口阻塞,因此排队仲裁是必需的。

4) 星上交换机的组成与结构

(1) 交换机的组成。在卫星 ATM 网络中,所有有关卫星的信息都被移到了 SS(Satellite Specific)子层,所以交换要遵循 ATM 的标准。对于边缘 ATM 交换机,采用信元和 VC 级的交换并且需要支持用户网络接口(UNI)格式,包括信令方式、管理方式和流量规程等。因此,地面系统的 ATM 交换机就可以开发成星上交换机。但是必须在地面终端、星上设备和网络控制中心之间增加 ATM 功能层。

因此,星上 ATM 交换机的组成也可分为三大部分,即交换结构(SF, Switching Fabric),

输入/输出接口(I/O)和交换控制器(SC, Switching Controller)。图 11-27 给出了星上 ATM 交换机的一般结构：交换矩阵专门进行信元的路由转移，通常根据内部信元路由标签中的信息进行选路来完成这一功能；I/O 部分的输入接口用来接收上行 TMDA 帧信元需要的物理层、MAC 层和 ATM 层的功能，输出接口用来发送信元所需的物理层、MAC 层和 ATM 层的功能；控制器主要完成为建立/维护和释放 VP 连接所要求的信令功能，以及星上交换的输入/输出控制功能。由于可通过信元 VPI 中指定目的端地址的方式来建立 VP 连接，因此该单元的信令控制单元可放至地面站处理，而只执行输入/输出控制功能，其中包括拥塞控制功能。

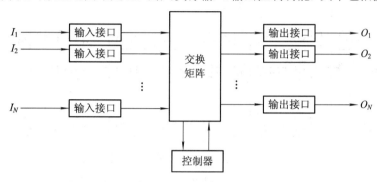

图 11-27　星上 ATM 交换机的组成结构

(2) 交换机的结构。星上交换机是 ATM 卫星有效载荷的关键部分，而它的性能很大程度上将影响和决定 ATM 传输的质量，它本身的性能及其复杂度又与 SF 所采用的结构密切相关。因此 SF 的结构是整个交换机的核心。

电路交换和分组交换是两种截然不同的交换方式，代表两大范畴的传输模式，可以看成是两个极端，在二者之间还可以安插多速率电路交换、快速电路交换(属电路传输模式范畴)、帧交换、快速分组交换(属分组传输模式范畴)。实际上 ATM 作为中间模式可看成是电路交换和分组交换的结合，兼具二者的特点。一般地，由星上 ATM 交换卫星通信系统构成的通信网络既能支持电路交换业务，也能支持分组交换业务，既能提供面向连接的通信，也能提供无连接通信，因此它更适用于综合传输业务，以及从窄带到宽带的各种不同速率的业务，同时，也简化了交换结构和交换控制过程。

鉴于卫星通信的特点，交换结构的选择必须符合星上处理的条件和星上 ATM 交换机的设计要求。要求如下：

① 交换结构由较少的硬件组成，可靠性较高，功耗较低。
② 控制机制简便有效，不需要路由选择算法，并且容易实现多播和广播功能。
③ 可做到无内部阻塞，并能保持信元交换的 FIFO 顺序。
④ 交换时延小，有良好的信元吞吐能力。
⑤ 便于进行可靠性冗余设计，提高星上交换机的容许故障性能。
⑥ 适合采用 ASIC 制造技术来实现，因而有较小的尺寸和体积。

基于以上要求，总线型交换结构是最符合星上 ATM 交换机特点与要求的结构。图 11-28 为一个典型的总线型星上 ATM 交换结构的示意图。从图 11-28 中我们看到，来自每个波束 4 条上行链路的信元先经过多路复用，然后进行波束间的路由，最后再经过多路去复用，即链路间的路由，这样便完成了星上 ATM 交换的功能。在这个过程中，星上交换分两级进行，第一级进行波束选择，第二级进行链路选择。共享总线交换单元所有输入端口的信元均利用一条时分总线和该信元所要求的输出端口控制器中的地址过滤器 AF 相连接，然后被交换到正确的输出端口。每条入线都连接到总线上，每条出线则通过输出缓冲器和地址过滤器连接到总线上。地址过滤器的作用是只接收目的端口为本端口的信元，匹配后写入输出缓冲器，实现按目的端口地址分路的功能。其中，采用并行的总线交换结构来降低工作速率。

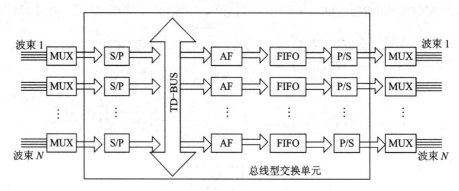

S/P—串/并转换；P/S—并/串转换；AF—地址过滤器；FIFO—先进先出缓存器；MUX—复用/解复用

图 11-28　总线型星上 ATM 交换单元结构图

4. 卫星 ATM 信元的纠错能力

标准的 ATM 信元适合于地面上的光纤传输特性要求。对于地面的光纤传输来说，信道误码率较低，标准的 ATM 信元格式已经完全足够了。但是这种标准的信元格式不具有特别突出的纠错能力，因而无法满足信元在卫星 ATM 通信领域内的应用。

1) 卫星 ATM 通信的纠错分析

宽带卫星系统要求在较高的信道误码率情况下传输高速率业务，以满足各类多媒体业务 QoS 的要求。由于 Ka 频段通信易受降雨衰耗和大气吸收衰减的影响，加上链路中译码器的工作和卷积码的使用可能引起突发错误，卫星信道本身存在的各种干扰噪声又会造成随机错误，因此使得卫星信道的误码率较高，约为 $10^{-4} \sim 10^{-6}$。由于 ATM 协议最初定义在比较可靠的光纤传输系统(信道误码率为 10^{-10})之上，传输过程中不对信元的信息域进行差错校验，只对信头进行 HEC 校验，只能纠正单比特的错误，所以它的纠错能力非常有限，根本无法解决卫星信道中由于随机错误和突发错误所造成的差错率增加的问题。因此在无线信道中传输 ATM 信元时，必须采用差错控制和纠错编码对信元头和数据进行保护。目前根据卫星信道长延时的特点，在卫星通信中主要使用前向纠错编码(FEC)已成为人们的共识。

2) 卫星 ATM 纠错的常用方法

考虑到 Ka 频段具有的固定卫星通信的信道突发错误与随机错误共存的特点，以及 ATM 传输的特性，可保持 ATM 信元结构的信头和净荷的部分不变，分别在信头和净荷的末端添加纠错编码，进行分别纠错。

可以采用下面的方法：信头部分采用 RS(255，251)的缩短码 RS(9，5)，其二进制衍生码可以纠正 2 个比特的随机错误和 9 个比特的突发错误，其中，信息元的 40 个比特与标准的 ATM 信元的 5 个字节的信头完全相同；净荷部分在原有的 48 个字节的基础上进行 FEC 纠错，可以采用 RS(25，247)的缩短码 RS(56，48)，其二进制的衍生码可以纠正 4 个比特的随机错误和 25 个比特的突发错误。

例如，NASA 的 ACTS 卫星系统将 RS 码和卷积码级联，在晴朗天气情况下，其误比特率可达到 10^{-12}，在有雨的情况下，至少 99%的时间可以达到 10^{-11}。

11.5.5 星上交换技术的发展现状与趋势

从目前卫星通信的发展情况来看，卫星通信系统正悄然进入新的大发展阶段，人们将充分利用卫星的广播、多播及广域连接能力，加快星上处理技术、星上交换技术、多波束技术等先进技术的工程应用，拓展卫星通信的应用范围和领域，将卫星网络和地面高速网络融合在一起，形成天地一体的通信网络体系。发展星上交换技术能够适应人们大容量、大范围、随时随地传输信息的要求，因此成为当前卫星通信的研究热点之一。

星上处理技术同其他尖端技术一样，其风险性与效益是成正比的。基带处理技术在"先进通信技术卫星"上成功运行后，国外制订了不少附加有星上处理技术的通信卫星计划。这些计划在 2000 年后陆续投入使用，主要解决宽带高速率通信和个人移动通信终端的通信问题。各种星上交换体制各具特色，但要真正实现工程化和实用化，还需要投入相当大的研究精力。

复习思考题

1. ATM 的定义是什么？为什么说 ATM 交换技术融合了电路交换技术和分组交换技术的特点？

2. ITU-T 规定 ATM 信元长度是多少个字节？信元的格式有什么特点？

3. 为什么 ATM 信元要采用固定长度分组？

4. ATM 网络路由的选择由什么决定？信元发送的顺序是怎样的？

5. 什么是 VC 链路？什么是 VP 链路？二者的关系是怎样的？

6. 路由功能设置 VPI、VCI 两层的原因是什么？

7. 简述基于 ATM 的 B-ISDN 模型的结构及各层功能。

8. 简要叙述星上交换系统的组成及优点。

9. 根据基带处理和路由方式可将星上交换的实现技术分为哪两种类型？简述各自的工作原理。

10. 叙述星上交换技术的现状及发展趋势。

附录 通信领域常用英文缩略词

A

AAL	ATM Adaptation Layer	ATM 适配层
ACC	Automatic Congestion Control	自动拥塞控制
ADM	Add and Drop Multiplexer	分插复用器
ADPCM	Adaptive Differential Pulse Code Modulation	自适应差分脉码调制
ADSL	Asymmetric Digital Subscriber Loop	不对称数字用户环路
AILC	Asynchronous Interface Line Card	异步接口线路板
AMI	Alternate Mark Inversion	交替传号反转
AN	Access Network	接入网
AOC	Advice Of Charge	收费通知
ARP	Address Resolution Protocol	地址解析协议
ASE	Application Service Element	应用业务单元
ATD	Asynchronous Time Division	异步时分复用
ATM	Asynchronous Transfer Mode	异步传送模式
ATOM	ATM Output Buffer Module	ATM 输出缓存模块

B

BHCA	Busy Hour Call Attempt	忙时试呼次数
BIB	Backward Indication Bit	后向表示语比特
BIC	Bearer Identification Code	基本信道标志代码
BID	Board Inward Dialling	话务台呼入拨号
B-ISDN	Broadband-Integrated Services Digital Network	宽带综合业务数字网
BSN	Backward Sequence Number	后向序号

C

CAC	Connection Admission Control	接续容许控制
CAMA	Centralized Automatic Message Accounting	集中自动计费
CATV	Cable Television	有线电视
CB	Check Bit	校验位
CC	Country Code	国家号码

CCAF　　　　Call Control Access Function　呼叫控制接入功能
CCF　　　　　Call Control Function　呼叫控制功能
CCS7　　　　Common Channel Signalling No.7　No.7 公共信道信令
CD　　　　　Call Deflection　呼叫转向
CDMA　　　　Code Division Multiple Access　码分多址
CF　　　　　Call Forwarding　呼叫前转
CFB　　　　　Call Forwarding Busy　遇忙呼叫前转
CFNR　　　　Call Forwarding No Reply　无应答呼叫前转
CFU　　　　　Call Forwarding Unconditional　无条件呼叫前转
CHILL　　　　CCITT High Level Language　CCITT 高级语言
CIC　　　　　Circuit Identification Code　电路识别码
CLIP　　　　　Calling Line Identification Presentation　主叫线识别提供
CLIR　　　　　Calling Line Identification Restriction　主叫线识别限制
CLP　　　　　Cell Lose Priority　信元丢失优先级
CODEC　　　　Coder Decoder　编/译码器
COIP　　　　　Connected Line Identification Presentation　被连接线识别提供
COIR　　　　　Connected Line Identification Restriction　被连接线识别限制
CONF　　　　Conference calling　会议呼叫
COS　　　　　Class Of Service　业务等级
CPU　　　　　Central Processing Unit　中央处理器
CRC　　　　　Cyclic Redundancy Check　循环冗余校验
CS　　　　　Convergence Sublayer　会聚子层
CSDN　　　　Circuit Switching Data Network　电路交换数据网
CSPDN　　　　Circuit Switched Public Data Network　电路交换公用数据网
CT　　　　　Call Transfer　呼叫转移
CUG　　　　　Closed User Group　封闭用户群
CW　　　　　Call Waiting　呼叫等待

D

DCN　　　　　Data Communication Network　数据通信网
DDI　　　　　Direct Dialing-In　直接拨入
DDN　　　　　Digital Data Network　数字数据网
DE　　　　　Discard Eligibility　丢弃指示
DF　　　　　Distribution Frame　配线架
DFP　　　　　Distributed Functional Plane　分布功能平面
DID　　　　　Direct Inward Dialing　直接拨入
DLT　　　　　Digital Line Terminal　数字线路终端
DMUX　　　　Demultiplexer　多路解调器

DOD	Direct Outward Dialing	直接拨出
DOD2	Direct Outward Dialling 2	半自动直拨入网方式
DOD1	Direct Outward Dialling 1	全自动直拨入网方式
DPC	Destination Point Code	目的地点码
DTE	Data Terminal Equipment	数据终端设备
DTMF	Dual Tone Multi-Frequency	双音多频
DUP	Data User Part	数据用户部分

E

ET	Exchange Terminal	交换机端口
ETSI	European Telecommunication Standard Institute	欧洲电信标准协会

F

F	Flag	标志码
FCS	Frame Check Sequence	帧检验序列
FDM	Frequency Division Multiplexing	频分复用
FDMA	Frequency Division Multiple Address	频分多址
FIB	Forward Indicator Bit	向前表示语比特
FIFO	First In First Out	先到先服务
FISU	Fill-In Signal Unit	插入信号单元
FN	Fiber Node	光节点
FPH	Free PHone	免费电话
FR	Frame Relay	帧中继
FSN	Forward Sequence Number	前向序号
FSU	Fixed Subscriber Unit	固定用户单元

G

GFC	Generic Flow Control	一般流量控制
GFP	Global Functional Plane	全局功能平面
GoS	Grade of Service	服务等级

H

HDB3	High Density Bipolar of order 3	三阶高密度双级性码
HDLC	High-level Data Link Control	高级数据链路控制
HDSL	High-bit-rate Digital Subscriber Loop	高速数字用户环路
HDT	Host Digital Terminal	主数字终端
HEC	Header Error Control	信元头差错控制

HFC　　　　　Hybrid Fiber/Coaxial　光纤/同轴电缆混合网
HLF　　　　　High Level Facility　高层功能
HSTP　　　　High Signalling Transfer Point　高级信令转接点
HW　　　　　High Way　母线

I

IDN　　　　　Integrated Digital Network　综合数字网
IEEE　　　　Institute of Electrical and Electronics Engineers　电气与电子工程师协会
IM　　　　　Input Module　输入模块
IM-CAC　　　IM-Connection Admission Control　输入模块接续容许控制
IM-SM　　　IM-System Management　输入模块系统管理
IMS　　　　IP Multimedia Subsystem　IP 多媒体子系统
IN　　　　　Intelligent Network　智能网
IP　　　　　Intelligent Periphcral
ISDN　　　　Integrated Services Digital Network　综合业务数字网
ISDN-BA　　ISDN Basic Access　ISDN 基本接入
ISDN-PRA　ISDN Primary Rate Access　ISDN 基群速率接入
ISP　　　　　International Signalling Point　国际信令点
ISPC　　　　International Signalling Point Code　国际信令点编码
ISTP　　　　International Signalling Transfer Point　国际信令转接点
ISUP　　　　ISDN User Part　ISDN 用户部分
ISO　　　　　International Standards Organization　国际标准化组织
ITU　　　　　International Telecommunication Union　国际电信联盟
ITS　　　　　Inner Time Slot　内部时隙
ITU-T　　　International Telecommunication Union-Telecommunication
　　　　　　国际电信联盟电信标准化部门

L

LAMA　　　　Local Automatic Message Accounting　本地网自动计费
LAN　　　　　Local Area Network　局域网
LE　　　　　Local Exchange　本地交换局
LI　　　　　Length Indicator　长度表示语
LSC　　　　　Link Status Control　链路状态控制
LSSU　　　　Link Status Signal Unit　链路状态信号单元
LSTP　　　　Low-level Signalling Transfer Point　低级信令转接点

M

MAP	Mobile Application Part	移动应用部分
MD	Mediation Device	中间设备
MF	Multi-Frequency	多频
MFC	Multi-Frequency and Compelled	多频互控
MF-TDMA	Multi-Frequency Time Division Multiple Access	多频-时分多址
MIB	Management Information Base	管理信息库
MML	Man-Machine Language	人-机通信语言
MODEM	Modulator-Demodulator	调制解调器
MPLS	Multi Protocol Label Switching	多协议标记交换
MSN	Multiple Subscriber Number	多重用户号码
MSU	Message Signal Unit	消息信号单元
MTBF	Mean Time Between Failures	平均故障间隔时间
MTP	Message Transfer Part	信息传递部分
MTTR	Mean Time To Repair	平均故障检修时间
MUX	Multiplexer	多路调制器

N

N-ISDN	Narrowband-ISDN	窄带 ISDN
NIU	Network Interface Unit	网络接口单元
NRZ	None Return to Zero	不归零
NSP	National Signalling Point	国内信令点
NSTP	National Signalling Transfer Point	国内信令转接点
NT	Network Terminal	网络终端

O

OAM	Operation Administration and Maintenance	运行、管理与维护
OBP	On-Board Processing	星上处理
OBS	On-Board Switching	星上交换
OLT	Optical Line Terminal	光纤线路终端
OMAP	Operation and Management Application Part	运行和管理应用部分
OPC	Originating Point Code	源地点码
OS	Operation System	操作系统
OSI	Open System Interconnection	开放系统互联

P

PABX	Private Automatic Branch exchange	自动用户交换机
PAM	Pulse Amplitude Modulation	脉冲幅度调制
PAMA	Private Automatic Message Accounting	用户交换机自动计费
PBX	Private Branch exchange	用户交换机
PCM	Pulse Coded Modulation	脉冲编码调制
PHY-SAP	Physical-Service Access Point	物理层业务接入点
PLS	Protocol Label Switching	协议标签交换
PMS	Physical Medium Sublayer	物理媒体子层
PP	Physical Plane	物理平面
PPM	Periodic Pulse Metering	周期脉冲记数
PSDN	Packet Switching Data Network	分组交换数据网
PSPDN	Packet Switched Public Data Network	分组交换公用数据网
PSTN	Public Switching Telephone Network	公用电话交换网
PT	Packet Terminal	分组终端
PTI	Payload Type Identifier	净荷类型标识符
PVC	Permanent Virtual Channel	永久虚电路
PVC	Permanent Virtual Connection	永久虚连接

Q

QoS	Quality of Service	服务质量

R

RAM	Random Access Memory	随机存取存储器
ROM	Read Only Memory	只读存储器

S

SAAL	Signaling AAL	信令 ATM 适配层
SAR	Segmentation And Reassembly	拆装子层
SCCP	Signalling Connection and Control Part	信令连接控制部分
SCF	Service Control Function	业务控制功能
SCP	Service Control Point	业务控制点
SDF	Service Data Function	业务数据功能
SDH	Synchronous Digital Hierarchy	同步数字体系
SDL	Specification and Description Language	功能规格和描述语言
SF	Status Field	状态字段

SF　　　　　Sub-service Field　子业务字段

SF　　　　　Service Feature　业务属性

SF　　　　　Switching Fabric　交换媒体

SI　　　　　Service Indicator　业务表示语

SIB　　　　Service Independent Building Block　与业务无关的构成块

SIF　　　　Signalling Information Field　信令信息字段

SIO　　　　Service Information Octet　业务信息八位码组

SLC　　　　Signalling Link Code　信令链路编码

SLS　　　　Signalling Link Selection　信令链路选择

SLIC　　　Subscriber Line Interface Circuit　用户线接口电路

SLTA　　　Signalling Link Test Acknowledgement　信令链路测试证实

SLTM　　　Signalling Link Test Message　信令链路测试消息

SMAS　　　Signalling System Maintenance and Administration System
　　　　　　信令系统的维护管理系统

SMP　　　　Service Management Point　业务管理点

SMS　　　　Service Management System　业务管理系统

SN　　　　　Subscriber Number　用户号码

SNI　　　　Service Node Interface　业务节点接口

SP　　　　　Signalling Point　信令点

SPC　　　　Stored Program Control　存储程序控制

SSF　　　　Service Switching Function　业务交换功能

SSP　　　　Service Switching Point　业务交换点

STM　　　　Synchronous Transfer Mode　同步传送模式

STP　　　　Signalling Transfer Point　信令转节点

SU　　　　　Signal Unit　信号单元

T

TA　　　　　Terminal Adaptor　终端适配器

TAC　　　　Trunk Access Class　中继权限等级

TCS　　　　Transmission Capabilities Sublayer　传输会聚子层

TCAP　　　Transaction Capabilities Application Part　事务处理能力应用部分

TCP/IP　　Transmission Control Protocol/Internet Protocol
　　　　　　传输控制协议/互联网网络协议

TDM　　　　Time Division Multiplexing　时分多路复用

TDMA　　　Time Division Multiple Access　时分多址

TE　　　　　Terminal Equipment　终端设备

TM　　　　　Tandem　汇接局

TMN　　　　Telecommunications Management Network　电信管理网

TS	Time Slot　时隙
TSI	Telephone User Part　电话信令信息
TSL	TC Sub-Level　事务处理子层
TST	Time-Space-Time　时间–空间–时间
TU	Tributary Unit　支路单元
TUP	Telephone User Part　电话用户部分

U

UART	Universal Asynchronous Receiver and Transmitter　通用异步适配器
UDP	User Datagram Protocol　用户数据报
UNI	User Network Interface　用户网络接口
UP	User Part　用户部分
UUS	User-to-User Signalling　用户–用户信令

V

VC	Virtual Channel　虚信道
VCC	Virtual Channel Connection　虚信道连接
VCI	Virtual Channel Identifier　虚信道标识符
VP	Virtual Path　虚通路
VPI	Virtual Path Identifier　虚通路标识符

参 考 文 献

[1]　叶敏. 程控数字交换与交换网. 北京：北京邮电大学出版社，2003.

[2]　朱世华. 程控数字交换原理与应用. 西安：西安交通大学出版社，1993.

[3]　金惠文，陈建亚，纪红. 现代交换原理. 北京：电子工业出版社，2000.

[4]　达新宇，孟涛，庞宝茂，等. 现代通信新技术. 西安：西安电子科技大学出版社，2002.

[5]　夏靖波，刘振霞，张锐. 通信网理论与技术. 西安：西安电子科技大学出版社，2006.

[6]　刘振霞，马志强. 程控数字交换原理学习指导与习题解析. 西安：西安电子科技大学出版社，2005.

[7]　张中亚. 通信卫星星上交换技术. 航天器工程，2003，22(1).

[8]　孙学康，张政. 微波与卫星通信. 北京：人民邮电出版社，2003.

[9]　吴韶波，于钰. 宽带卫星 ATM 网络及关键技术研究. 北京机械工业学院学报，2004，19(4).

[10]　陈雅，沈自成. 卫星通信中的星上交换技术. 飞行器测控学报，2003，22(3).

[11]　庄绪春. 通信基础网装备与运用. 西安：西安电子科技大学出版社，2014.